总主编 伍 江 副总主编 雷星晖

高国华 吴广明 著

新型纳米结构气敏材料吸附机理与实验研究

Experiment and Absorption Mechanism Study of Novel Nano Gas Sensor Materials

内 容 提 要

本书以 WO_3 基气敏材料为研究对象，尝试利用实验与理论相结合的方法研究其氢气吸附机理。采用溶胶-凝胶技术通过 SiO_2 纳米复合提高了 WO_3 基气敏材料的循环稳定性，着重分析了影响其稳定性的机理。研究了碳化硅纳米管、碳纳米管和氮化硼纳米管对 NO_x 系列气体的吸附作用。并探索性地利用理论设计和分析新型纳米结构存在的可能性及其相关特性。

本书适合材料相关专业的研究人员作为参考资料，也可供对此有兴趣的人士阅读。

图书在版编目(CIP)数据

新型纳米结构气敏材料吸附机理与实验研究 / 高国华，吴广明著. —上海：同济大学出版社，2017.8
(同济博士论丛/伍江总主编)
ISBN 978-7-5608-6847-9

Ⅰ.①新… Ⅱ.①高… ②吴… Ⅲ.①纳米材料—气敏材料—吸附—实验研究 Ⅳ.①TB381-33

中国版本图书馆 CIP 数据核字(2017)第 069754 号

新型纳米结构气敏材料吸附机理与实验研究

吴广明 审 高国华 著

出 品 人 华春荣 责任编辑 胡晗欣
责任校对 徐春莲 封面设计 陈益平

出版发行 同济大学出版社 www.tongjipress.com.cn
(地址：上海市四平路 1239 号 邮编：200092 电话：021-65985622)
经 销 全国各地新华书店
排版制作 南京展望文化发展有限公司
印 刷 浙江广育爱多印务有限公司
开 本 787 mm×1092 mm 1/16
印 张 12.25
字 数 245 000
版 次 2017 年 8 月第 1 版 2017 年 8 月第 1 次印刷
书 号 ISBN 978-7-5608-6847-9

定 价 59.00 元

“同济博士论丛”编写领导小组

组　　　长：杨贤金　钟志华

副　组　长：伍　江　江　波

成　　　员：方守恩　蔡达峰　马锦明　姜富明　吴志强
　　　　　　徐建平　吕培明　顾祥林　雷星晖

办公室成员：李　兰　华春荣　段存广　姚建中

总 序

在同济大学110周年华诞之际，喜闻“同济博士论丛”将正式出版发行，倍感欣慰。记得在100周年校庆时，我曾以《百年同济，大学对社会的承诺》为题作了演讲，如今看到付梓的“同济博士论丛”，我想这就是大学对社会承诺的一种体现。这110部学术著作不仅包含了同济大学近10年100多位优秀博士研究生的学术科研成果，也展现了同济大学围绕国家战略开展学科建设、发展自我特色，向建设世界一流大学的目标迈出的坚实步伐。

坐落于东海之滨的同济大学，历经110年历史风云，承古续今、汇聚东西，秉持“与祖国同行、以科教济世”的理念，发扬自强不息、追求卓越的精神，在复兴中华的征程中同舟共济、砥砺前行，谱写了一幅幅辉煌壮美的篇章。创校至今，同济大学培养了数十万工作在祖国各条战线上的人才，包括人们常提到的贝时璋、李国豪、裘法祖、吴孟超等一批著名教授。正是这些专家学者培养了一代又一代的博士研究生，薪火相传，将同济大学的科学研究和学科建设一步步推向高峰。

大学有其社会责任，她的社会责任就是融入国家的创新体系之中，成为国家创新战略的实践者。党的十八大以来，以习近平同志为核心的党中央高度重视科技创新，对实施创新驱动发展战略作出一系列重大决策部署。党的十八届五中全会把创新发展作为五大发展理念之首，强调创新是引领发展的第一动力，要求充分发挥科技创新在全面创新中的引领作用。要把创新驱动发展作为国家的优先战略，以科技创新为核心带动全面创新，以体制机制改革激发创新活力，以高效率的创新体系支撑高水平的创新型国家建设。作为人才培养和科技创新的重要平台，大学是国家创新体系的重要组成部分。同济大学理当围绕国家战略目标的实现，作出更大的贡献。

大学的根本任务是培养人才，同济大学走出了一条特色鲜明的道路。无论是本科教育、研究生教育，还是这些年摸索总结出的导师制、人才培养特区，“卓越人才培养”的做法取得了很好的成绩。聚焦创新驱动转型发展战略，同济大学推进科研管理体系改革和重大科研基地平台建设。以贯穿人才培养全过程的一流创新创业教育助力创新驱动发展战略，实现创新创业教育的全覆盖，培养具有一流创新力、组织力和行动力的卓越人才。“同济博士论丛”的出版不仅是对同济大学人才培养成果的集中展示，更将进一步推动同济大学围绕国家战略开展学科建设、发展自我特色、明确大学定位、培养创新人才。

面对新形势、新任务、新挑战，我们必须增强忧患意识，扎根中国大地，朝着建设世界一流大学的目标，深化改革，勠力前行！

万 钢

2017年5月

论丛前言

承古续今，汇聚东西，百年同济秉持“与祖国同行、以科教济世”的理念，注重人才培养、科学研究、社会服务、文化传承创新和国际合作交流，自强不息，追求卓越。特别是近20年来，同济大学坚持把论文写在祖国的大地上，各学科都培养了一大批博士优秀人才，发表了数以千计的学术研究论文。这些论文不但反映了同济大学培养人才能力和学术研究的水平，而且也促进了学科的发展和国家的建设。多年来，我一直希望能有机会将我们同济大学的优秀博士论文集中整理，分类出版，让更多的读者获得分享。值此同济大学110周年校庆之际，在学校的支持下，“同济博士论丛”得以顺利出版。

“同济博士论丛”的出版组织工作启动于2016年9月，计划在同济大学110周年校庆之际出版110部同济大学的优秀博士论文。我们在数千篇博士论文中，聚焦于2005—2016年十多年间的优秀博士学位论文430余篇，经各院系征询，导师和博士积极响应并同意，遴选出近170篇，涵盖了同济的大部分学科：土木工程、城乡规划学(含建筑、风景园林)、海洋科学、交通运输工程、车辆工程、环境科学与工程、数学、材料工程、测绘科学与工程、机械工程、计算机科学与技术、医学、工程管理、哲学等。作为“同济博士论丛”出版工程的开端，在校庆之际首批集中出版110余部，其余也将陆续出版。

博士学位论文是反映博士研究生培养质量的重要方面。同济大学一直将立德树人作为根本任务，把培养高素质人才摆在首位，认真探索全面提高博士研究生质量的有效途径和机制。因此，“同济博士论丛”的出版集中展示同济大学博士研究生培养与科研成果，体现对同济大学学术文化的传承。

“同济博士论丛”作为重要的科研文献资源，系统、全面、具体地反映了同济大学各学科专业前沿领域的科研成果和发展状况。它的出版是扩大传播同济科研成果和学术影响力的重要途径。博士论文的研究对象中不少是“国家自然科学基金”等科研基金资助的项目，具有明确的创新性和学术性，具有极高的学术价值，对我国的经济、文化、社会发展具有一定的理论和实践指导意义。

“同济博士论丛”的出版，将会调动同济广大科研人员的积极性，促进多学科学术交流、加速人才的发掘和人才的成长，有助于提高同济在国内外的竞争力，为实现同济大学扎根中国大地，建设世界一流大学的目标愿景做好基础性工作。

虽然同济已经发展成为一所特色鲜明、具有国际影响力的综合性、研究型大学，但与世界一流大学之间仍然存在着一定差距。“同济博士论丛”所反映的学术水平需要不断提高，同时在很短的时间内编辑出版 110 余部著作，必然存在一些不足之处，恳请广大学者，特别是有关专家提出批评，为提高同济人才培养质量和同济的学科建设提供宝贵意见。

最后感谢研究生院、出版社以及各院系的协作与支持。希望“同济博士论丛”能持续出版，并借助新媒体以电子书、知识库等多种方式呈现，以期成为展现同济学术成果、服务社会的一个可持续的出版品牌。为继续扎根中国大地，培育卓越英才，建设世界一流大学服务。

伍　江

2017 年 5 月

前言

气敏传感器被广泛地应用在工业、矿业和军事等领域。随着科学技术的发展，气敏传感器向着高灵敏度、高便携性、高精确度以及高稳定性的方向发展，主要应用在环境监控、医疗卫生、生物制药、家庭安全等领域。随着纳米技术的发展，纳米气敏传感器已逐渐引起了世界各国的广泛关注。

本书以纳米结构新型气敏材料为研究对象，就材料气敏机理的研究和新型纳米管气敏特性的分析做了一些尝试性的工作。具体研究内容和结果如下：

(1) 以 WO_3 基气敏材料为研究对象，尝试利用实验与理论相结合的方法研究其氢气吸附机理。

主要内容是采用溶胶-凝胶复合技术，制备了二元复合薄膜和多层薄膜，并通过研究其气敏致褪色循环的弛豫过程，验证了氢原子扩散的过程；利用在线测量的手段系统表征了 WO_3 基气敏薄膜致褪色过程中的结构变化，分析了这些变化与氢原子注入的关系；结合基于第一性原理的计算，研究了氢原子注入 WO_3 过程中的相关能量、结构的变化，很好地解释了实验结果，研究表明，WO_3 氢气吸附机理符合双注入模型。并在此基础上对气体吸附过程中电子结构的变化进行了分析，结论表明 H_xWO_3 结构的气致变色机理为极化子模型。

(2) 采用溶胶凝胶技术通过 SiO_2 纳米复合提高了 WO_3 基气敏材料的循环稳定性，着重分析了影响其稳定性的机理。

这方面采用成本低廉的溶胶-凝胶法，通过掺杂 SiO_2 成功提高了 WO_3 氢气气敏循环性；深入研究了 SiO_2 的掺杂量对 SiO_2/WO_3 复合溶胶的凝胶时间和颗粒度影响；系统研究了在掺杂不同量 SiO_2 下，SiO_2/WO_3 复合薄膜的结构变化，通过 IR、Raman、XPS 光谱测试和热处理等方法分析 SiO_2/WO_3 的复合结构，结果显示 WO_3 以共边的 W_3O_{12} 结构与 SiO_2 彼此分散，SiO_2 对 WO_3 起到了强化支撑作用；深入研究了 WO_3 和 WO_3/SiO_2 薄膜致褪色循环中的结构变化，结合第一性原理理论计算，分析了制约气敏循环性的主要原因在于正交和六角复合相的 WO_3 向单一单斜相的转变，同时也发现 SiO_2 的复合抑制了这种结构的转化，从而获得良好的循环稳定性。

(3) 研究了碳化硅纳米管、碳纳米管和氮化硼纳米管对 NO_x 系列气体的吸附作用。

采用第一性原理理论计算研究了 SiCNT、CNT 和 BNNT 对 NO_x 系列气体的吸附机理，深入分析了相关异构体的能量、几何构型、电子结构，研究发现 SiCNT 对于 NO、NNO 以及 NO_2 三种气体具有良好的化学吸附作用，而 CNT 和 BNNT 只能实现物理吸附；通过研究 SiCNT - NO 的能带结构和自旋分布，分析了 SiCNT - NO 磁矩产生的原因，结果表明可以依靠磁性的改变进行 SiCNT - NO 的气敏检测；SiCNT - NO_2 的研究显示，NO_2 的吸附属于 P 型掺杂，可以使 SiCNT 从半导体转变为金属特性，因而可以依靠电导率的变化进行检测。由于 SiC 纳米管对 NO_x 气体具有很强的化学作用，所以，SiC 纳米管可以应用于 NO_x 气体去除与检测等方向。

(4) 探索性地利用理论设计和分析新型纳米结构存在的可能性及其相关特性。

利用第一性原理研究氮掺杂-扶手型和锯齿型 SiC 纳米管的拓扑学，结构学以及电子结构特征，分析显示可以实现全部碳原子的氮原子替换，进而发现了新型 SiN 纳米管的结构。深入研究了 SiN 纳米管结构学和电子结构方面的基本特性，结果表明，(n, n) 扶手型 SiN 纳米管可以选取各种手性指数，值得注意的是(n, n)扶手型 SiN 纳米管均属于半导体，且禁带宽度比相同手性指数的 SiC 纳米管要小得多，而且会随着管径的增加而减少；$(n, 0)$锯齿形 SiN 纳米管只可以选取偶数手性指数，同样这类纳米管也属于半导体，禁带宽度大于相同管径的扶手型 SiN 纳米管。

这部分内容主要是利用理论工具为预测新型纳米管结构的研究提供了初步的研究方法。

目录

绪　论

1.1 概　　述

气敏传感器正越来越多地被应用于航空航天、国防、军事、节能、环保、安全、食品工业等诸多领域[1-2]，其中包括非法药物检查、化学细菌式武器的防御、易燃易爆有毒有害气体的检测、生产过程监测控制、家庭气体泄漏报警以及在工业生产和安全方面用于空气质量监控、环境监测以及流程控制等方面[3-4]。

对于如此广泛的市场用途和较高的社会应用价值，各个国家都已开始研究小型化、高灵敏、高精度、长效稳定的新型纳米气敏传感器[5-13]。我国也相继开展了相关方面的研究工作[14-20]，并取得了一定的进步，但我国生产的气敏传感器多以半导体类为主，主要应用于煤炭工业领域，而对于更多的新兴气体检测领域还主要依赖发达国家进口，因此存在许多安全隐患。所以发展新型气敏传感器对我国社会的和谐发展具有重要意义。

1.2 气敏材料研究进展

1.2.1 气敏传感器的主要分类

气体传感器是化学传感器的一大门类。从工作原理、特性分析到测量技术，从所用材料到制造工艺，从检测对象到应用领域，都可以构成独立的分类标准，衍生出一个个纷繁庞杂的分类体系，尤其在分类标准的问题上目前还没有形成统一，要对其进行严格的系统分类难度颇大。目前，按照气敏特性来分类，主要可分为半导体型气体传感器、催化燃烧式气体传感器、固体电解质气体传感器、电化学型气体传感器、红外线气体传感器等[21]。

1. 半导体型气体传感器

半导体气体传感器是采用金属氧化物或金属半导体氧化物材料做成的元件,与气体相互作用时产生表面吸附或反应,引起以载流子移动为特征的电导率或伏安特性或表面电位变化。

这一类型的气体传感器可以有效地用于:甲烷、乙烷、丙烷、丁烷、酒精、甲醛、一氧化碳、二氧化碳、乙烯、乙炔、氯乙烯、苯乙烯、丙烯酸等很多气体的检测。具有成本低廉、制造简单、灵敏度高、响应速度快、寿命长、对湿度敏感低和电路简单等优点。

不足之处是必须工作于高温下,元件参数分散,功率要求高,且稳定性较差,受环境影响较大。尤其,每一种传感器的选择性都不是唯一的,输出参数也不能确定。因此,不宜应用于计量准确要求的场所。

2. 催化燃烧式气体传感器

此类传感器的工作原理是气敏材料(如 Pt 电热丝等)在通电状态下,可燃性气体氧化燃烧或者在催化剂作用下氧化燃烧,电热丝由于燃烧而升温,从而使其电阻值发生变化。这种传感器对不燃烧气体不敏感,对于可燃气体具有广谱特性。例如,在铂丝上涂敷活性催化剂 Rh 和 Pd 等制成的传感器,即能选择性地检测各种可燃气体。

催化燃烧式气体传感器计量准确,响应快速,寿命较长。传感器的输出与环境的爆炸危险直接相关,在安全检测领域是一类主导地位的传感器。缺点:在可燃性气体范围内,无选择性;暗火工作,有引燃爆炸的危险;大部分有机蒸汽对此类传感器都有中毒作用。

3. 固体电解质气敏传感器

固体电解质气体传感器是一种以离子导体为电解质的化学电池。仅次于金属氧化物半导体气体传感器。近年来,国外有些学者把固体电解质气体传感器分为下列三类:

(1) 材料中吸附待测气体派生的离子与电解质中的移动离子相同的传感器,例如氧气传感器等。

(2) 材料中吸附待测气体派生的离子与电解质中的移动离子不相同的传感器,例如用于测量氧气的由固体电解质 SrF_2H 和 Pt 电极组成的气体传感器。

(3) 材料中吸附待测气体派生的离子与电解质中的移动离子以及材料中的固定离子都不相同的传感器,例如新开发高质量的 CO_2 固体电解质气体传感器是由固体电解质 NASICON($Na_3Zr_2Si_2PO_{12}$)和辅助电极材料 $Na_2CO_3-BaCO_3$ 或 $Li_2CO_3-CaCO_3$,$Li_2CO_3-BaCO_3$ 组成的。

4. 电化学型气体传感器

电化学型气体传感器可分为原电池式、可控电位电解式、电量式和离子电极式四种类型。原电池式气体传感器通过检测电流来检测气体的体积分数,市售的检测氧气的仪器几乎都配有这种传感器,近年来,又开发了检测酸性气体和毒性气体的原电池式传感器。可控电位电解式传感器是通过测量电解时流过的电流来检测气体的体积分数,和原电池式不同的是,需要由外界施加特定电压,除了能检测 CO,NO,NO_2,O_2,SO_2 等气体外,还能检测血液中的氧体积分数。电量式气体传感器是通过被测气体与电解质反应产生的电流来检测气体的体积分数。离子电极式气体传感器出现得比较早,通过测量离子极化电流来检测气体的体积分数。电化学式气体传感器主要的优点是检测气体的灵敏度高、选择性好。

5. 红外线气体传感器

大部分的气体在中红外区都有特征吸收峰,检测特征吸收峰位置的吸收情况,就可以确定某气体的浓度。

这种传感器过去都是大型的分析仪器,但是近些年,随着以微电子机械系统(MEMS)技术为基础的传感器工业的发展,这种传感器的体积已经由 10 L,45 kg 的巨无霸,减小到 2 mL(拇指大小)左右。使用无需调制光源的红外探测器使得仪器完全没有机械运动部件,完全实现免维护化。

红外线气体传感器可以有效地分辨气体的种类,准确测定气体浓度。目前这种传感器的供应商在欧洲,中国在这一领域目前还属于起步阶段。

6. 其他类

近年来,随着新技术的不断涌现,气体传感器技术也在不断发生着革命性的变化,气体传感器的种类也在随着增添新丁。例如:声表面波(SAW)式气体传感器、石英振子式气体传感器等。

以上主要是按照技术和功能特点的分类,还可以按照气敏材料分为金属氧化物、固态电解质、有机半导体、金属合金等。其中,以金属半导体材料的应用最为广泛,广泛地应用在半导体、电化学、催化燃烧、光纤等传感器中,占有相当大的市场份额[4]。

1.2.2　主要发展方向

近年来,由于经济发展和能源需求,各种气体的使用更加广泛。除了传统的工业生产外，家庭安全、环境监测和医疗等领域对气体传感器的精度、性能、稳定性方面的要求越来越高，因此，气体传感器发展的趋势是微型化、智能化和多功能化。深入研究和掌握有机、无机、生物和各种材料的特性及相互作用，理解各类气体传感器的工作原理和作用机理，正确选择各类传感器的敏感材料，灵活运用微机械加工技术、敏感薄膜形成技术、微电子技术、光纤技术等，使传感器性能最优化是气体传感器的发展方向[21]。

1.2.2.1 气敏材料微米到纳米的尺度化发展

最近，气敏检测越来越多地采用纳米结构材料[22-23]，普遍采取纳米掺杂复合技术提高传统气敏材料的性能，或者直接研制新型纳米结构传感器。一个高效的气敏系统主要表现在以下五个方面[2,22-23]：

(1) 高灵敏和选择性；

(2) 快速响应和恢复速度；

(3) 轻便的测试设备；

(4) 较短操作时间和与温度独立的反应条件；

(5) 性能的稳定性。

其中，提高气敏材料的稳定性和选择性，需要对现有气体敏感材料进行掺杂、改性和表面修饰，或对成膜工艺进行改进和优化；提高气敏材料的响应和恢复速度，尤其是降低对反应温度的依赖性，需要提高其反应活性；而实现气敏设备轻便和小型化、缩短操作时间除反应活性外，还需要减少材料的结构尺度。

纳米材料的基本特点是其三维中至少有一个轴向尺度小于 100 nm[24]。而当粒子尺度下降到纳米量级时，相关特性也随之改变，主要体现在以下四个方面[2-3,25-27]：

(1) 高比表面积；

(2) 小结构尺度；

(3) 高孔隙率；

(4) 表面效应、高反应活性。

因为纳米材料中普遍的团簇颗粒为纳米尺度，与微米级的材料相比其颗粒尺度会下降数个量级，鉴于面积与颗粒尺寸存在一个反比关系，因而纳米材料的比表面积大为增加，并且存在着大量的微孔和介孔。

此外，粒子直径减少到纳米级，不仅引起表面原子数的迅速增加，而且纳米粒子表面能也会迅速增加。这主要是因为处于表面的原子数较多，所以，表面原子的晶场环境和结合能与内部原子明显不同。表面原子周围缺少相邻的原子，有许多悬空键，具有不饱和性质，易与其他原子相结合而稳定下来，故具有很大的化学活性，高的表面能与比表面积使纳米材料具有非常高的表面反应活性。

可见纳米技术的各类特点对于提高传统气敏材料的性能具有直接的效果。很多文献证明了降低氧化物的纳米尺度会大幅提高其相关气敏特性[28]，例如，图 1-1 说明了 NO_x 传感器的粒度尺寸效应[4]；Rella 等[29]表明了当 SnO_2 颗粒度控制在 10 nm 以下时对 NO_2 及 CO 有良好的气敏反应；Ferroni 等[30]报道了颗粒尺度接近 60 nm 时 TiO_2/WO_3 固溶体对 NO_2 和 CO 也具有良好气敏特性；Chung 等[31]说明了升高材料制备温度（该温度升高使颗粒变大）明显降低了 WO_3 传感器对 NO_x 的灵敏性；Chiorino 等[32]也报道了制备温度对 SnO_2 传感器对气敏性的关键作用，即在热处理温度 650℃下的薄膜对 NO_2 的反应近乎是 850℃下的 2 倍；Ponzoni[25]的研究表明具有高孔隙率和高比表面积的 WO_{3-x} 纳米线可以显示比微米尺度材料更好的气敏特性和选择性；Yuasa 等[33]改善 PdO 与 SnO_2 复合颗粒的尺度，成功地提高了对 CO 的吸附性，并证明气敏循环性随着纳米尺度的增加而迅速下降；Xu 等[34-35]采用纳米 ITO 纤维实现了在 50℃低温下对 NO_2 的高灵敏吸附。Kumar 等[36]也开发了高灵敏吸附 NO 的镝纳米管。可见纳米技术的应用会大幅提高传统气敏传感器的性能。

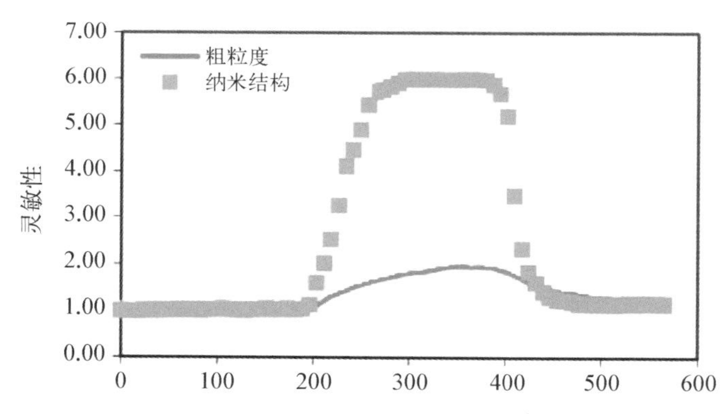

图 1-1 微米与纳米尺度材料对气敏传感器的灵敏性的影响[4]

1.2.2.2 新型气体传感器的研制[21]

沿用传统的作用原理和某些新效应，优先使用晶体材料（如硅、石英、陶瓷等），采用先进的加工技术和微结构设计，研制新型传感器及传感器系统，如光波导气体传感器、高分子声表面波和石英谐振式气体传感器的开发与使用，微生物气体传感器和仿生气体传感器的研究。随着新材料、新工艺和新技术的应用，气体传感器的性能更趋于完善，使传感器的小型化、微型化和多功能化具有长期稳定性好、使用方便、价格低廉等优点。

1.2.2.3 气体传感器智能化[21]

随着人们生活水平的不断提高和对环保的日益重视，对各种有毒、有害气体的探测，以及对大气污染、工业废气的监测和对食品和居住环境质量的检测都对气体传感器提出了更高的要求。纳米、薄膜技术等新材料研制技术的成功应用为气体传感器集成化和智能化提供了很好的前提条件。气体传感器将在充分利用微机械与微电子技术、计算机技术、信号处理技术、传感技术、故障诊断技术、智能技术等多学科综合技术的基础上得到发展。研制能够同时监测多种气体的全自动数字式的智能气体传感器将是该领域的重要研究方向。

1.2.2.4 计算物理在气敏材料的设计研发及其机理的研究中的应用

近年来计算机的飞跃发展以及超级计算机的出现，使大规模精密的科学仿真计算成为可能。计算物理学已经发展成为一门与实验物理学、理论物理学并列的新型学科，成为连接理论与实验的重要桥梁，是指导实验工作的有力工具。通过计算机模拟并与实验结果进行定量的比较可以验证一个理论是否正确，而实验中的物理过程也可通过模拟加以理解和验证。目前国际上普遍使用的基于密度泛函的第一性原理计算可以用来研究凝聚态体系的能带、电子结构、电子转移等，以及原子或分子团簇的相关物理化学变化和反应过程[37]，如催化、气敏特性、晶体生长、成核和凝固、相变与临界现象、溶胶、薄膜形成等。尤其是在纳米点[38-43]、纳米线[44-54]、纳米管[53,55-70]等纳米器件的研发上面效果最为显著。

1.3 纳米新型气敏材料的研究进展

根据前文所述，研究气敏材料的作用机理和开发新型纳米材料是气敏传感器的主要发展趋势。因而，本节主要介绍 WO_3 基气敏材料的相关机理研究进展、SiC 材料在传感器方面的应用以及 SiC 纳米管的相关特性。

1.3.1 WO_3 基氢气气敏机理和稳定性的研究进展

1.3.1.1 WO_3 基氢气气敏传感器

氢气的检测是气敏传感器的一大类，因为氢气的应用在社会中占有很大比重，目前氢气被广泛地应用到化工、冶金、石油提炼、火箭燃料、电能生产等诸多领域[71]，并且随着燃料汽车推广应用，氢能源已经逐步进入人们的日常生活之中[72]。且氢气[73-74]具有大的爆炸范围(4%～75%)，低的点火能(0.02 mJ)以及快的火焰传播速度，所以，氢气传感器亦具有重要的研究意义。

WO_3 可以用于光纤、半导体、电化学等诸多传感器上，其氢气传感特性属于常见红外光学型[75]，设备简单、工作环境温和，是目前热门研究的一个方向。WO_3 对气体的检测主要来源于自身的多价态，可以通过多种催化剂，在还原性和氧化性气氛下实现价态的改变，同时伴随着相关许多物理化学性质的变化，尤其是光学特性和电导率的改变[75-78]。其中与气体作用后，气敏材料光学特性的改变也成为气致变色或者气敏致色。

粉末材料的氢气气致变色特性发现始于20世纪60年代[79-80]，而薄膜材料的研究则在20世纪90年代中期以后才开始。研究表明[81] WO_3 薄膜氢气气致变色的特性强烈依赖于材料的结构和组分。WO_3 气致变色薄膜起初以无定形结构为主[81-82]。而 K. Takano 等[83]研究 WO_3 薄膜的无定形、多晶、结晶三种不同形貌的气致变色特性后，发现具有取向性的晶体结构和颗粒状结构比无定形结构更有利于加快变色速度。V. Vitry[84]和 S. Yamamoto 等[85]各自深入研究了化学计量比和纳米结构对气敏致色效率的影响，发现与非化学计量比和通过热处理结晶的 WO_3 薄膜相比，前者具有更好的致色性能。之后，Xu 等[86]进行了多种结构的尝试，制备了 WO_3 纳米线薄膜，结果表明此种结构可以获得比无定形更好的致色效果。此外影响气致变色速率的还有薄膜中水[87-88]和催化剂[89]的含量以及薄膜厚度[90]等。这些作用因素在其他气致变色材料上也具有相同的效果[91-93]。

1.3.1.2 WO_3 气敏致色动力学研究背景

对于气致变色动力学过程的研究早在20世纪末就已经展开。其中主要有两种基本的动力学过程模型。

1. 双注入模型

此过程的提出主要因为比较成熟的 WO_3 的电致变色研究，很多科研人员考虑到 H 原子的注入与 H^+ 和 e^- 的双注入过程类似，因此做了大量的实验验证此模型[94-96]。

WO_3 双注入模型由 B. W. Faughnan 等[97,98]提出(又称 Faughnan 模型)：WO_3 薄膜在变色过程中阳离子 M 和电子 e 同时进入 WO_3 晶格形成钙钛矿结构 M_xWO_3，褪色过程电子和正离子分别从膜中抽出，薄膜重新变成透明态的 WO_3。其着色-褪色过程如图 1-2 所示，化学反应式如下：

$$WO_3 + xA^+ + xe^- \longleftrightarrow A_xWO_3 \quad (0 < x < 1)$$

式中，A^+ 一般为 H^+，Li^+，Na^+ 等阳离子，$0 < x < 1$，例如注入 H^+ 后形成 H_xWO_3。

WO_3 薄膜的禁带宽度 E_g 为 3.04 eV，接近绝缘体，H^+ 的注入相当于半导体的掺杂，使薄膜导电率增加，其增加量与 H^+ 注入多少有关。在无定形薄膜中，当 $x \geqslant 0.32$ 时，钨青铜表现为一种金属性，其最小金属电导为 5.1×10^{-5} S，当 $x < 0.32$ 时，表现为半导体性，这可能是由于离子注入引起内在晶格混乱的缘故。

根据双注入模型，在图 1-2 中，由阴极提供的电子与由电解质提供的 H^+，从 WO_3 膜的两侧向膜内扩散时，在 WO_3^- 电极界面处注入的 H^+ 运动速度较快，当电子迅速到达 WO_3^- 电解质界面时，在 WO_3^- 电解质界面处注入的 H^+ 还未来得及扩散，因而使得此处首先着色。随着 H^+ 的不断注入和扩散，着色向阴极扩展。在 Deb 制作的 $Au/WO_3/Au$ 电致变色器件中，电极位于 WO_3 膜的两端，水分子吸附在两个电极间的 WO_3 表面上，当给电极施加电压后，负极附近吸附的水分子分解产生的 H^+ 与注入的电子能迅速提供给膜层，而且 H^+ 在薄膜表面向负极的运动要比图中在膜内向负极的运动容易得多，因此使得着色从负极向正极扩散，两者均与实验观察到的现象吻合。

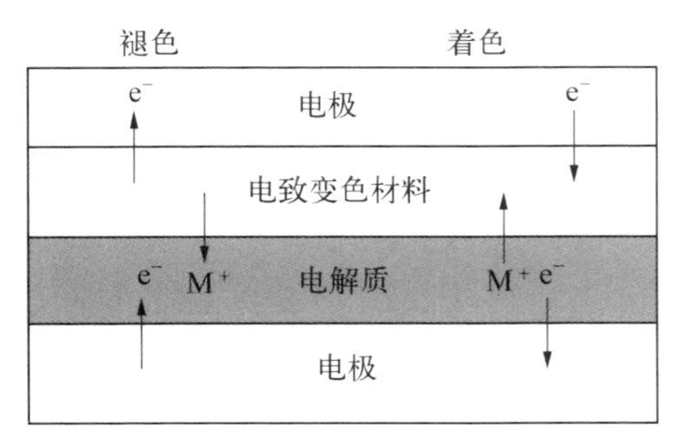

图 1-2 双注入模型示意图[99]

这种模型比较容易解释气致变色现象，美国国家能源再生实验室的 S. Lee 等[100]对气致变色过程进行了重氧(O_{18})同位素追踪，结果验证利用重氧而使薄膜褪色，但在薄膜中并不能发现重氧，这种现象明显与双注入的观测相吻合。后来，近期日本利用弹性反冲分析，试验中发现在致色过程中明显的观测到样品薄膜内部H原子含量的增加，并形成了 H_xWO_3 结构，进一步佐证了双注入模型[101]。

2. 氧缺位扩散模型

而在2000年，Geroge等[87-88,102]根据Deb的分析[103]提出了不同的气致变色动力学过程。他们通过分析多孔 WO_3 薄膜气致变色的动力学过程，建立了多孔 WO_3 薄膜气致变色的动力学模型。具体如下：

在氢气作用下 WO_3 薄膜(催化剂为Pd)的致色过程如图1-3所示。由图中可以看出，整个致色过程可分为7个步骤：

(1) 氢气分子在催化剂表面的吸附和分解；

(2) 氢原子与 WO_3 层的接触；

(3) 在水等因素的作用下氢原子沿薄膜孔隙内表面的扩散；

(4) WO_3 与两个H原子形成的中间状态；

(5) WO_2+H_2O 的形成；

(6) 氧空位的扩散；

(7) H_2O 的逃逸。

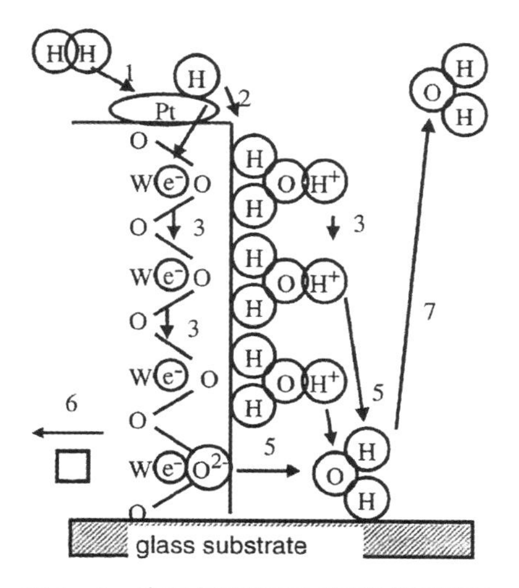

图1-3　在氢气作用下三氧化钨薄膜的致色过程示意图[102]

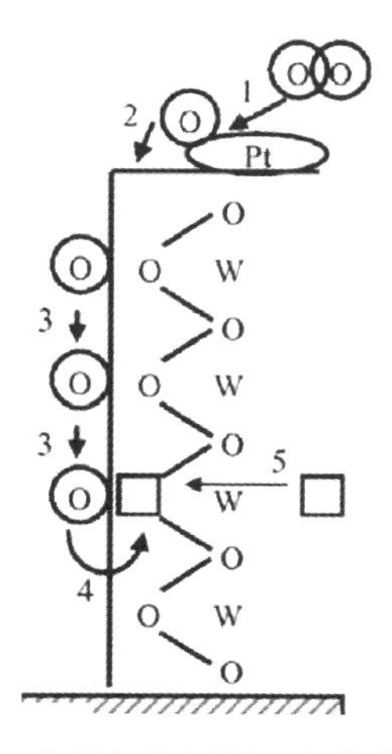

图1-4　在氧气作用下三氧化钨薄膜的褪色过程示意图[102]

在氧气作用下 WO_3 薄膜(催化剂为Pd)的褪色过程如图1-4所示。由图中可以看出，类似地，整个褪色过程也可分为以下5个步骤：

(1) 氧气分子在催化剂表面的吸附和分解；

(2) 氧原子与 WO_3 层的接触;

(3) 氧原子沿薄膜孔隙内表面的扩散;

(4) 氧空位与氧原子的结合;

(5) 氧空位的扩散。

用总的化学方程式表示整个气致变色的反应过程为

$$H_2 \xrightarrow{Pd} 2H \qquad O_2 \xrightarrow{Pd} 2O$$

$$WO_3(\text{无色}) + 2H \longrightarrow WO_{3-x}(\text{蓝色})$$

$$WO_{3-x}(\text{蓝色}) + O \longrightarrow WO_3(\text{无色}) + H_2O$$

上述反应方程式从总体上表述了致色与褪色过程。可以看出,WO_3 气致变色薄膜在着色状态与褪色状态时的区别可以用不同价态的钨含量变化来表征。当薄膜中主要为 W^{6+} 时,薄膜基本为无色,当 W^{6+} 逐渐向 W^{5+} 转化时,薄膜开始由无色向蓝色过渡。此种致色动力学过程亦有很多人采用[104-105]。此过程与 Rauch 等[106]的测试结论相符,他们利用核反应分析测试了 WO_3 在致色过程中,H 原子的浓度并没有增加,这一点与此模型的吻合也非常好。

比较两种主要的理论模型,其主要的矛盾在于扩散的物质不同,双注入强调的是 H^+ 和电子 e^- 的先扩散然后与固体中物质发生反应,而 A. Georg 强调的是氢气在催化剂分解后与 WO_3 发生反应形成氧空位,而空位发生进一步的扩散。前者对应于提高材料的质子和电子的电导率,后者强调材料中缺陷的产生,这种致色动力过程上模型的不统一对气敏材料的开发造成很大影响。

1.3.1.3 WO_3 等气敏材料气敏循环稳定性研究进展

气敏材料主要应用于安全检测以及节能环保材料上,因此,其稳定性及循环使用寿命是影响其广泛应用的前提条件,因而科研人员对提高其循环性做了大量的理论和实验工作[82,90-91,100,107-117]。

最早,R. Reisfeld 等[107]通过离子交换的方法制备了一种气致变色薄膜,该薄膜显示了良好的致褪色循环性能,超过 500 次,但是,为了实现这个循环效果,必须牺牲薄膜的自身的特性,大大降低了其光学性能,且没有办法提高其薄膜厚度,制约了其进一步的应用。基于这种原因,后来大量溶胶-凝胶方法被用来进行改性[82,108-109],方法的改进的确大幅地提高了薄膜的光学性能和致色褪色的响应速度,但这种材料的致褪色速率明显随着循环次数的增加而减退,尤其是在非干燥的气氛下。采用磁控溅射方法制备的 WO_3 基气敏薄膜[90,100,110]，在非干燥气氛下同样显示了循环稳定性能的下降，所以，该材料的使用不可避免地采用了干燥设备或者抽真空设备，增加了成本和整体器件的复杂程度，但致色性能还是很稳定的，经过 3 年的测试，超过了 2 万次循环[110-111]。

针对上述实验现象，他们同样进行了机理研究，提出催化剂毒化和水含量是影响气致变色稳定性的两个最主要因素[110-111]。

下面介绍一下其他材料在气敏循环性机理上的研究进展：Yamada 等[90-91,112-117]利用磁控溅射的方法制备了 Mg－Ni 合金的气敏材料，并发现催化剂在致褪色过程中与变色材料本身发生了一定程度的扩散，而这种扩散会大大降低材料本身的气敏效果，通过在催化剂和 Mg－Ni 变色材料之间增加一层保护材料可以有效地提高相关循环效果，最高可以到达 500 次，随后发生明显的衰减。此外还有人利用热蒸发方法制备 V_2O_5[118]并进行气敏稳定性的研究，发现非化学计量同样也影响着气敏效果，可以良好地提高循环到 500 次以上。

溶胶凝胶技术相对于其他的制备工艺成本低，设备简单，有利于推广，是制备气敏材料的比较合适的方法之一，然而以此方法制备的气敏薄膜在致褪色稳定性上衰减特别快，而且按照上面所分析的机理去进行技术上的改良，依然无法获得良好的循环性能。这一方面制约了气敏材料的推广应用，另一方面也说明了目前对气敏稳定性能的机理研究依然需要改进。

1.3.1.4 WO_3 基本结构特点

为了研究上述机理，本小节简要地介绍 WO_3 的基本结构特点。

WO_3 作为一种过渡金属，最高价态为＋6 价，具有单斜、正交、四方、六角等主要晶相(在非晶态短程有序的薄膜中依然存在以上结构)，这些晶相结构根据环境和温度而产生相应的变化[119-120]见表 1－1。

表 1－1 室温以上 WO_3 的主要晶体结构

晶 体 结 构	温 度
Triclinic P $\bar{1}$ (C_i^1)	－25℃至 20℃～30℃
Monoclinic(Ⅰ) P2_1/n (C_{2h}^5)	20℃～30℃至 330℃
Orthorhombic Pmnb (D_{2h}^{16})	330℃至 740℃
Tetragonal P4/nmm (D_{4h}^7)	740℃至 1 473℃

其中,常温下最常见的 WO_3 结构为单斜相[120]。除了表 1－1 中所提到的晶体结构以外,还有一种非常普遍存在的六角结构[121-127],这种六角相称为 hexagonal,是由基本的三元环组成的三元环-六圆环相间的结构。

以上结构的晶相在非晶态材料中,往往是几种结构共存,普遍在常温下可以存在的主要是单斜相和六角相[123,125,127-148]。无定形 WO_3 的结构与制备条件关系密切,而本文主要研究的对象是过氧化法(溶胶-凝胶)制备的 WO_3 薄膜,因此着重介绍一下此类型的 WO_3 的主要的结构。这种结构 Kudo 等[124]已经做过比较深入的研究,根据 XRD 测试,并使用径向分布函数进行计算,推导出由过氧化法制备的 WO_3 为变形的 Keggin 结构,模拟结果与实验结果吻合较好。

图 1－5(a)所示是典型的 Keggin 结构,而图 1－5(b)是 Kudo 根据试验而推测出的一种发生形变模型。其中图 1－5(a)中的结构由 W 原子为中心,5 个氧原子在四周形成一个四面体杂环结构,并由 12 个这种杂环通过桥氧原子共角连

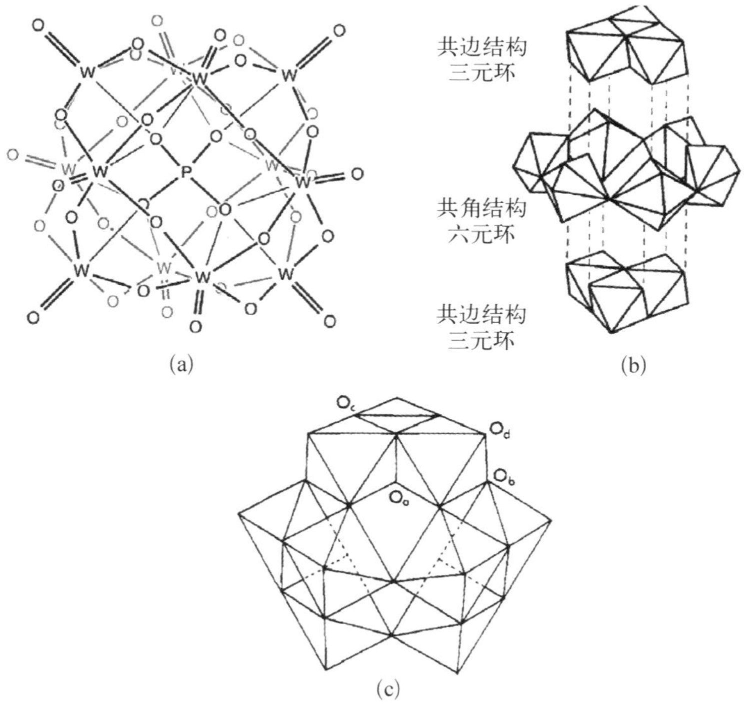

图 1－5 Keggin 结构(a),过氧化法制备的 WO_3 的 Keggin 结构(b)[124]和主要 W—O_x—W 键(c)[149]

接而成，中心是 PO_4 四面体结构，分别对称的对应到4个W—O四面体杂环上。图1-5(b)所示对应的结构是由图1-5(a)转变而来的，它的上、下是相同的共边连接的 W_3O_{13} 的结构，中间是由 WO_7 结构共角连接成的六圆环，上、中、下三个部分通过共角的W—O—W连接在一起，这样，一共存在共边的W—O—W键6个，而共角的W—O—W键18个，比例为1∶3。

当然，对于无定形的薄膜来讲，不可能以这种完美的Keggin结构存在，而是以共边共角的复合结构混合在一起。WO_3 团簇中最主要的四类氧原子如图1-5(c)[149]中所示：

(1) O_a 代表与3个W原子连接的桥氧原子，也就是Keggin结构中四面体 XO_4 中的O，这种氧原子一般独立于周围的阴离子，尤其是 $X = P^V$，但如果Keggin结构中 O_a 不存在于这种正四面体内的时候，W—O_a—W的特征峰与W—O_b—W的特征峰相互重叠；

(2) W—O_b—W中的 O_b 是连接不同 W_3O_{13} 结构中的桥氧(普遍称为“inter” bridges between corner-sharing octahedron)，其主要的红外振动峰出现在850～890 cm^{-1} 以及680 cm^{-1}[108-109,123-124]附近的范围内；

(3) O_c 原子位于 W_3O_{13} 基团的内部，连接两个W原子形成W—O_c—W键(也称为“intra” bridges between edge-sharing octahedron)，其红外特征峰位在760～800 cm^{-1} 范围内[108-109,123-124]；

(4) W—O_d 键属于终端的W═O键，因此最短，其峰位集中在910～1 000 cm^{-1} 范围[108-109,123-124]内。此种结构会随着材料的受热和特殊处理而发生改变[123]，也包括气敏变色作用[109]，变化的主要趋势如图1-6所示。结构的变化主要从三圆环共边结构逐渐与相邻 WO_3 团簇形成无规则聚合，随着加温等处理逐渐地转变为有序度更高甚至晶相结构，图中示意的是一种六角与单斜共存的结构特征。

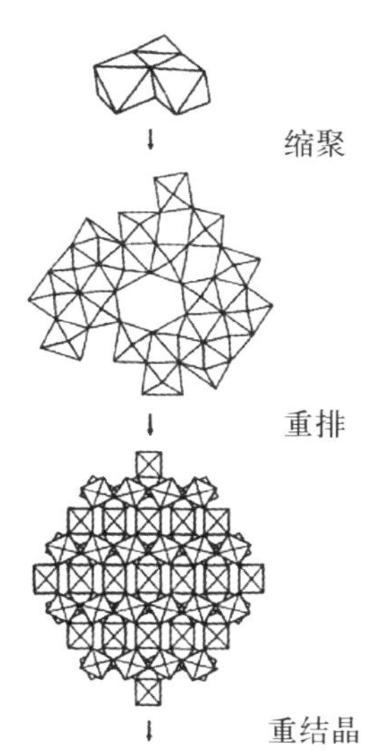

图1-6 WO_3 团簇与内部网络转化过程[123]

以上介绍的是 WO_3 的主要结构，与相关变化。当 WO_3 与 H_2 相互作用的时候，会相应地形成 H_xWO_3 的钨酸结构，其中随着不同化学计量的 x 值 WO_3 也会发生相应的结构改变(表1-2)[119,150-151]。

表 1-2　H_xWO_3 晶相与非化学计量 x 值的关系

结　晶　相	x　　值
monoclinic	$0<x<0.1$
orthorhombic	$0.1<x<0.15$
tetragonal B	$0.15<x<0.23$
tetragonal A	$0.23<x<0.5$
cubic	$0.5<x$

1.3.2　纳米 SiC 气敏特性的研究进展

1.3.2.1　SiC 气敏传感器

在众多半导体材料中，SiC 体材料被认为在高能高频高温等方向具有广泛的应用潜力[152]，C_xH_y、NO_x、H_2 等气体，在高温下具有良好的气敏特性，因而已经有很多科研人员对其气体传感特性进行了大量的研究。

美国航空宇航局格伦研究中心研究 SiC 肖克基二极管式气敏传感器，利用 Pd、SnO_2 等材料的掺杂提高该传感器的稳定特性[153-154]，这一类材料在 420℃下具有良好的气敏效果和使用寿命；Kandasamy 等[155]利用 Ti—W—O 复合制备了 MROSiC 气敏传感器，在 420℃下显示了对丙烯蒸汽具有良好的气敏特性；Savage 等[156]利用 SiC 制备了场效应气敏传感器，这种传感器可以在 700℃温度下达到较好的气敏效果；Solzbacher 等[157]制备的微米级 SiC 气敏传感器复合了 In_2O_3 使 SiC 的反应温度降低到 250℃；之后又有很多采用金属半导体掺杂工艺改良 SiC 气敏传感器的研究[155, 158-163]。

近年来，随着科技的发展，SiC 传感器的研发也逐渐向纳米结构发展，如 Chandrashekhar 等[164]研究的 SiC 纳米晶、Shafiei 等[165]研究的 SiC 纳米线结构等。Kandasamy 等[166]利用纳米 n-ZnO 薄膜制备了场效应气敏传感器，Bourenane 等[167]研究了薄膜厚度和孔隙率对 SiC 气敏效果的影响，结论显示 160 nm 厚度的薄膜比微米级薄膜具有更好的孔隙率，同时具有更好的稳定性。

1.3.2.2　SiC 纳米管

自从 1991 年日本电镜学家 Iijima 发现 C 纳米管以来，准一维结构成为各国学者普遍关注对象。碳纳米管的禁带宽度很敏感，随着管径和手征性的变化而变化，一定程度上限制了其在实际中的应用[168]。1995 年，美国的 Nasreen G. Chopra 等[169]用等离子体电弧放电的方法首次合成了硼氮纳米管(BNNTs)，使得非碳纳米管的存在成为可能，后来，NiCl、H_2TiO_3、TiO_2、AlN、GaN、Si、SiC 纳米管也相继问世[170]。

各类应用领域都在致力于新型纳米材料的研发，例如本课题组研发的 V_2O_5 纳米管在电池方向显示了良好的应用前景[171]，其他例如传感器、催化等领域也都在向纳米结构转变，部分已经获得较好的性能。

SiC 纳米管(SiCNT)最简单的结构是单壁纳米管。从结构上看，可视为由单层 SiC 片卷曲而成的中空管状结构，其管壁是一种六边形网状结构，直径在几个纳米到几十个纳米之间变化，长度却可达几十甚至上百微米，长径比很大。通过一对整数(n, m)对纳米管的结构进行表征，当 $m=0$ 时，横截的管口呈锯齿形，这一类管称为锯齿型管(zigzag)，其螺旋角为 0°；当 $m=n$ 时，横截的管口呈扶手椅形状，称为扶手椅型管(armchair)，其螺旋角为 30°。

单壁 SiC 纳米管的半导体特性与纳米管的手性并不相关，且由于此种纳米管中的 Si 原子具有 sp^3 极化，所以较易得到控制进而实现多种基本功能。实际上，SiC 纳米管的表面反应活性比 C 纳米管或者氮化硼纳米管(BNNTs)的要高很多，例如，过渡金属原子可以在 SiCNT 表面形成 1.17 eV 的化学键能[172]，因此，SiC 纳米管的诸多有趣的化学功能吸引了许多科学家们的兴趣。SiCNTs 被证明可以作为储氢材料，因为其对氢气分子的吸附能力比 CNTs 高 20%左右[173]。但目前还没有报道关于 SiC 纳米管的气敏特性研究。

杂环原子掺杂是一种相对简易的方法来控制纳米管的化学、机械和电学特性，例如，氮掺杂的碳纳米管可使其转变为 n 型半导体材料。自从 Miyamoto 等[174]预测 C_3N_4 和 CN 片层很有可能会存在管状结构以来，很多科研人员进行了 CN_x 纳米管制备工艺的尝试[175-178]。实际上，SiC 纳米管的发明也是基于这种原理[179]。

1.4 第一性原理计算的理论方法

第一性原理(First-Principles)通常是跟计算联系在一起的，是指在进行计算的时候只需向程序输入所使用的原子及其位置，而没有其他的实验的、经验的或者半经验的参量，且具有很好的移植性。实际上，第一性原理是指多电子体系的 Schrödinger 方程，但是光有这个方程是无法解决任何问题的，为此，计算量子化学提出一个称为“从头计算”(ab initio)的原理，除了 Schrödinger 方程外还允许使用下列参数和原理：

(1) 物理常数，包括光速 c、Planck 常数 $\hbar$、电子电量 e、电子质量 m_e 以及原子的各种同位素的质量，尽管这些常数也是通过实验获得的。

(2) 对多粒子系统的计算，近似是不可避免的。最基本的近似是“绝热近似”(由于原子核质量比电子大得多，而把原子核当成静止的点处理)、Hartree-Fock 近似(将多电子问题简化为单电子问题)等，密度泛函理论在 Hartree-Fock 近似的基础上进一步考虑了交换能和关联能，更加准确地描述了多电子系统。常将从头算和密度泛函方法统称为第一性原理方法[180]。

由于诸多近似方法的使用，“从头计算”方法并不是真正意义上的第一性原理，但是其近似方法的运用使得量子计算得以实现。一方面，第一性原理计算是对真实实验的补充，通过计算，可以使被模拟体系的特征和性质更加接近真实的情况。另一方面，与真实的实验相比，第一性原理计算还能更快地设计出符合要求的实验。

从头计算的结果具有相当的可靠程度，某些精确的从头计算产生的误差甚至比实验误差还小。在大多数情况下(除例如长程电子极化能或电荷密度较为稀疏的情形)，密度泛函的结果具有相当高的可靠性[37,181-182]，即使对精度要求较高的物理学家和化学家来说，也可以得到有用的结果，特别是一些较大的体系，量子物理和量子化学中常用的传统轨道波函数的方法往往无能为力。正因为如此密度泛函理论的发明者科恩(Walter Kohn)，被授予诺贝尔化学奖[183]。下面作者基于网络上流传的李教授 DFT 的电子课件，并结合相关材料[37,181-182]介绍一下第一性原理的基本理论：

1.4.1 Born-Oppenheimer 绝热近似-多体问题转化为多电子问题

固体电子能级的出发点是组成固体的多粒子系统，固体系统(包括所有原子核和电子的动能以及两者之间的相互作用能)的总哈密顿量(无外场)为

$$H = H_e + H_N + H_{e-N} \tag{1-1}$$

式中，H_e 代表电子的动能；H_N 代表原子核的动能；H_{e-N} 代表电子和原子核之间的相互作用能，其中

$$H_e(\vec{r}) = T_e(\vec{r}) + V_e(\vec{r}) = -\sum_i \frac{\hbar^2}{2m}\nabla^2_{r_i} + \frac{1}{2}\sum_{i\neq j}\frac{e^2}{|\vec{r}_i - \vec{r}_j|} \tag{1-2}$$

$$H_N(\vec{R}) = T_N(\vec{R}) + V_N(\vec{R}) = -\sum_j \frac{\hbar^2}{2M_j}\nabla^2_{R_j} + \frac{1}{2}\sum_{i\neq j}V_N(\vec{R}_i - \vec{R}_j) \tag{1-3}$$

$$H_{e-N}(\vec{r}, \vec{R}) = -\sum_{i,j}V_{e-N}(\vec{r}_i - \vec{R}_j) \tag{1-4}$$

记原子坐标为$\vec{R}_j$，电子坐标为$\vec{r}_j$。因为原子核质量远远大于电子质量，可以忽略原子核的动能。在解电子态是认为原子核处于瞬时位置不动。在计算核的运动时，不考虑电子的空间具体分布。

$$\Psi_n(\vec{r}, \vec{R}) = \sum_n \chi_n(\vec{R})\Phi_n(\vec{r}, \vec{R}) \tag{1-5}$$

电子的薛定谔方程为

$$H_0\Phi_n(\vec{r}, \vec{R}) = E_n(\vec{R})\Phi_n(\vec{r}, \vec{R}) \tag{1-6}$$

$$H_0(\vec{r}, \vec{R}) = H_e(\vec{r}) + V_N(\vec{r}) + H_{e-N}(\vec{r}, \vec{R}) \tag{1-7}$$

原子核的薛定谔方程为

$$[T_N(\vec{R}) + E_n(\vec{R}) + C_n(\vec{R})]\chi_n(\vec{R}) + \sum_n C_{nn'}(\vec{R})\chi_{n'}(\vec{R}) = E^{\mathrm{T}}\chi_n(\vec{R}) \tag{1-8}$$

其中

$$C_n(\vec{R}) = -\sum \frac{\hbar^2}{2M_j}\int \mathrm{d}\vec{r}\,\Phi_n^*(\vec{r}, \vec{R})\nabla^2_{R_j}\Phi_n(\vec{r}, \vec{R}) \tag{1-9}$$

$$C_{nn'}(\vec{R}) = -\sum_j \frac{\hbar^2}{2M_j}\int \mathrm{d}\vec{r}\,\Phi_n^*(\vec{r}, \vec{R})[2\nabla_{R_j}\Phi_{n'}(\vec{r}, \vec{R})\nabla_{R_j} + \nabla^2_{R_j}\Phi_{n'}(\vec{r}, \vec{R})] \tag{1-10}$$

忽略高阶小量 $C_{nn'}$，原子核的运动方程为

$$[T_N(\vec{R}) + E_n(\vec{R}) + C_n(\vec{R})]\chi_{n\mu}(\vec{R}) = E^T_{n\mu}\chi_{n\mu}(\vec{R}) \tag{1-11}$$

总波函数为

$$\Psi_{n\mu}(\vec{r}, \vec{R}) = \chi_{n\mu}(\vec{R})\Phi_n(\vec{r}, \vec{R}) \tag{1-12}$$

可以看出,原子核和电子分离后的体系是一个复杂的多电子体系,直接求解还是不可能,必须进一步简化和近似。

对于此问题,化学家们从电子波函数出发,将一个多电子的薛定谔方程通过 Hartree-Fock 近似简化为单电子有效势方程,即 Hartree-Fock 方程,由此而发展出如 CI,Gausssian 等计算软件,采用的基函数为 Slater 轨道基;物理学家是通过 N 个单粒子波函数 $\varphi_i(r)$ 构造电子密度函数 $\rho(r)$,由此可转变为求解外场下 N 个无相互作用的单电子方程,即 Kohn-Sham 方程。Hartree-Foek 方程与 Kohn-Sham 方程形式上是一致的,都是通过自恰的方法求解多电子的薛定谔方程。下面分别介绍。

1.4.2 Hartree-Fock 近似

Hartree-Fock 是最常见的一种第一原理电子结构计算。在 Hartree-Fock 近似中,每个电子在其余电子的平均势中运动,但是不知道这些电子的位置。当电子离得很近时,即使是用平均方法考虑电子间的库仑相互作用,电子也不能相互避开,因此,在 Hartree-Fock 中高估了电子排斥。Hartree-Fock 方程需采用变分法求解,所得的近似能量永远等于或高于真实能量,随着基函数的增加,Hartree-Fock 能量无限趋近于 Hartree-Fock 极限能。

很多方法先进行 Hartree-Fock 计算,随后对电子的瞬时相关对此进行修正。相应能量的降低称为电子相关能。这些方法称为后 Hartree-Fock 方法,包括多体微扰理论、耦合簇理论(Coupled Cluster) 等。

$$\left[-\nabla^2 + V(\vec{r}) - \int d\vec{r}' \frac{\rho(\vec{r}') - \rho_i^{HF}(\vec{r}, \vec{r}')}{|\vec{r} - \vec{r}'|}\right]\phi_i(\vec{r}) = E_i\phi_i(\vec{r}) \tag{1-13}$$

以上为 Hartree-Fock 方程的正则形式。

满壳系统(自旋全部配对)的 Hartree-Fock 方程有以下性质。

(1) 保持系统的对称性。

(2) 自旋向上和向下的空间波函数满足同样形式的方程,因此,每一个对应 E_i 的态(轨道) ϕ_i 可以占据两个自旋相反的电子。

(3) Hartree-Fock 方程的解不唯一。如果一组单粒子态使能量取极值,将其任意线性组合后,仍得到同样的能量极值。

(4) Hartree-Fock 方程的解构成正交归一完备集。以单粒子波函数构成的空间由两个正交的子空间构成。一个子空间的基是有电子占据的轨道 $\{\phi_i \mid i = 1, 2, \cdots, N/2\}$，另一子空间的基是没被占据的轨道 $\{\phi_a \mid a = N/2+1, \cdots, \infty\}$。占据子空间基底的任意线性组合或没占据子空间基底的任意线性组合都不改变计算结果。

(5) Fermi 孔：由于总波函数的反对称性导致的 $\rho_i^{HF}(\vec{r}, \vec{r}')$ 项具有抵消与 $\phi_i(\vec{r})$ 电子同自旋同位置的电荷的作用，使得在空间任意一点不可能同时出现两个自旋相同的电子。它的后果好像在总电荷密度中挖去一个孔，称为 Fermi 孔。注意，即使是虚轨道，Fermi 孔也存在。与 $\rho_i^{HF}(\vec{r}, \vec{r}')$ 相关的一项能量称为交换能。由于库仑排斥作用，$\phi_i(\vec{r})$ 电子也会使自旋不同的电子"躲开"它，这种库仑关联效应(相应的能量称为库仑能)在 Hartree-Fock 近似中遗漏了。

对于一个电子数非常大的系统，可以假定移走处于 ϕ_i 的电子不会影响其他单电子波函数。

Koopmans 定理：从 ϕ_i 态移走一个电子，放到 ϕ_a 态中，所需的能量为 $E_a - E_i$。

1.4.3 二次量子化

二次量子化方法是处理全同粒子系统的一种方便方法，并且容易推广到相对论情形。对非相对论问题，二次量子化仅是多体量子力学的一个方便的表象而已。

二次量子化通过引入产生算符和湮灭算符处理粒子的产生和湮灭，相比普通量子力学表述方式，二次量子化方法能够自然而简洁地处理全同粒子的对称性和反对称性，所以，即使在粒子数守恒的非相对论多体问题中，也被广泛应用。

1.4.4 密度泛函理论

建立在 Thomas-Fermi 理论基础[184]上的自由电子气模型下，多电子体系的能量可以由空间位置函数的电子气密度构造出来。1994 年，P. Hohenberg 和 W. Kohn 提出并证明了非简并体系的基态性质由基态电荷密度唯一决定，此即 Hohenberg-Kohn 定理[185]，主要包括如下内容：

(1) 不计自旋的全同费米子系统的基态能量是粒子数密度函数 $\rho(\vec{r})$ 的唯一泛函。

(2) 对给定的哈密顿量，能量泛函 $E_0[\rho]$ 对正确的粒子数密度函数 $\rho(\vec{r})$ 取极小值，并等于基态能量。

定理一的证明：

不计自旋的全同费米子系统的哈密顿量为

$$H = T + U + V \tag{1-14}$$

其中动能为

$$T = -\int d\vec{r}\, \psi^{+}(\vec{r})\, \nabla^{2} \psi(\vec{r}) \tag{1-15}$$

库仑能为

$$U = \frac{1}{2}\int d\vec{r}\, d\vec{r}'\, \frac{1}{|\vec{r} - \vec{r}'|} \psi^{+}(\vec{r})\psi^{+}(\vec{r}')\psi(\vec{r})\psi(\vec{r}') \tag{1-16}$$

假定对所有电子都有相同的局域势 $\upsilon(\vec{r})$（包括电子之间的关联、原子核势场、外场等），则

$$V = \int d\vec{r}\upsilon(\vec{r})\psi^{+}(\vec{r})\psi(\vec{r}) \tag{1-17}$$

因为 T 和 U 项是固定的算符，哈密顿量完全由 $\upsilon(\vec{r})$ 确定，记之为 $H[\upsilon]$。

薛定谔方程为

$$H[\upsilon] \mid \Psi_0\rangle = E_0 \mid \Psi_0\rangle \tag{1-18}$$

我们只考虑它的基态解。因为局域势需要和多电子系统的薛定谔方程的解自洽，所以，$\upsilon(\vec{r})$ 与基态波函数 $|\Psi_0\rangle$ 有关。现在需要证明的是，$\upsilon(\vec{r})$ 唯一地被电子密度函数 $\rho(\vec{r})$ 所确定。

$$\rho(\vec{r}) = \langle\Psi_0 \mid \psi^{+}(\vec{r})\psi(\vec{r}) \mid \Psi_0\rangle \tag{1-19}$$

设对于另一局域势 $\upsilon'(\vec{r})$，$H[\upsilon']$ 的基态 $|\Psi'_0\rangle$ 满足薛定谔方程

$$H[\upsilon'] \mid \Psi'_0\rangle = E'_0 \mid \Psi'_0\rangle \tag{1-20}$$

据变分原理，有

$$\begin{aligned} E_0 &= \langle\Psi_0 \mid H[\upsilon] \mid \Psi_0\rangle < \langle\Psi'_0 \mid H[\upsilon] \mid \Psi'_0\rangle \\ &= \langle\Psi'_0 \mid H[\upsilon] + V' - V \mid \Psi'_0\rangle + \langle\Psi'_0 \mid V - V' \mid \Psi'_0\rangle \end{aligned}$$

利用 $H[\upsilon'] = H[\upsilon] + V' - V$，得

$$E_0 < E'_0 + \langle\Psi'_0 \mid V - V' \mid \Psi'_0\rangle \tag{1-21}$$

系统 $H[v']$ 的电子密度函数为 $\rho'(\vec{r})=\langle\Psi'_0\mid\psi^+(\vec{r})\psi(\vec{r})\mid\Psi'_0\rangle$。把式(1-17)代入式(1-21)得

$$E_0 < E'_0+\int \mathrm{d}\vec{r}\rho'(\vec{r})(v(\vec{r})-v'(\vec{r})) \tag{1-22}$$

同理可得

$$E'_0< E_0+\langle\Psi_0\mid V'-V\mid\Psi_0\rangle=E_0+\int \mathrm{d}\vec{r}\,\rho(\vec{r})(v'(\vec{r})-v(\vec{r})) \tag{1-23}$$

即

$$E_0 > E'_0+\int \mathrm{d}\vec{r}\rho(\vec{r})(v(\vec{r})-v'(\vec{r})) \tag{1-24}$$

比较式(1-22)和式(1-24)可知：当局域函数 v' 和 v 不相同时，则密度函数 ρ' 必与 ρ 不相同，反之亦然。否则式(1-22)和式(1-24)相矛盾。因此，电子密度函数 $\rho(\vec{r})$ 和局域势 $v(\vec{r})$ 是一一对应的。

给定电子密度函数 $\rho(\vec{r})$ 后，局域势函数 $v(\vec{r})$ 便完全被确定，因而哈密顿量 $H[v]$ 被完全确定，故而薛定谔方程(1-18)的基态解 E_0 和 $\mid\Psi_0\rangle$ 被唯一地确定。因此，E_0 和 $\mid\Psi_0\rangle$ 以及所有由哈密顿量确定的量都是电子密度函数 $\rho(\vec{r})$ 的泛函。

第二定理的证明：

设 $\rho(\vec{r})$ 是正确的基态电子密度函数，由定理一，有唯一基态波函数 $\mid\Psi_0\rangle$ 和基态能量与之对应：

$$E_0=\langle\Psi_0[\rho]\mid H[v]\mid\Psi_0[\rho]\rangle\equiv E_G[\rho,v] \tag{1-25}$$

其中，右边的 v 指哈密顿量中的局域势。对另一电子密度函数 $\rho'(\vec{r})$，有唯一的 $H[v']$ 与之对应，从而唯一的基态波函数为 $\mid\Psi'_0[\rho']\rangle$。根据变分原理，有

$$E_0[\rho]=E_G[\rho,v]<\langle\Psi'_0[\rho']\mid H[v]\mid\Psi'_0[\rho']\rangle=E_G[\rho',v] \tag{1-26}$$

因此，正确的 ρ 使给定哈密顿的能量泛函极小。

1.4.5　Kohn-Sham 方程

Hohenberg-Kohn 定理只是从理论上论证以电子密度为基本变量计算基态性质的可行性，并没有给出能量泛函场 $F_{HF}[\rho]$ 的具体形式。这个问题在 1965

年被 Kohn 和 Sham 解决。

把基态能量密度泛函详细一点写出来：

$$\begin{aligned} E_G[\rho, \upsilon] &= \langle \Psi_0 \mid T \mid \Psi_0 \rangle + \langle \Psi_0 \mid U \mid \Psi_0 \rangle + \int d\vec{r} \upsilon(\vec{r})\rho(\vec{r}) \\ &= T[\rho] + \frac{1}{2}\iint d\vec{r}\, d\vec{r}' \frac{\rho(\vec{r})\rho(\vec{r}')}{\mid \vec{r} - \vec{r}' \mid} + E_{xc}[\rho] + \int d\vec{r}\, \upsilon(\vec{r})\rho(\vec{r}) \end{aligned} \tag{1-27}$$

最后一式的中间两项均来自 $\langle \Psi_0 \mid U \mid \Psi_0 \rangle$。通常称 E_{xc} 为交换能。至今，$T[\rho]$，$E_{xc}[\rho]$,$\upsilon[\rho]$ 和 $\rho(\vec{r})$ 都是未知的。Kohn-Sham 提出一种计算方案。

根据 Hohenbeg 和 Kohn 的第二定理,对给定 $\upsilon(\vec{r})$,有

$$\delta\left[E_G(\rho, \upsilon) - \mu\left(\int d\vec{r}'\rho(\vec{r}') - N\right)\right] = 0 \tag{1-28}$$

式中,μ 是为保证电子数目 $\int d\vec{r}\rho(\vec{r})$ 不变而引入的拉格朗日乘子。

引入 N 个单电子波函数 φ_i，有

$$\rho(\vec{r}) = \sum_{i=1}^{N} \mid \varphi_i \mid^2 \tag{1-29}$$

原则上,单电子波函数的引入纯粹是为了计算的方便,只要保证式(1-28)成立就可以了。选择 $\{\varphi_i(\vec{r})\}$ 正交归一化是方便的，

$$\int d\vec{r}\, \varphi_i^*(\vec{r})\varphi_j(\vec{r}) = \delta_{ij} \tag{1-30}$$

式(1-28)和式(1-30)可以由下式得到保证：

$$\delta\left[E_G(\rho, \upsilon) - \sum_{i,j}\lambda_{ij}\left(\int d\vec{r}\, \varphi_i^*(\vec{r})\varphi_j(\vec{r}) - \delta_{ij}\right)\right] = 0 \tag{1-31}$$

变分分别对 φ_i^* 和 φ_i 进行,可写成

$$\int d\vec{r} \sum_{i=1}^{N} \delta\varphi_i^*(\vec{r}) \left\{ \frac{\delta\rho(\vec{r})}{\delta\varphi_i^*(\vec{r})} \frac{\delta E_G[\rho, \upsilon]}{\delta\rho(\vec{r})} - \sum_{j=1}^{N} \lambda_{ij}\varphi_i(\vec{r}) \right\} = 0 \tag{1-32a}$$

和

$$\int d\vec{r} \sum_{i=1}^{N} \delta\varphi_i(\vec{r}) \left\{ \frac{\delta\rho(\vec{r})}{\delta\varphi_i(\vec{r})} \frac{\delta E_G[\rho, \upsilon]}{\delta\rho(\vec{r})} - \sum_{j=1}^{N} \lambda_{ji}\varphi_j^*(\vec{r}) \right\} = 0 \tag{1-32b}$$

因此

$$\frac{\delta\rho(\vec{r})}{\delta\varphi_i^*(\vec{r})}\frac{\delta E_G[\rho,\upsilon]}{\delta\rho(\vec{r})}-\sum_{j=1}^{N}\lambda_{ij}\varphi_j(\vec{r})=0 \tag{1-33a}$$

$$\frac{\delta\rho(\vec{r})}{\delta\varphi_i(\vec{r})}\frac{\delta E_G[\rho,\upsilon]}{\delta\rho(\vec{r})}-\sum_{j=1}^{N}\lambda_{ji}\varphi_j^*(\vec{r})=0 \tag{1-33b}$$

由式(1-27)得

$$\frac{\delta E_G}{\delta\rho(\vec{r})}=\frac{\delta T}{\delta\rho(\vec{r})}+\int d\vec{r}'\frac{\rho(\vec{r}')}{|\vec{r}-\vec{r}'|}+\frac{\delta E_{xc}}{\delta\rho(\vec{r})}+\upsilon(\vec{r}) \tag{1-34}$$

把不知道的 $T[\rho]$ 写成没有相互作用的 N 电子动能 $T_s[\rho]$ 加 $T[\rho]-T_s[\rho]$:

$$T_s[\rho]=\sum_{i=1}^{N}\int d\vec{r}\,\varphi_i^*(-\nabla^2)\varphi_i \tag{1-35}$$

把 $T[\rho]-T_s[\rho]$ 归入另一未知泛函 $E_{xc}[\rho]$，仍用原来的记号 $E_{xc}[\rho]$。利用

$$\frac{\delta\rho}{\delta\varphi_i^*(\vec{r})}\frac{\delta T_s}{\delta\rho}=\frac{\delta T_s}{\delta\varphi_i^*(\vec{r})}=\sum_{i=1}^{N}(-\nabla^2)\varphi_i(\vec{r}) \tag{1-36a}$$

$$\frac{\delta\rho}{\delta\varphi_i(\vec{r})}\frac{\delta T_s}{\delta\rho}=\frac{\delta T_s}{\delta\varphi_i(\vec{r})}=\sum_{i=1}^{N}(-\nabla^2)\varphi_i^*(\vec{r}) \tag{1-36b}$$

把式(1-34)代入式(1-33a,b),得

$$[-\nabla^2+V_{KS}[\rho]]\varphi_i(\vec{r})=\sum_{j=1}^{N}\lambda_{ij}\varphi_j(\vec{r}) \tag{1-37a}$$

$$[-\nabla^2+V_{KS}[\rho]]\varphi_i^*(\vec{r})=\sum_{j=1}^{N}\lambda_{ji}\varphi_j^*(\vec{r}) \tag{1-37b}$$

其中

$$V_{KS}=\upsilon(\vec{r})+V_C[\rho]+V_{xc}[\rho] \tag{1-38}$$

$$V_C[\rho(\vec{r})]=\int d\vec{r}'\frac{\rho(\vec{r}')}{|\vec{r}-\vec{r}'|} \tag{1-39}$$

$$V_{xc}[\rho(\vec{r})]=\frac{\delta E_{xc}[\rho]}{\delta\rho(\vec{r})} \tag{1-40}$$

式(1-40)称为交换关联势。用从式(1-32a,b)、式(1-33a,b)得到式(1-38)

一样推理，可以证明 $\{\lambda_{ij}\}$ 是厄米矩阵，因此，可以通过一个幺正变换把式(1-37a,b)等价地写成

$$[-\nabla^2+V_{KS}[\rho]]\phi_i(\vec{r})=E_i\phi_i(\vec{r}) \tag{1-41}$$

这就是 Kohn-Sham 方程。因为从 $\{\varphi_i\}$ 到 $\{\phi_i\}$ 的变换是幺正变换，所以，式(1-29)也可以写成

$$\rho(\vec{r})=\sum_{i=1}^{N}|\phi_i|^2 \tag{1-42}$$

在有限温度下，式(1-42)推广为

$$\rho(\vec{r})=\sum_{i=1}^{N}n_i|\phi_i|^2 \tag{1-43}$$

其中，n_i 为 ϕ_i 态的占据数，由费米-狄拉克分布给出，即

$$n_i=\frac{1}{\exp[(E_i-\mu)/(k_B T)]+1} \tag{1-44}$$

式中，μ 为化学势。如果知道交换关联势 $V_{xc}[\rho]$，可以通过式(1-41)和式(1-42)或式(1-43)迭代求出 $\{\phi_i\}$ 和 $\rho(\vec{r})$。

Kohn-Sham 方程的核心是用无相互作用粒子模型代替有相互作用粒子系统，而将相互作用的全部复杂性归入交换关联势 $V_{KS}[\rho]$ 泛函。密度泛函理论导出的 Kohn-Sham 方程是描写多粒子系统基态性质的严格程式，它与 Hartree-Fock 近似公式的差别是 $V_{KS}[\rho]$ 中含有一项未知的交换关联势 $V_{xc}[\rho]$ 泛函。

下一节我们将介绍如何估计交换关联势 $V_{xc}[\rho]$。

1.4.6 交换关联泛函

1. Slater 平均交换势

KS 方程中的势函数由三部分组成：

$$V_{KS}=\upsilon(\vec{r})+V_C+V_{xc} \tag{1-45}$$

从 V_C 的表达式

$$V_C[\rho(\vec{r})]=\int d\vec{r}'\,\frac{\rho(\vec{r}')}{|\vec{r}-\vec{r}'|} \tag{1-46}$$

可见，V_C 是由于系统中所有电子对 KS 方程描写的电子作用引起的库仑能，其

中包括该电子和自己的作用能。后者是不应该包括进去的。为了把它扣除掉，可以在该电子附近放一些正电荷，抵消了该电子的负电荷后形成一个所谓费米洞。

假定电子均匀分布，用以抵消自相互作用的正电荷也均匀分布，且正电荷的总量为一个电子的电量，则费米洞的半径为

$$R=\left[\frac{4\pi}{3}\rho_{//}(\vec{r})\right]^{-1/3} \tag{1-47}$$

其中，$\rho_{//}$ 是和所讨论电子具有相同自旋的电子密度。如系统与自旋无关，则 $\rho_{//}(\vec{r})=\rho(\vec{r})/2$。它产生的库仑能为 $-3\ /(2R)$，即

$$V_{X\alpha}(\vec{r})=-3\alpha\left[\frac{3}{4\pi}\rho_{//}\right]^{1/3} \tag{1-48}$$

其中

$$\alpha=\frac{1}{2}\left(\frac{4\pi}{3}\right)^{2/3} \tag{1-49}$$

但实际计算一般把 α 看作一拟合参数。对大部分原子来说，$2/3<\alpha<1$。以上得到的 $V_{X\alpha}$ 是交换关联能 V_{xc} 的一个近似。如取 α 为式(1-49)，实际上是忽略了关联能的 HF 近似。

2. *局域密度近似*

假如电子密度是空间的缓慢变化函数，可以在小的局域认为电子密度是均匀的。把交换关联能写为

$$E_{xc}[\rho]=\int \mathrm{d}\vec{r}\ \rho(\vec{r})\varepsilon_{xc}[\rho(\vec{r})]$$

其中，ε_{xc} 是用均匀电子气得到的交换关联能。按式(1-40)，有

$$V_{xc}[\rho]=\frac{\delta E_{xc}}{\delta\rho}=\frac{\delta}{\delta\rho(\vec{r})}(\rho(r)\varepsilon_{xc}[\rho(\vec{r})])$$

Kohn-Sham-Gaspar 交换势近似为

$$V_{xc}=-2(3/\pi)^{1/3}[\rho(\vec{r})]^{1/3}$$

Wigner 关联能近似为

$$\varepsilon_c = -\frac{0.88}{R+7.79}$$

由此得

$$V_c(R) = -0.88\frac{2/3R+7.79}{(R+7.79)^2}$$

1.5 研究背景和研究内容

1.5.1 研究背景

综上所述，气敏传感器的使用越来越广泛，获得高性能的气敏材料具有重要的社会和科学价值。而目前新型传感材料的发展方向主要在于研究气敏材料的气体吸附机理；研制新型纳米气敏传感器。因而，进行这两方面的研究对气敏传感器的发展具有重要的推动作用。

气敏材料的吸附机理，涉及分子尺度的气体与纳米尺度的材料之间的相互作用，即作用范围为埃和纳米量级。当今多数的实验设备对埃量级材料的表征往往需要真空或者超高真空的条件，使得在线测试气体的吸附特性非常困难，这严重制约着气体吸附特性研究，影响了气敏传感器的发展。随着计算机技术的发展，用计算方法模拟分子量级的化学反应已经非常普及，且取得了较好的效果。因此，利用实验方法表征反应过程中宏观物理化学性质的变化，并结合理论计算分析其化学反应过程，在宏观和微观之间建立内在关系，无疑是理解气敏材料气体吸附机理的极佳方式之一。

利用传统的实验方法研制新型纳米气敏传感器，一般是按照周期表进行不同元素和化合物的合成，然后研究其相应的气体吸附特性，但针对如此众多的化合物和气体来讲，这是一种费时费力的方式。计算机的应用不仅对于汽车等工业产品的研发带来了革命，而且对于新材料的研发也具有重要的指导意义。计算机的理论计算可以在纳米水平进行材料的结构组分模拟，进一步对分子的吸附进行深入研究，这种技术的使用会极大提高新型纳米气敏传感器材料的研制。

1.5.2 研究内容

本书结合实验和理论计算，利用物理和化学原理研究气敏材料对气体的吸附机理，利用溶胶凝胶复合技术提高了 WO_3 基气敏材料的循环稳定性，并分析了影响其稳定性的主要因素，进一步利用计算方法研究了几种纳米管对 NO_x 系列气体的气敏特性，为研制开发新型纳米材料提供了理论背景。具体研究内容如下：

（1）通过分析已有气敏致色动力学模型，提出理论假设，利用溶胶-凝胶技术复合不同致色速率的气敏材料，制备二元掺杂和多层薄膜，推导气体吸附模型。通过在线测量的手段表征 WO_3 基气敏薄膜致色态与褪色态的结构变化，结合第一性原理，对氢气的注入过程中 WO_3 结构变化和各反应的化学势变化进行分析。制备长时间保持致色态的钨酸晶体材料，利用 XRD、IR、XPS 等测试方法进一步表征了 WO_3 致色过程，并结合理论计算分析了 WO_3 基气敏材料的气体吸附机理。

（2）利用溶胶-凝胶技术，通过 SiO_2 的复合成功制备了高循环稳定性的 WO_3 气敏薄膜；测试和分析了溶胶的稳定性、颗粒度，并用 TEM 观察其微观结构，提出 SiO_2/WO_3 在溶胶中基本复合结构；进一步利用 IR 和 Raman 光谱测试、不同 Si 掺杂比例、不同的热处理温度以及不同结构的 SiO_2 相复合等方式，推导并验证了 SiO_2/WO_3 的复合结构；采用实验手段测试出 WO_3 和 SiO_2/WO_3 薄膜在致褪色循环中的结构变化，结合第一性原理进一步模拟和分析结构变化对气敏循环性的影响。

（3）利用第一性原理研究 SiC、BN、C 纳米管对 NO_x 气体分子的气敏特性，并对其几何构型和电子结构等特征进行分析，推导这类纳米材料的气敏检测手段。

（4）尝试利用理论工具设计和探讨新型纳米结构存在的可能性及其相关特性。利用第一性原理研究氮掺杂-扶手型和锯齿型 SiC 纳米管的拓扑学，结构学以及电子结构，进而推导新型 SiN 纳米管的结构，并对其相关的特性进行深入分析。

第2章

制备工艺和表征方法

2.1 制备方法种类

三氧化钨的变色性能与其结晶状态、微观结构、含水量和化学组成均有着密切关系，而这些因素很大程度上取决于薄膜的制备方法。按物料状态来分主要有两种制备方法：液相法和气相法。其中，气相法主要包括真空蒸发法、磁控溅射法和化学气相沉积法；而液相法主要包括阳极氧化法、电沉积法和溶胶-凝胶法。

2.1.1.1 真空蒸发法

此方法的原理是在高纯惰性气氛(Ar、He)或高真空条件下，对蒸发物质进行加热蒸发，蒸气在惰性气体介质或真空中冷凝形成微粒薄膜。Bergamin等[186]采用此法成功研制成了三氧化钨薄膜。基本过程如下：在真空室下($\sim 1.33\times 10^{-3}$ Pa)，加热三氧化钨粉末，蒸气在基片上冷凝，即得三氧化钨薄膜。膜的厚度及成膜速率可以通过膜厚监控仪监控。利用真空法制备三氧化钨薄膜，加热源从最初的炉源加热发展到电弧法加热、电子束加热、激光加热等，其中电子束蒸发制备三氧化钨薄膜得到了较好的发展[187]。真空蒸发法制备的薄膜纯度高、颗粒分散性好，通过改变、控制气氛压力和温度，可制得颗粒尺寸不同的纳米薄膜，适合合成熔点低、成分单一物质的薄膜或颗粒。但该法成本高，不适宜制备大面积薄膜。

2.1.1.2 磁控溅射法

此方法的原理是采用高能量惰性气体离子去轰击靶材，轰击下来的原子沉积到衬底上形成薄膜。靶材有的采用经过烧结的 WO_3，也有的采用金属钨。

Miyake 等[188]利用射频溅射装置，采用经烧结后纯度为 99.9%的三氧化钨靶材，在真空度为 0.67～10.6 Pa 的反应室内，通入 Ar 或 Ar 的混合气体，对混合气体进行射频激励放电，使沉积的三氧化钨微粒溅射到衬底上形成三氧化钨薄膜。王晓光等[68]采用直流磁控溅射方法制得 WO_x 薄膜，实验条件：平面靶为纯度 99.9%的金属钨，面积 180 cm^2，真空室本底真空优于 3×10^{-3} Pa，工作压强 2 Pa，工质气体为高纯 O_2 和高纯 Ar，$P_{O_2}:P_{Ar}=8:2$，靶极功率为375 W，基片是镀有 FTO 膜的玻璃片。

此法是较为广泛采用的制备薄膜的方法，具有成膜速度快、纯度高等特点，适合高熔点的氧化物薄膜的制备，但其成本较高，难于市场化。

2.1.1.3 化学气相沉积法(CVD)

此方法的原理是利用气体原料在气相中通过化学反应形成并经过成核、生长两个阶段合成薄膜、粒子、晶须等固体材料的工艺过程。CVD 技术有多种，如快热 CVD、等离子体增强 CVD(PECVD)、低压 CVD 等。采用 CVD 方法制备三氧化钨薄膜也是一种常用的方法[189]。Dacazoglori 等[190-191]采用快热 CVD 方法制备了三氧化钨薄膜，实验采用六羰基钨 $W(CO)_6$ 作为反应源，惰性气体携带的 $W(CO)_6$ 在反应室中分解，分解出的 W 与 O 反应生成 WO_3，沉积在衬底上便得 WO_3 薄膜。

此法具有多功能、产品高纯性、工艺可控性、过程连续性等特点，但成本高，不适合大规模薄膜的制备。

其中 PECVD 法是一种新的制膜技术[192]。它是借助等离子体使含有薄膜组成原子的气态物质发生化学反应，在基板上沉积薄膜的一种方法。此技术是通过反应气体放电来制备薄膜的，这就从根本上改变了反应体系的能量供给方式，能够有效地利用非平衡等离子体的反应特征。当反应气体压力为 10^{-1}～10^{-2} Pa 时，电子温度比气体温度高 1～2 个数量级，这种热力学非平衡状态为低温制备纳米薄膜提供了条件。由于等离子体中的电子温度高达 104 K，有足够的能量通过碰撞过程使气体分子激发、分解和电离，从而大大提高了反应活性，能在较低的温度下获得纳米级晶粒，且晶粒尺寸也易于控制。所以被广泛地用于纳米镶嵌复合薄膜和多层复合膜的制备，尤其是硅系纳米复合薄膜的制备。

2.1.1.4 阳极氧化法

此方法的具体过程如下：首先将纯钨片(0.1 mm)于室温下放入 15%

NaOH 溶液抛光后，经过去离子水冲洗，在 N_2 气氛中干燥。以 Pt 电极为参比电极，W 电极为牺牲阳极，在 1 M H_2SO_4 溶液中电解，阳极产物即可得 WO_3 薄膜。此法特别适合制备多孔型薄膜，具有快速、简单、成本较低等特点，但不宜制备大面积薄膜[193-194]。

2.1.1.5 电沉积法

Dao[195]采用电沉积法制备了 WO_3 薄膜，Monk[196]利用电沉积法成功地制备了含多种金属氧化物的 WO_3 薄膜，并对其电致变色性能与纯 WO_3 薄膜进行了对比研究。

此方法制备 WO_3 薄膜的基本过程是：首先以 H_2O_2"溶解"金属钨粉末，制得电解质溶解液，溶解液沉积前通入 N，进行清洗；然后以铂片作工作电极，饱和甘汞电极为对电极，通入电流电解沉积，在工作电极铂片上即得 WO_3 薄膜。

电沉积法制备 WO_3 薄膜与其他方法相比，由于受到成膜面积影响，并不常用，但此法作为制备复合氧化物薄膜具有优势，尤其是电负性较大的氧化物薄膜。

2.1.1.6 溶胶-凝胶法

溶胶-凝胶法是近年发展起来的制备纳米材料的一种新方法。与前几种方法特别是几种气相法相比，该法具有工艺简单、设备成本低、便于制备大面积薄膜并易于控制薄膜组成和微观结构等特点。因此，作为湿化学方法制备薄膜的溶胶-凝胶法在薄膜制备工艺中占有重要的地位。

此方法的原理是将前驱物（金属醇盐或无机盐）溶于溶剂中形成均匀的溶液，溶质与溶剂产生水解反应，水解产物经过缩聚反应聚集成纳米级粒子并组成溶胶。从溶胶出发，采取不同工艺可以制备各种纳米薄膜、粉末等。溶胶-凝胶法制备 WO_3 薄膜可有以下几条途径：① 钨酸盐酸化法[197]；② 钨粉过氧化聚钨酸法[198]；③ 离子交换法[123]；④ 聚合物法等[199]。其中钨酸盐酸化法难于控制其生成的中间产物——一种非溶胶性沉淀；离子交换法制得的溶胶较易在短时间内形成凝胶，难于控制涂膜时间。这样制得的膜透明性差，易龟裂，从而导致变色性能降低，未交换完全的 Na^+ 对膜的性能也有很大的影响。聚钨酸法过氧化法可以较好地解决以上问题，本文工作便是采用这种方法来制备所需要的 WO_3 气致变色薄膜。

2.2 原 材 料

(1) 钨粉(含量=99.8%,粒度200目,国药集团);
(2) 过氧化氢(含量≥30%,国药集团);
(3) Mo粉(含量=99.8%,200目,国药集团);
(4) 正硅酸四乙酯(国药集团);
(5) $PdCl_2$(含量≥59.0%,国药集团)。

2.3 制　　备

2.3.1 WO_3溶胶的制备

无序薄膜材料具有良好的孔隙率,有利于气体的扩散,因此此类薄膜材料被研究最多,应用最广。本小节中采用的是溶胶-凝胶法制备WO_3气致变色薄膜,此种工艺有利于形成多孔薄膜、膜层厚度容易调节、成本低并有利于大面积生产[104,109,118]。溶胶的制备工艺采用Kudo的方法[200],具体制备工艺见图2-1所示。

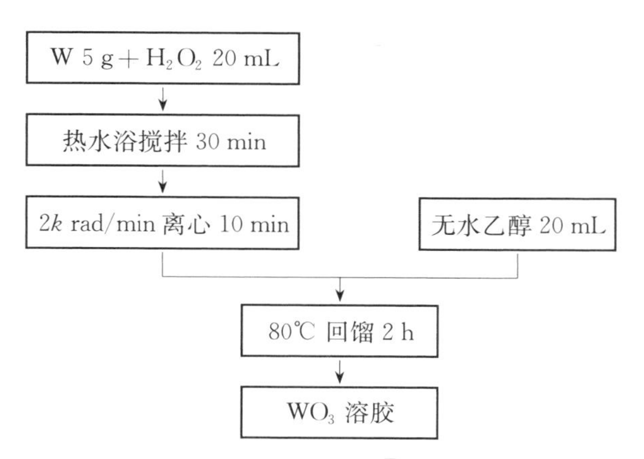

图2-1　WO_3溶胶的制备工艺流程图

称量5 g钨粉置于大烧杯中,再将20 mL过氧化氢直接倒入烧杯中与钨粉发生反应,搅拌反应0.4~1 h,反应中有冷却装置防止反应过于猛烈而溢出烧杯。然后将溶液置于离心机中以速度2 000 rad/min离心10 min,过滤得淡黄色透明溶液。向溶液中加入等体积无水乙醇，以80℃加热常压油浴回流约2 h，溶胶转化为透明橘黄色，得到WO_3乙醇溶胶。可根据实验与保存需要，将制得的WO_3溶胶加入无水乙醇进行稀释，配制成不同摩尔浓度的WO_3溶胶。催化剂采用$PdCl_2$，按照所需溶入制备的WO_3溶胶，这种溶胶在加入催化剂以后会从2个月以上的稳定性下降到1天之内，所以溶胶的保存环境较为重要，一般采用4℃恒温保藏。

2.3.2 SiO_2溶胶的制备

2.3.2.1 酸性催化SiO_2溶胶的制备

酸性催化法制备SiO_2溶胶所需原材料及配比如表2-1所示，溶胶的配制过程应在干净清洁、相对湿度小于60%的环境下进行。

表2-1 酸性催化法各原料配比

原　料	正硅酸乙酯(TEOS)	无水乙醇(EtOH)	去离子水(H_2O)	盐酸(HCl pH=1)
摩尔数比例	1	38	2.3	0.245
体积比例	5	50	0.9	0.46

首先，量取所需量1/2的无水乙醇(EtOH)倒入烧杯A中，然后量取所需量的去离子水盐酸标准液倒入烧杯A中调节至pH=1，密封后放置在磁力搅拌机上搅拌时间为20 min。同时用容量瓶和移液管精确量取所需正硅酸乙酯(TEOS)和所需量1/2的无水乙醇(EtOH)依次倒入烧杯B中，密封搅拌时间为20 min。A与B准备好以后，并将烧杯A中混合溶液缓慢地逐滴滴入烧杯B中，同时保持搅拌使其均匀，滴加结束后继续搅拌2 h，密封保存。

2.3.2.2 碱性催化SiO_2溶胶的制备

碱性催化法制备SiO_2溶胶所需原材料及配比如表2-2所示，溶胶的配制过程应在干净清洁、相对湿度小于60%的环境下进行。

表2-2 碱性催化制备SiO_2溶胶的原料配比

原　料	正硅酸乙酯(TEOS)	乙醇(EtOH)	氨水($NH_3 \cdot H_2O$)
摩尔数比例	1	38	2.45
体积比例	5	50	0.9

首先，量取所需量1/2的无水乙醇(EtOH)和pH=12的浓氨水倒入烧杯A中，然后密封搅拌20 min。量取所需正硅酸乙酯(TEOS)和所需量1 /2的无水乙醇(Eth)依次倒入烧杯B中，同样密封的搅拌20 min。将A中的混合溶液缓慢地逐滴滴入烧杯B中，同时保持搅拌，滴加结束后继续搅拌2 h。将烧杯B用清洁的薄膜和橡皮筋密封好静置在稳定的环境下(20℃，相对湿度20%)进行老化72 h，老化后的溶胶呈淡蓝色乳胶状(此时溶胶内颗粒的平均粒径小于10 nm)，将溶胶进行回流，调节油浴温度在80℃～85℃之间，保持溶胶液面的微沸状态；用润湿后的定量pH试纸在回流管管口进行测试，至pH试纸无变化后，停止加温，待自然冷却后将烧瓶取出，将溶胶倒入烧杯中密封保存。

2.3.3　MoO_3溶胶的制备

在室温常压条件下，将3 g钼粉(99.8%)和20 mL过氧化氢(30%)溶液进行搅拌，充分反应1 h后置于离心机中，以2 000 r/min速度离心10 min，过滤得淡红棕色透明溶液。掺入一定量无水乙醇，在80℃常压下回流1.5～2 h，至溶胶转化为棕黄色即得到MoO_3乙醇溶胶。制备的溶胶可在室温下稳定存放3个月以上。

2.3.4　复合溶胶的制备

分别以制备的WO_3和所需的相关SiO_2、MoO_3溶胶为原料，根据相关比例分别量取不同体积的溶胶进行混合，同时控制掺杂溶胶的浓度。然后，按照50∶1的W和Pd摩尔比例在超声振荡或是搅拌条件下掺入$PdCl_2$粉末作为气致变色的催化剂。

2.3.5　薄膜的制备

薄膜基底的选择，根据薄膜性质测试需要而分别选用石英玻璃，载玻片或硅片等，使用提拉镀膜机(如图2-2所示，DPM-UMRno5586，CNRS-UCBLI，提拉速度在0～30 cm/min可调)镀膜。

图2-2　微型提拉机

本文采用提拉法制备WO_3薄膜，首先按照实验需求调节室内温度和湿度，然后配合去污粉等洗涤剂清洗玻璃，然后将其放入丙酮、酒精的混合液采用超声方法清洗 20 min，再分别用去离子水、酒精清洗，最后用氮气吹干，放入培养皿里保存。按照比例准备适当溶胶，并将配制的溶胶及基底放入提拉机中，调整提拉机高度，视溶胶黏度和环境选取适当提拉速度，提拉速度在2～6.5 cm/min。将基底以选定速度浸入到溶胶中，浸渍一分钟左右后提拉，之后在50℃环境下干燥 2～5 min，若需镀制多层膜，待上一层膜彻底干燥后重复上述步骤即可，薄膜可根据测试需要镀制 1～10 层。

2.3.6 钨酸晶体的制备

利用 2.2.1 所制备的溶胶，在恒温条件下(40℃)条件下加热，经过 3～7 天形成坚硬的块体 WO_3 材料。在温热条件下制备的 WO_3 为黄色，在高温条件下(80℃)生成为绿色或蓝色。本文选用的是黄色晶体。

2.4 主要测试装置和表征仪器

2.4.1 气致变色测试装置

气致变色测试装置主要由气体供给装置和气敏薄膜测试窗组成，图 2－3 所示为自制的气体供给装置的控制部分，分为：4 个通气孔(分别用于通氢气、氧气、抽真空和连通样品测试盒)，3 个控制阀门分别控制(除用于测试的通气孔以外的)3 个通气孔，2 个减压阀和气压表用于控制氢气和氧气的供给。此装置可实现气体压力调节、真空控制等。

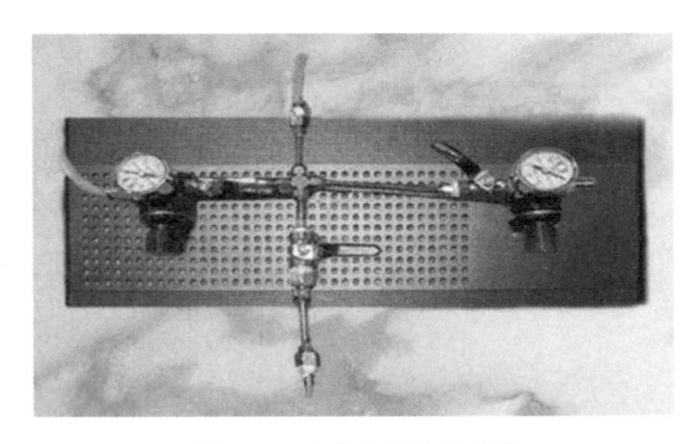

图 2－3 气体供给控制装置

图 2 - 4 所示为用于真空测试(或者有特殊气体压强要求测试)的玻璃器皿，整体封闭只有一个进气孔。图 2 - 5 所示为常用简易气致变色测试的装置示意图，四周由玻璃封装而成，留有一个通气孔，其中盒子的一侧开有矩形窗口，用于样品测试，样品镀膜的一侧朝向盒内。明显在通气过程，简易装置内并不密封，而是保持着一定的恒定的气流流速。

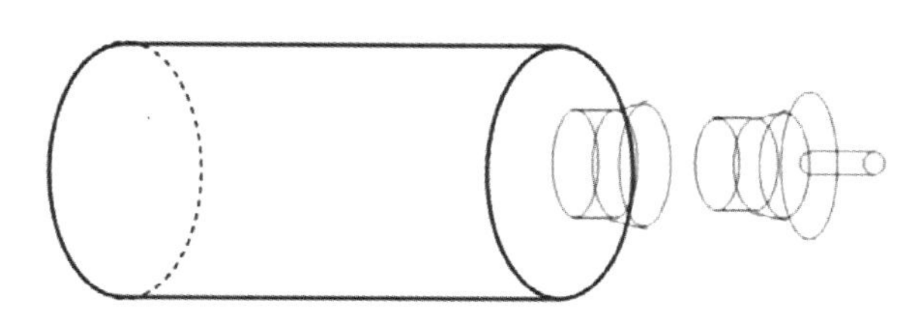

图 2 - 4　自制气致变色测试装置

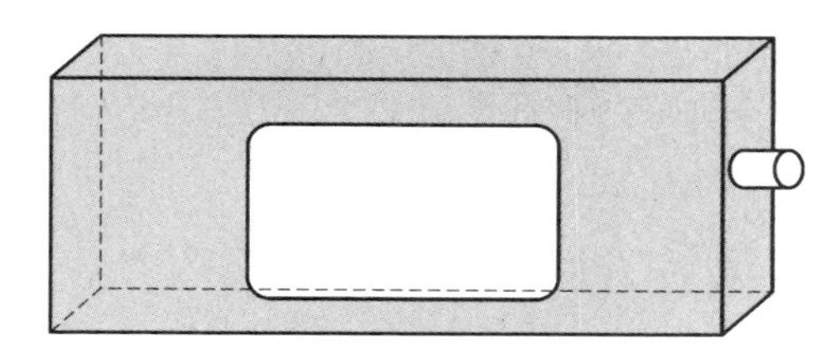

图 2 - 5　简易测试装置示意图

2.4.2　薄膜的热处理

将所制备的薄膜样品置于可控气氛的烤胶机(KW - 4AH - 600，Chemat Technology，Inc.，USA，工作温区为 0℃～600℃)中进行不同温度的热处理。热处理温度由热电偶和温控仪自动测量控制，温度控制精度为±0.5℃，升温速率为 1℃/s，热处理气氛为空气。

样品的热处理方式分为慢热、慢冷，快热、快冷。慢热即为样品同烘箱一起从室温开始加热至所需的温度，慢冷为停止加热后样品同烘箱一起冷却至室温；快热则为当烘箱达到所需温度时放入样品，而快冷为停止加热后立即从烘箱中取出样品置于空气环境中快速冷却。快热快冷方式可以较定量掌握热处理温度和时间的影响，但容易伤害样品，对于一般的热处理均采用慢热和慢冷的方式。我们均采用慢热和慢冷的方式对样品进行热处理。

2.4.3　主要测试仪器

(1) 采用动态光散射粒度分布分析仪(Dynamic Light-Scattering Particle

Size Analyzer,LB－550,HORIBA)分析溶胶颗粒度分布情况。

(2) 采用综合热分析仪(Q600SDT,美国 TA 公司)对 WO_3 湿凝胶进行热失重与放热分析,本文选用温度范围为 30℃～600℃,升温速度为 10℃/min,分析软件为 Universal V4.1D。

(3) 采用 X 射线衍射仪 XRD(D/MAX2550,日本理学公司)测试薄膜在不同温度下的结构信息与结晶度,仪器性能:铜耙转耙,功率为 18 kW。

(4) 采用 X 射线光电子能谱仪 XPS(复旦大学化学系购置的 Perkin-Elmer PHI5000c XPS/UPS 系统)分析 WO_3 薄膜表面 W、Pd 与 O 等元素的电子结合能、价态与相对含量等。

(5) 采用拉曼光谱仪(LabRAM HR 800,HORIBA Jobin Yvon)测试表征材料的结构特性。对于 WO_3 薄膜基本采用 514 nm 波长的激光进行测试,因为在强激光的辐照下会改变 WO_3 自身的特性。

(6) 采用傅立叶变换红外光谱仪 FT－IR(TENSOR27,Bruker OpTik Gmbh)测试薄膜的红外吸收特性,测量波数范围为 400～4 000 cm^{-1},分辨率为 1 cm^{-1}。

(7) 采用紫外可见近红外分光光度计(UV/Vis/NIR Spectrophotometer, V－570, Jasco)对测试材料紫外可见近红外光谱的特性,WO_3 的气致变色现象主要控制光源波长为 700 nm 来进行测试。

(8) 透射电镜采用(TEM,JEOL－1230);高分辨透射电镜采用(Jeol JEM－2010),元素分析是采用同一机器上的能量分散 X 射线分析仪(EDX)。TEM 样品的准备是先配制一定浓度的样品水溶液或环己烷溶液,超声振荡半个小时,待样品均匀分散到溶液中,取样滴到铜网上即可。

(9) 采用原子力显微镜 AFM(XE100,PSIA Corp.)获取薄膜表面颗粒度与形貌信息,探针工作方式为非接触式,垂直分辨率±0.1 nm,分辨高压为 7.6 Å,低压为 0.76 Å。

(10) 采用台阶仪(ET3000 型,日本 Kosaka 实验室)测试薄膜的厚度,Z 方向分辨率 0.1 nm,X 方向为 0.01 μm,测试力度(Measuring force)10～500 μN,扫描速度 0.2 mm/s。

第3章 WO_3 基纳米材料氢气气敏动力学机理研究

3.1 概述

本章通过分析已有气敏致色动力学模型，利用不同气敏致色速率的材料，设计掺杂和多层薄膜实验，探讨致色动力学过程。通过在线测量的手段，表征 WO_3 致褪色过程中的结构变化，结合第一性原理，对氢气的注入过程进行系统的分析，从分子层面研究反应的动力过程。为获得更多在线测量的数据，成功地制备了钨酸晶体材料，该材料可以通过去除催化剂，室温环境下可长时间保持致色态，因而进一步获得更多致色态的结构表征，并结合第一性原理对这种晶体模型进行了模拟，分析了 WO_3 基气敏材料的气体吸附机理。

3.2 气致变色致褪色过程机理

3.2.1 气致变色过程基本分析

讨论已有的气敏动力学模型之前，先介绍一下 WO_3 与氢气的相互作用的基本过程。首先，H_2 分子经过催化剂分解为 H 原子，然后 H 原子与 WO_3 发生反应，进而形成致色态(同时伴随着电导率上升)，而褪色态的主要是氧气分子经过催化剂分解成 O 原子，进而与致色态的 WO_3 进行反应，使 WO_3 恢复到常态。

根据第 1 章中的介绍，气敏变色过程主要存在这两种争议，即双注入模型和氧空位模型，结合致褪色的基本反应过程，可以发现问题的关键就在于以下两点：

(1) 致色过程中，双注入理论强调 H 原子与团簇表面的 WO_3 反应形成 H^+ 和 e^-，形成表面电势，正离子与电子分别注入 WO_3 内部，进而形成 H_xWO_3 的钨青铜结构；而氧空位模型强调 H 原子与表面(与催化剂接触的一层成为表面) WO_3 反应后即生成水，留在团簇表面或者离开薄膜，致色过程依靠氧空位的跳跃机制扩散到 WO_3 内部，形成 WO_{3-x} 的氧空位结构。但是 H_xWO_3 和 WO_{3-x} 都在常温下为蓝色[120]，在光谱上具有相似的吸收特性因此很难分辨。两者最明显的区别在于：H_xWO_3 中有氢原子注入，而不生成水；而 WO_{3-x} 中没有氢原子，并伴随水的生成。

(2) 褪色过程中，双注入理论中 H 原子在材料外侧的负压(氧原子或者真空)条件下再次脱出，相应的生成水或者 H_2 气，但 Lee 等[94]在实验中观察到真空下 WO_3 并不易褪色；而氧空位模型强调的是 O 原子通过氧空位扩散到薄膜内部，此过程是不生成水的。但根据 Georg 等[102]的观点，氧空位模型下也应该存在真空褪色，形成机制在于真空下氧空位可以使 H_2O 还原进而形成 WO_3 和 H_2 气。

需要指出目前中山大学许宁生[96]教授根据 WO_3 纳米线在气致变色过程中水的变化，提出了新的模型，认为双注入的模型依然可以在致色过程中形成水和氧空位，但不依靠氧空位的扩散，目前还没有提出理论模型。

3.2.2 实验设计

(1) 对于双注入模型，氢离子扩散速率与材料对氢离子的吸附能有关[201-209]，在氢原子注入和脱出的过程中，在相同的注入浓度下，其吸附能是基本不变的，即在致色中氢原子需要摆脱扩散势垒因而注入较慢，在褪色中氢依然需要克服扩散势垒，因而脱出也相对较慢。

对于氧空位模型，扩散需要考虑氧空位的形成能和扩散的活化能[87-88,102]，而在褪色过程中因为不需要空位的形成能，只涉及扩散作用，因而褪色应比致色快很多。

以上两种模型的分析显示，可以通过分析致色速率与褪色速率的变化，研究氢原子与 WO_3 的作用过程。但单层薄膜的致褪色曲线很难获得稳定的控制，因此可以设计二元复合薄膜和多层膜(采用两种致褪色循环周期明显不同的材料制备，例如 MoO_3 与 WO_3 相比，致褪色速率就慢很多)，并表征二元结构褪色→致色→褪色的弛豫过程，以验证上述假设。

（2）根据 3.2.1 中的分析，根据氧空位的机理需要薄膜中的水来进行褪色，但由于在气流中水的成分相应会减少很多，所以只能完成部分的褪色态[102]，因而真空下的褪色测试是验证致色动力学过程的另一个途径。

（3）尝试通过直接测量表征出气体吸附机理。在线测试 WO_3 在致色过程中的结构变化，获得相关的结构参数，利用第一性原理设计可类比的计算模型进行直观的分析。首先，可以采用非晶态 WO_3 薄膜来进行表征，因为这一类材料在可见光和红外光范围内具有良好的透过率，可以实现致褪色过程的在线表征，可以获得致褪色的速率。其次，可以采用具有致色特性的晶态 WO_3 块体材料，通过去除催化剂来减缓其褪色速率，进而实现更多致色态的结构表征，并结合计算模拟实现理论模型的推导。

3.2.3　实验方法

溶胶-凝胶制备工艺及相关实验测试方法详见第 2 章。

计算方法：总能计算利用维也纳从头计算程序（Vienna ab initio simulation package，VASP）[210-211]来实现，这是一个平面波展开为基的第一性原理密度泛函计算代码，计算使用了 VASP 版本的 PAW 势[212]，计算中交换关联能部分包含了由 Perdew，Burke 和 Ernzerhof[213]提出的广义梯度近似(GGA－PBE)。截断能采用 400 eV 以保证计算精度，原子平衡位置的搜索使用了 Hellmann-Feynman 力的共轭梯度（CG）算法使施加到单位原子上的 Hellmann-Feynman 力小于 0.03 eV/Å。我们的计算模型中分子团簇采用超晶胞的方法，并保证相邻的晶胞之间的距离大于 1 nm，以排除晶胞之间的相互影响。对于单斜晶相 WO_3 和钨酸晶体的结构模拟，为保证计算精度，对整个三维的布里渊区的不可约区域采用 4 个的 K 点，体系的总能量差小于 1 meV。

3.3　WO_3 薄膜致色过程研究

3.3.1　WO_3 薄膜致褪色紫外可见分光光度计透射率测试

为了进行下一步的机理研究，首先介绍一下 WO_3 气敏材料的气致变色过程。纯 WO_3 和 WO_3/SiO_2 薄膜的致色曲线，如图 3－1 所示，其中圆形符号代表 WO_3 薄膜，方形符号代表 WO_3/SiO_2 薄膜。图中可以看出，WO_3 薄膜可以在60 s之内达到致色饱和态，而从 60～230 s 透过率的变化小，褪色过程时间与致色过程相类似，接近 60 s 的时间。WO_3/SiO_2 薄膜致褪色速度明显要快很多，整个循环过程在 50 s 之内就可以完成。这里需要强调的是，两种材料的致色前和褪色后的透射谱基本一致，观察不到明显的损耗，因此本文循环中如无特殊说明，“致色前”和“褪色态”为同一状态，“循环前”指的是首次致色前的状态。

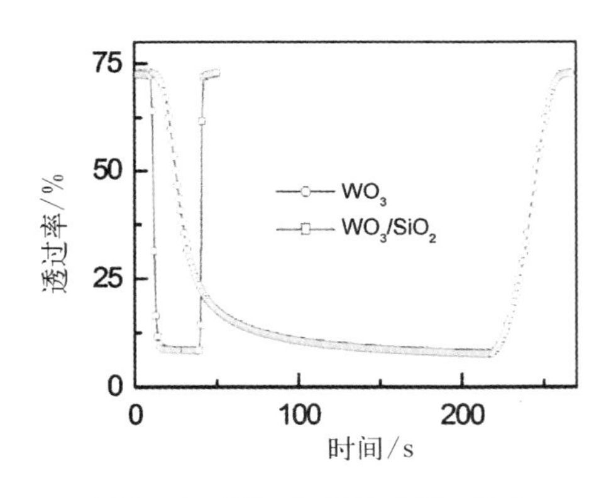

图 3-1　WO_3 与 WO_3/SiO_2 气致变色致褪色曲线

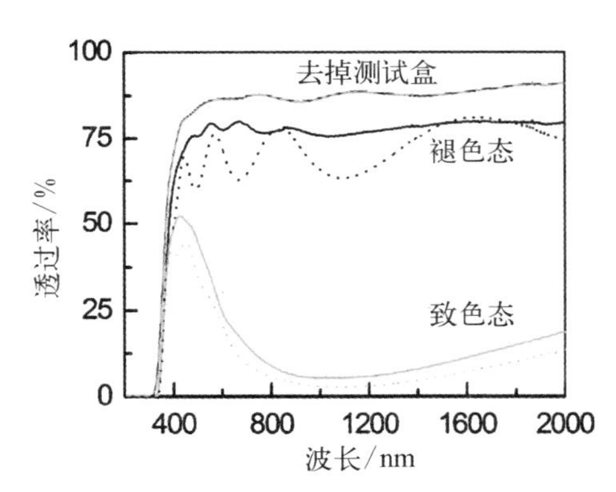

图 3-2　WO_3(虚线)和 WO_3/SiO_2(实线)薄膜气致变色前后透射谱线

图 3-2 所示是典型的 WO_3 薄膜(虚线)和 WO_3/SiO_2 薄膜(实线)变色前后的透过率谱线。由图可知 WO_3 薄膜的透明度较好，褪色态在可见光以及红外范围内可透过；在致色态，可见光范围内透过率下降 30%，但红外波段透过率平均下降 60%左右。由于此薄膜的基底为普通载玻片，所以在 300 nm 波段出现明显的吸收边。而复合 WO_3/SiO_2 薄膜的相关透过率与 WO_3 基本相同，但在褪色态的透过率上面表现得更好(WO_3/SiO_2 薄膜的透过率可以接近 80%，而 WO_3 薄膜只有 76%)。图中最上面的曲线为去掉测试盒的透过率，该盒为具有两个反光面(真空测试盒有 4 个)，因此对透过率造成了一定的影响。

3.3.2　二元薄膜致色过程研究

3.3.2.1　MoO_3 的气敏特性

为了验证 3.2.2 中的第一个实验设计，需要寻找两种致褪色速率明显不同的材料。图 3-3 所示为单层 MoO_3 薄膜的透射谱曲线(a)和致色曲线(b)，可以看出 MoO_3 薄膜在致色状态下与图 3-2 中 WO_3 相比，吸收峰集中在可见光范围内，因此，致色态的 MoO_3 薄膜显示为黑色，相对 500 nm 光源，大于 1 000 nm

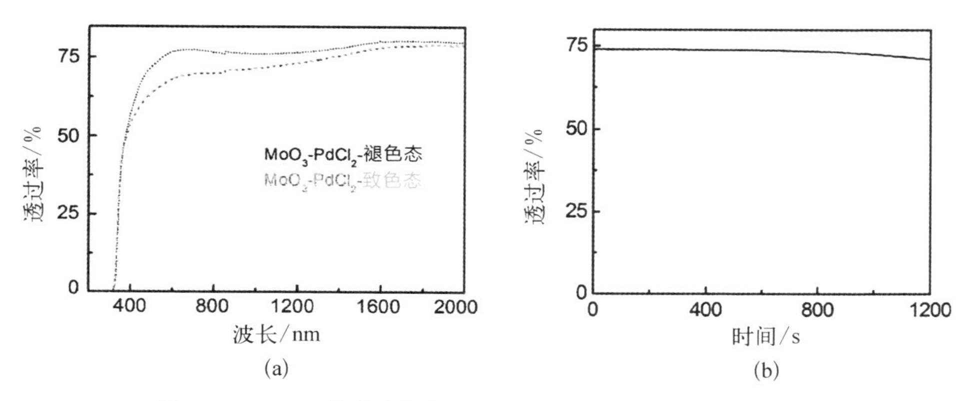

图 3-3　MoO_3 薄膜致色前(实线)致色态(虚线)的透射谱线(a)及其致色曲线(500 nm)(b)

处的致色态和褪色态的透过率变化值开始减小。从致色曲线上看，MoO_3 薄膜的致色速度明显比 WO_3 薄膜慢很多，一般情况下，MoO_3 薄膜很难在一个小时之内实现致色完全，而其褪色速率较致色更慢，往往在空气氛围下需要褪色10～20 h，在氧气环境下仍需要 4 h 以上。这种致褪色速率上的差别，说明两种材料对氢气的吸附和扩散能力有明显区别，因此可以利用 MoO_3 与 WO_3 进行二元掺杂和多层薄膜制备以进行 3.2.2 中的第一个实验验证。

3.3.2.2　MoO_3 - WO_3 二元多层膜气敏致色研究

为了进一步对比两种材料(MoO_3 - WO_3)的致褪色速率，首先将两种薄膜以多层膜的形式镀在同一个载玻片上，MoO_3 紧贴基底，其上加镀一层 WO_3，形成二元多层膜，相关致褪色曲线和透射谱见图 3-4。图 3-4(a)中对应的虚线为500 nm波长光源测试的结果，实线为 1 000 nm 波长光源的致褪色效果。从图像上很明显可以看出 1 000 nm 光源测到的致色曲线是典型的 WO_3 的致色曲线，具有较好的致褪色性能，褪色态与致色前基本相同；而 500 nm 处的致褪色曲线在速率上相差不多，但是其透过率上却逐渐出现了衰减。

为说明该衰减的原因，进一步比较了其致色前、致色中、致色后的透过谱曲线如图 3-4(b)所示，很明显可以看出，由于 MoO_3 的致褪色速率较慢，在 WO_3 褪色结束以后才处于致色的初期，因此，在 500 nm 光源的测试(图 3-4(a)中的虚线)中，褪色态透过率的最大值明显随着致褪色循环出现下降的趋势，该趋势来源于两种周期曲线的调制图形，即 WO_3 的致褪色循环中伴随着 MoO_3 的致色过程。

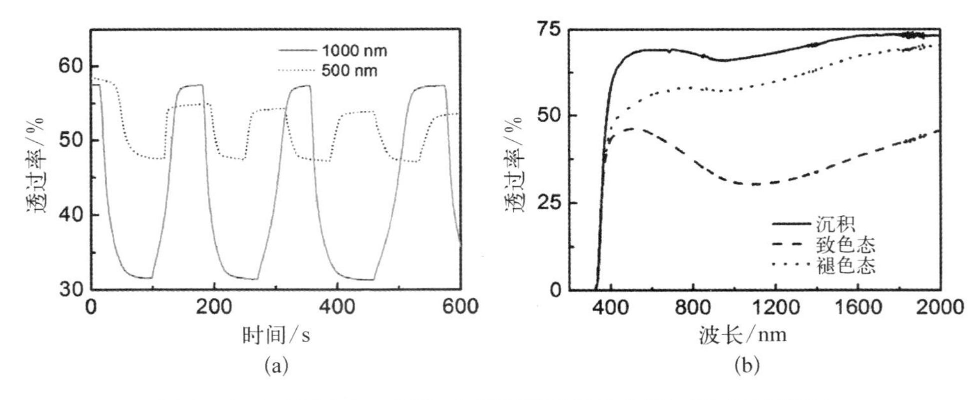

图 3-4　二元 MoO_3 - WO_3 多层薄膜致褪色曲线(a)和透射谱(b)

3.3.2.3　MoO_3/WO_3 二元复合薄膜气敏致色研究

上述分析表明 WO_3 与 MoO_3 薄膜的气敏致色速率明显不同，所以接下来进行 3.3.2 中所设计的实验。

这一步的实验主要采用复合 WO_3/MoO_3 薄膜(二元掺杂)为研究对象，分别采用两种 WO_3/MoO_3 比例：3∶1(图 3-4a)和 6∶1(图 3-4b)，相关致褪色光谱特性(1 000 nm)如图 3-5 所示，经过对比可以发现：

(1) MoO_3/WO_3 复合薄膜的透过率曲线与 WO_3 的相比，致色态相类似，但褪色态明显不同，无法恢复到致色前。此褪色态与 MoO_3 的致色态透射光谱相似，且两种不同比例(3∶1 和 6∶1)的 MoO_3 的褪色态曲线分别对应着 1/4 和 1/7 的透过率损失，说明 MoO_3 在复合结构中已经发生了致色，但是并没有伴随着褪色。

(2) 图 3-5 中(c)与(d)中，致褪色速率的变化显示，掺杂后的 MoO_3 致色速率大幅提高，甚至与 WO_3 的致色曲线相差不多，而褪色速率依然较慢，该现象同样对应着褪色态透过率的衰减，且衰减比例与 MoO_3 的掺杂比例相符。

对比上述实验现象，不难发现，MoO_3 的致褪色速率(相对于 WO_3)较慢，而进行了 MoO_3 和 WO_3 复合之后，MoO_3 的致色速率大幅增加到与 WO_3 相同，而褪色速率并没有明显的增加。这与氧空位的模型相矛盾，因为氧空位在褪色过程中的扩散应比致色过程相同甚至更快，因为褪色过程中不需要生成氧空位，且致色态(褪色前)的氧空位浓度也更高。但这种现象与双注入模型相一致，说明 H 原子的吸附注入过程与材料对其该原子的吸附能关系较大，因此，通过

WO_3－MoO_3 二元复合和二元多层膜的致褪色特性测试上的结论验证了 3.3.2 中第一点的假设。

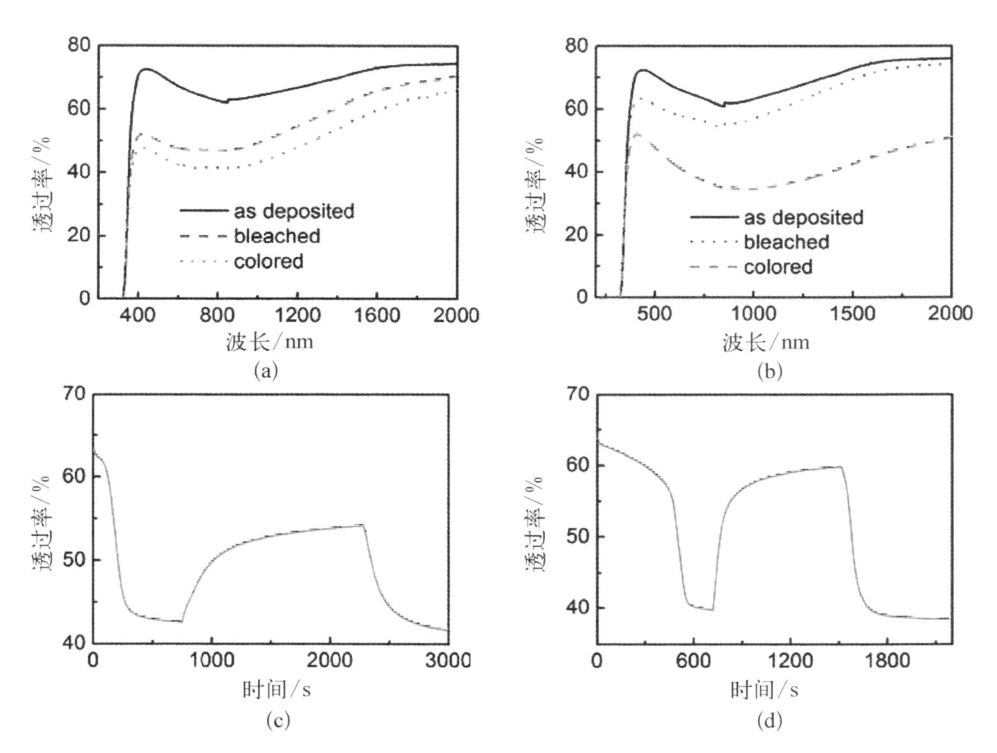

图 3－5　二元复合 WO_3/MoO_3 比例为 3∶1(a)和 6∶1(b)的透射光谱，以及两种比例薄膜相对应的致褪色曲线(c)和(d)

3.3.3　真空褪色研究

如前文(3.2.1)所述，德国和美国的研究人员都已经做过 WO_3 真空下的褪色实验，但是得出了不同的结论，认真比较 George[102] 和 Lee[94] 的实验结论，可以发现两者的真空褪色都非常困难，甚至在 Lee 的实验中几乎观察不到明显的褪色。这一现象如利用上一节的结论解释，就比较容易理解，即氢原子注入 WO_3 薄膜内，形成 H 与 WO_3 之间的化学吸附作用，氧气下褪色更慢的薄膜对应更高的吸附能，同样真空下的褪色较慢也与高的吸附能相关，所以，这里采用致褪色速率更快的 WO_3/SiO_2 薄膜来进行真空褪色的第三方比较。

实验结果如图 3－6 所示，致色态出现多个平台是因为测试系统为封闭系统，但此系统不能维持较高的气压(氢气为 4%的氢氩混合气)，因此需要在致色过程中进行真空抽气和再次送气的过程。从褪色曲线上看，可以发现 WO_3/SiO_2 复合薄膜是可以在真空条件下褪色完全的。需要指出的是，这种致色上变得困难的原因，正是因为与 H 原子的结合能下降，从而降低了正向反应速率（从氢气分解为氢原子再与 WO_3 反应）。后文将对反应过程进行详细论述。

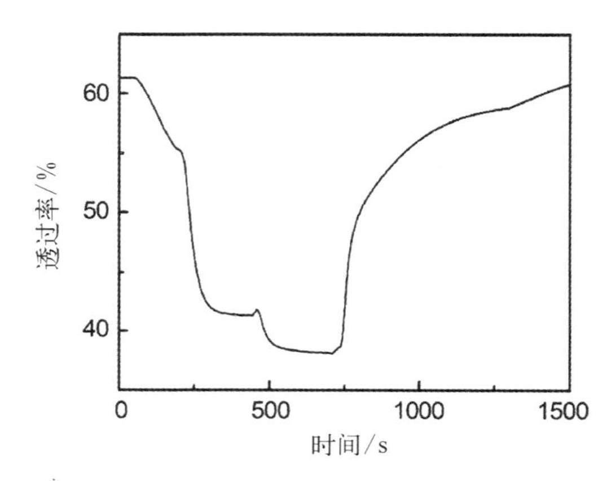

图 3-6　WO_3/SiO_2 复合薄膜的真空褪色测试

3.3.4　WO_3 薄膜致褪色过程中的结构变化

通过上述致褪色过程分析，我们已经获得了宏观上气敏机理的初步证明，为了更深入地理解，本节进一步采用红外光谱在线测试的方法，对致色过程中的 WO_3 薄膜的结构进行表征。

这里需要说明一下，本章所研究的样品为：已经过几次循环后结构趋于稳定的样品，该样品的红外特征峰在致色前和褪色后基本保持不变，所以本章只强调致色态和褪色态（致色前属于上一次循环的褪色后），而循环前和循环后的结构变化将在下一章中详细讨论。且此研究过程中不对红外光谱进行基线校正，因为其致色态的基线倾斜较严重，因此基线的选择过于敏感，误差较大。

本节分三种薄膜进行在线致褪色结构表征：刚制备的 WO_3 薄膜、大气下存放一个星期的 WO_3 薄膜以及 SiO_2/WO_3 薄膜。

3.3.4.1　溶胶-凝胶 WO_3 薄膜的致褪色过程中的结构变化

首先对刚制备的 WO_3 薄膜进行致褪色过程红外光谱分析，如图 3-7 所示。由图 3-7(a)可知，褪色态的 WO_3 主要有 636，976，1 610，3 110 和

3 440 cm^{-1} 几个主要峰位。其中，636 cm^{-1} 和 976 cm^{-1} 振动峰分别对应共角振动的 W—O—W 键和 W ═O 振动峰[108,214]，1 610 cm^{-1} 对应 H_2O 中—OH 的弯曲振动，而3 440 cm^{-1} 对应—OH 的伸缩振动，一般认为 3 110 cm^{-1} 是形成氢键的羟基即 O—HO 键[132,215]。褪色态的 WO_3 主要以共角型结构连接，存在少量 W ═O 键，薄膜中存在大量混杂的 OH 键，并存在少量的氢键结合的羟基。

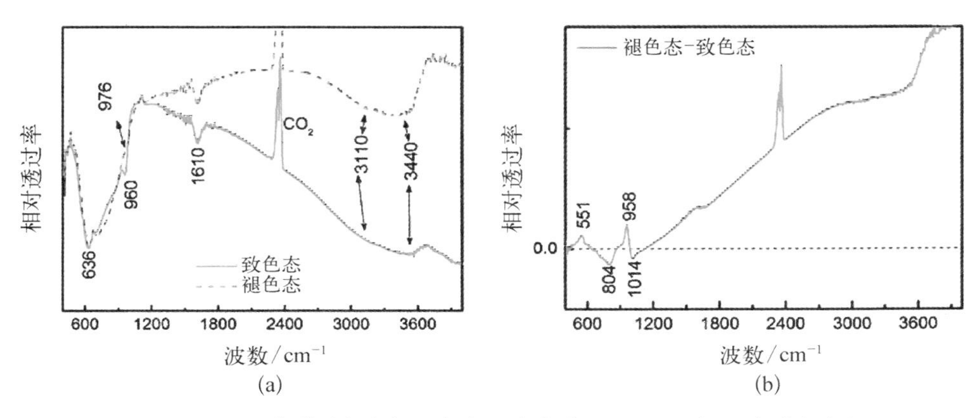

图 3-7 WO_3 薄膜致色态与褪色态红外光谱图(a)，(b)为(a)中致色态与褪色态透过率的差值

在致色态中，由于 WO_3 材料自身对红外光的吸收而导致整体的基线向高波数方向倾斜。为了加以对比，对褪色态和致色态的透过率差值进行分析，见图 3-7(b)所示。由于是透射光谱，所以图 3-7(b)中相对基线向上的峰位对应于致色态增加的组分(这里需要进一步声明，在测试过程中样品与测试台均保持不动，为原位测试)。对比图 3-7(a)和(b)两图可以发现基本上相互重合的峰位比较少，因而差值上面的峰位变化需要结合图 3-7(a)中的图像加以解释。

经过对比，可以认为致色态增加的峰位主要有 551 cm^{-1} 和 958 cm^{-1}，减少的峰位主要有 804 cm^{-1} 和 1 014 cm^{-1}，此现象与 Orel 等[109]的结果相同。其中，958 cm^{-1} 对应 W ═O 键，804 cm^{-1} 归属于第 1 章中图 1-5 中的共边 W—O_c—W 键。557 cm^{-1} 对应于 W—O—O[124] 或者 W—O_c—W 的畸变[149,216]，但 Orel 等认为由于 557 cm^{-1} 的峰位在拉曼光谱上面测不到，此峰位更可能是被掩盖的 W—OH_2 峰。键长与红外峰位的对应关系早在 1987 年 Daniel 等就已经做了详细分析[132]，其中 557 cm^{-1} 对应着 0.21 nm 左右的 W—O 键长，但 W—OH_2 中的 W—O 键长一般都大于 0.23 nm[130-132]，因而通过此峰认为观察到 W—OH_2 的生成并不是很合理，实际上，Daniel 也在文中通过分析排除了 W—OH_2 存在。

图 3-7(b)中 1 014 cm^{-1}的形成比较图 3-7(a)可能是由于致色后 WO_3 特征峰的半高宽减少引起的。因为基线较大的倾斜，峰的相对强度变化较大，所以，水的生成在红外光谱中并不能很好地表征。

再次强调键的峰位与 W—O 键长严格相关[132]，因而 WO_3 薄膜在致褪色过程中的结构变化可以理解为 0.17 nm 的 W═O 键和 0.185 nm 的 W—O 键长 0.03～0.05 nm 的增长。

3.3.4.2 致褪色循环中 WO_3 的结构变化的 Raman 测试

为了表征 WO_3 材料在致褪色循环中的结构，我们进一步对致褪色循环前后的 WO_3 进行了 Raman 光谱测试，如图 3-8 所示。

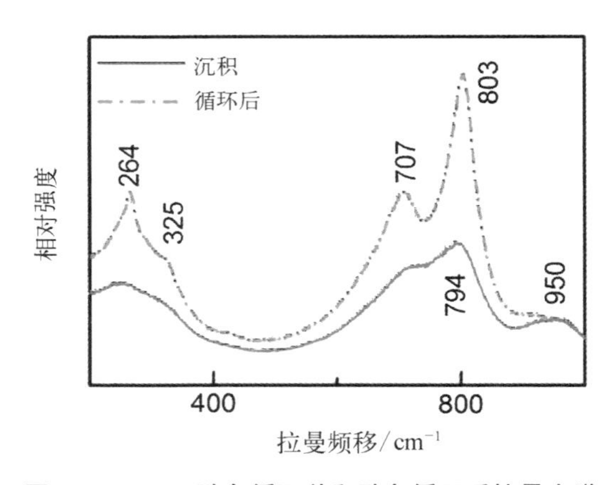

图 3-8　WO_3 致色循环前和致色循环后拉曼光谱

致色前，WO_3 的主要峰位在 950 cm^{-1}，794 cm^{-1}以及 707 cm^{-1}出的一个肩峰，此 Raman 曲线与 Nanba 等人的测试结果相同[123,142,217]，这是一种较为典型的六角相与单斜相共存的杂化相，其中，950 cm^{-1}可以确定为 W═O 键长试验值为(0.169 nm[142])，794 cm^{-1}应该为共边结构中的 W—O—W 键(0.192 nm[132])。

经过致色循环后，WO_3 的 Raman 峰属于典型的单斜晶相[132,218-219]，单斜晶相中主要存在 803 cm^{-1}和 707 cm^{-1}两处峰，而 325 cm^{-1}和 264 cm^{-1}两个峰主要是 δ(O—W—O)的振动模式[132]。说明在致褪色循环过程中，WO_3 从两相混合过渡到较单一的单斜晶相，为形象说明此过程，特别在图 3-9 中绘制了相关图示来加以解释。在循环前，WO_3 以三圆环和四圆环为主要构型(其中三圆环对应于六角相的基本原胞，而四圆环对应于单斜相的基本原胞)，经过 H 的注入与脱出过程的变化，而使 WO_3 转变为较均一的单斜相，此过程与第 1 章图 1-6 所示的过程类似。而此类的晶相转变主要发生在 WO_3 薄膜存放过程[109,142]或者在退火处理中[124]，但在 H 原子的注入循环中此变化的速度会加快很多，Guery 等人也观察到相似的现象[142]。对于此过程的分析属于循环稳定性范畴，将在下一章详细讨论。

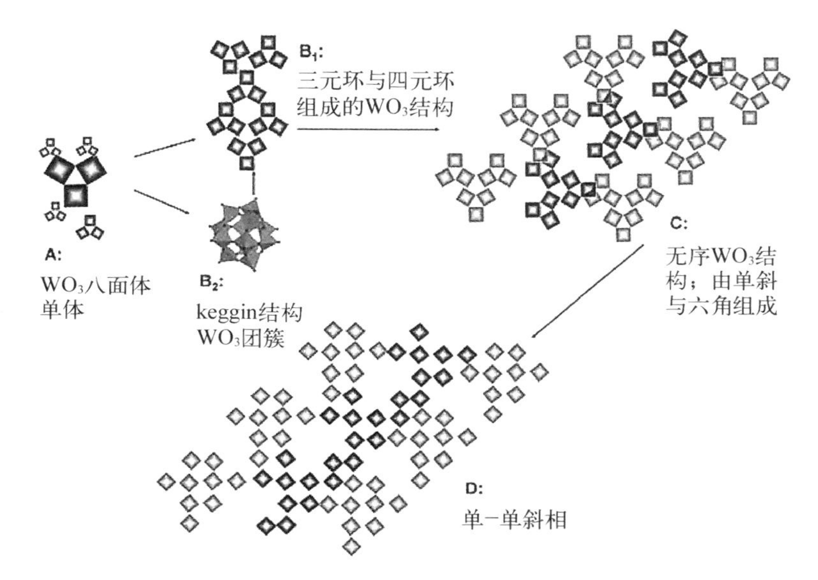

图 3-9　WO_3 经过氢原子注入和脱出循环过程的结构变化

3.3.4.3　室温环境下保存的 WO_3 薄膜

上一小节中的分析说明经过循环、加热作用的 WO_3 会体现出单一单斜相的结构特点，而存放过程具有老化作用，因此我们将经过循环的薄膜在大气下存放一个星期，同样也进行了致褪色态的红外光谱分析，实验结果如图 3-10 所示。

从褪色态上看，经过存放的薄膜自身的结构也发生了改变，其中最主要的变化是共角的 W—O—W 峰位更加的突出，还有就是在 3 000～3 500 cm^{-1} 范围内出现了三个明显的峰位：3 043 cm^{-1}，3 217 cm^{-1} 和 3 525 cm^{-1}。

这三个峰的分别归属于三种强度的 OH 伸缩振动峰[134,220]，分别是与氢键作用的 OH、配位水以及结晶水，同样，1 605 cm^{-1} 归因于 $\delta(H_2O)$，与 W 结合的羟基基团可以从 1 425 cm^{-1}（W—OH⋯OH_2）观察到，这个结论与 Orel[82] 利用酒精溶剂的 PPTA 溶胶采用提拉法制备的 WO_3 薄膜的结果相符。需要指出

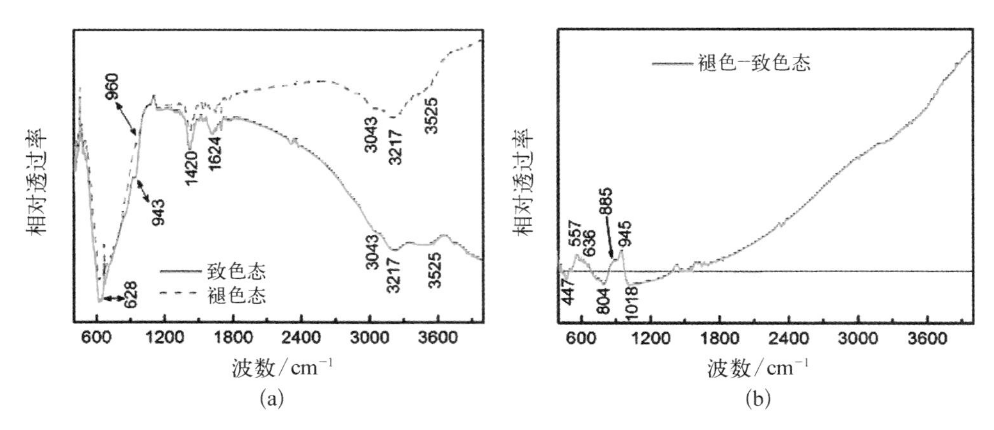

图 3-10　薄膜在大气环境下存放 1 个星期后的致褪色红外光谱(a),以及褪色态的透过率与致色态的差值(b),(b)中对于基线向上的峰位说明致色态后有所增加

Agnihotry 等[147]的乙酰基钨酸薄膜其羟基基团的红外图谱发生了一定的偏移,但也对应着这三个主要峰位。

同样对此薄膜进行了褪色态和致色态的透过率差值分析(图 3-10(b))。结果与图 3-7 中所示大致相同,需要强调的是 804 cm^{-1}峰位的变化比较小,说明此结构在存放过程中已经发生了改变。同时,根据 885 cm^{-1}的增强,可能因为共边的 WO_3 结构向共角结构的转化,而另外一种可能是认为形成了较弱的 W ═O 键,即 950 cm^{-1}的 W ═O 键红移到 885 cm^{-1}处,对于这一点的判断是非常困难的[221],必须结合新的实验数据进行分析,后文针对这类薄膜的键长变化做了相关计算模拟研究,并对其进行了解释。

3.3.4.4　SiO_2/WO_3 复合薄膜

为了进行对比,进一步又研究了 SiO_2 掺杂后 WO_3 薄膜的致褪色的红外光谱,如图 3-11 所示。

从图 3-11(a)中可以看出,与 SiO_2 复合以后的 WO_3 薄膜结构变化较大,WO_3 只能观察到 798 cm^{-1}上的峰位,对应着 W—O—W 共边结构,1 074 cm^{-1}和 1 149 cm^{-1}的峰位分别对应 Si—O—Si 的长光学横波(LO)和长光学纵波(TO)[222],此薄膜中存在较多的杂化的羟基(3 400 cm^{-1}),但观察不到与氢键相互作用的羟基(3 000～3 200 cm^{-1})。此结构说明 WO_3 结构以共边型 W_3O_{12} 结构为主,并掺杂了大量的 SiO_2。

致色态为图 3-11(a)中的虚线部分,从图像上看可以初步看出1 074 cm^{-1}

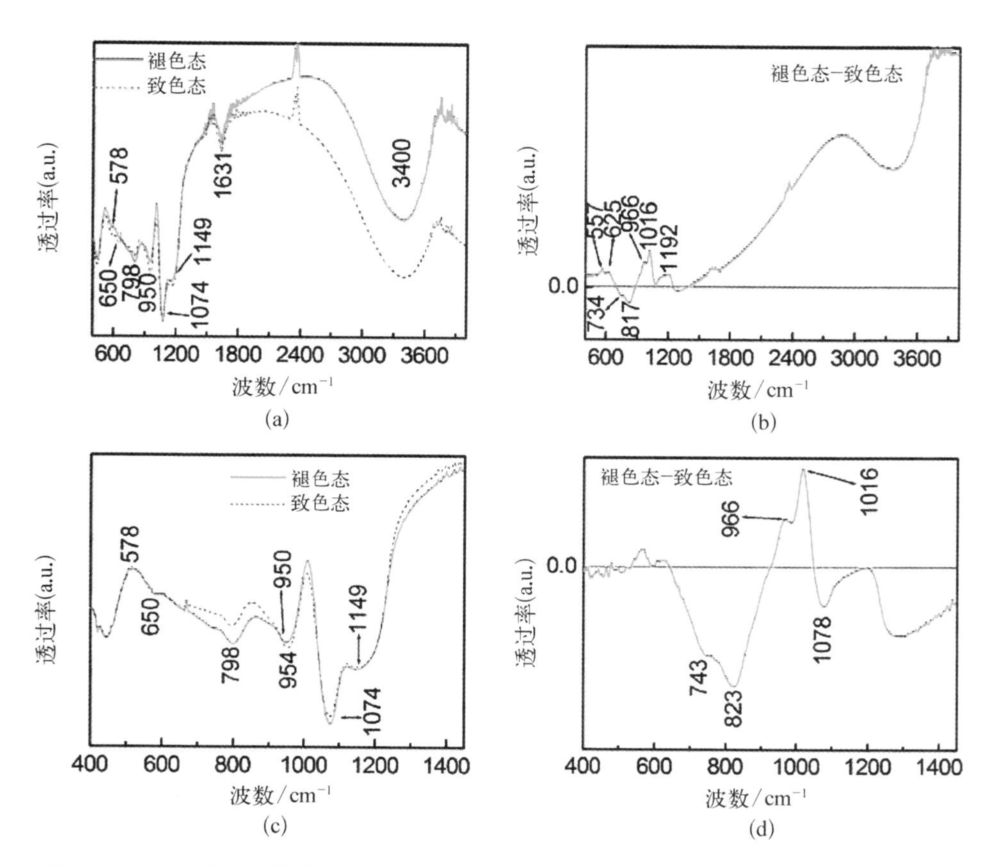

图 3 - 11　WO_3/SiO_2 薄膜致褪色红外光谱(a)，褪色态与致色态透过率的差值分析(b)，平移后的 WO_3/SiO_2 薄膜致褪色红外光谱(c)，以及平移后的褪色态与致色态透过率的差值分析(d)

以及 798 cm^{-1}的位置比较吻合，这样从图 3 - 11(b)中可以认为零刻度以上的部分为致色态增加的键。然而，当认真比对致褪色态在 650 cm^{-1}以下的峰位，可以看出两个峰位、峰型，峰强尤其是半高宽几乎没有什么变化，所以有理由认为，此致色态依然受到了极化的影响，对此波段的红外仍然有吸收。因此，对图 3 - 11(a)进行了纵坐标平移放大展示在图 3 - 11(c)中，图像上可以看到，致色态的 WO_3 在 954 cm^{-1}有所增强，而在 798 cm^{-1}和 1 074 cm^{-1}处有所减少，其中，798 cm^{-1}代表共边 WO_3，954 cm^{-1}代表 W ═O 或者 Si—OH[222]。为了对比更加明显一点，对两条曲线进行差值计算，如图 3 - 11(d)所示，经过比对，可以认为在 743～823 cm^{-1}之间的共边型 W—O—W 有所减弱，而 950 cm^{-1}的峰位由于处于 W═O 和 Si—OH 的叠加区域不能直接判断，但是，根据 1 078 cm^{-1} 的减少量从面积上与 966 cm^{-1} 面积的增大量上基本相同，可能是由于 W—O—Si 结构中的部分 Si 原子形成 Si—OH。所以，1 016 cm^{-1} 的变化依然是由半高宽引起的。

3.3.5 第一性原理模拟

WO_3 材料的 H 原子(在电致变色过程中为 H 离子)的注入过程的研究比较多[119,134,142,217,220,223-227]，普遍达成的结论是：H 注入下的 W—O 键长会有所变化，而变化的规律无法确定，尤其是在致色过程中 OH 或者 H_2O 的形成更没有直接的证据，所以，氢原子的注入过程的研究还在继续。而基于第一性原理的密度泛函理论可以从分子角度来分析化学反应过程，并可以通过结构优化分析获得相应的物理特性，是深入了解氢原子注入过程的重要的科学手段之一。本节试用上一节的结构变化进行理论计算分析。鉴于循环后 WO_3 主要以单斜相存在的结论，所以，采用单斜晶相的 WO_3 作为研究对象。

3.3.5.1 氢原子吸附前后单斜晶相 WO_3 的结构变化

长程无序的非晶态 WO_3 薄膜在拉曼上观察的结构为单斜晶相，但在 X-射线衍射仪上不能得到很好的表征，因此，这里采用相关文献中主要测得的 WO_3 单斜晶体结构[119]所提供的参数，根据晶体库信息 JCPDF-ICDD89-4476，单斜相 WO_3 晶格参数为：7.327 Å×7.564 Å×7.727 Å<90.488°>，晶胞内由 W_8O_{24}(8 个 WO_6 八面体)组成。在此简化模型中，不考虑表面作用(空间内不存在真空层)，因此，整个 WO_3 都不处于晶体表面和缺陷处。

经过结构优化可以获得如图 3-12 所示的结构，其中图 3-12(a)所示为球棍模型，图 3-12(b)所示为多面体模型，图 3-12(c)为图 3-12(a)的放大图像，图 3-12(d)—图 3-12(h)分别为 W_8O_{24} 吸附 1,2,4,6,8 个氢原子的结构图，即 $H_{0.12}WO_3$，$H_{0.25}WO_3$，$H_{0.5}WO_3$，$H_{0.75}WO_3$ 和 HWO_3。图 3-12(d)—图 3-12(h)的图形中均由三层晶面组成：从纸外向纸内分别为(001)、(002)以及 *XY* 平面，分别用球棍模型、棍状模型和细线模型表示。

相应的 H 原子的平均吸附能和 OH 键长以及 OH—O 氢键的键长列在表 3-1 中。平均结合能的计算公示如下：

$$E_{WO_3} + nE_H \xrightarrow{\Delta E_{na}} E_{H_nWO_3}$$

$$\Delta E_a = \Delta E_{na}/n$$

其中，E_{WO_3} 代表单斜晶态 WO_3 的能量，E_H 代表 H 原子的能量，$E_{H_nWO_3}$ 代表与 H 结合后的能量，ΔE_a 代表 H 原子吸附的平均结合能。

表 3-1　单斜 WO_3 晶体氢原子吸附相关参数

Number(H)	H 吸附单斜相 WO_3					
	1	2	4	6	8	2
stoichemistry	$H_{0.12}WO_3$	$H_{0.25}WO_3$	$H_{0.5}WO_3$	$H_{0.75}WO_3$	HWO_3	W_8O_{23}
E_a^a/eV	−2.62	−2.60	−2.55	−2.40	−2.06	−1.56
$l(O—H)^b$/×10^{-1} nm	0.99	1.01	1.02	1.01	1.01	
	(1.99)	(1.67)	(1.62)	(1.61)	(1.69)	
			1.01	1.00	1.01	
		0.98	(1.70)	(1.80)	(1.70)	
			1.00	1.00	1.01	
			(1.79)	(1.80)	(1.85)	
			0.99	1.00	1.00	
			(1.99)	(1.81)	(1.67)	
				1.00	1.00	
				(1.85)	(1.73)	
				0.99	0.98	
				(2.12)	(2.35)	
					0.99	
					0.98	

注：a 为各构型氢原子的平均结合能，对于 W_8O_{23} 这个结合能指其生成 1 个氧空位对应的氢原子化学势的变化值；
b 为氢原子吸附后形成的 OH 键长，括号内为相应氢键的长度，没有括号的部分表示没有形成氢键。

从优化过的结构上来看，可以得出以下几个结论：

(1) 首先根据图 3-12 所示，单斜晶相的 WO_3 晶体基本原胞包含 8 个 WO_6 六面体，彼此依靠桥氧键共角相连。当此晶体结构吸附 H 原子以后，基本上晶型还能保持不变，但明显图 3-12(c)和(d)中的 $O_1—O_2$ 键在发生 $O_1—H_2$ 键合以后距离减少，形成 $O_1—H_2—O_2$ 氢键结构[228]。当更多的 H 原子参与到吸附以后，整体趋势是分别形成氢键结构。

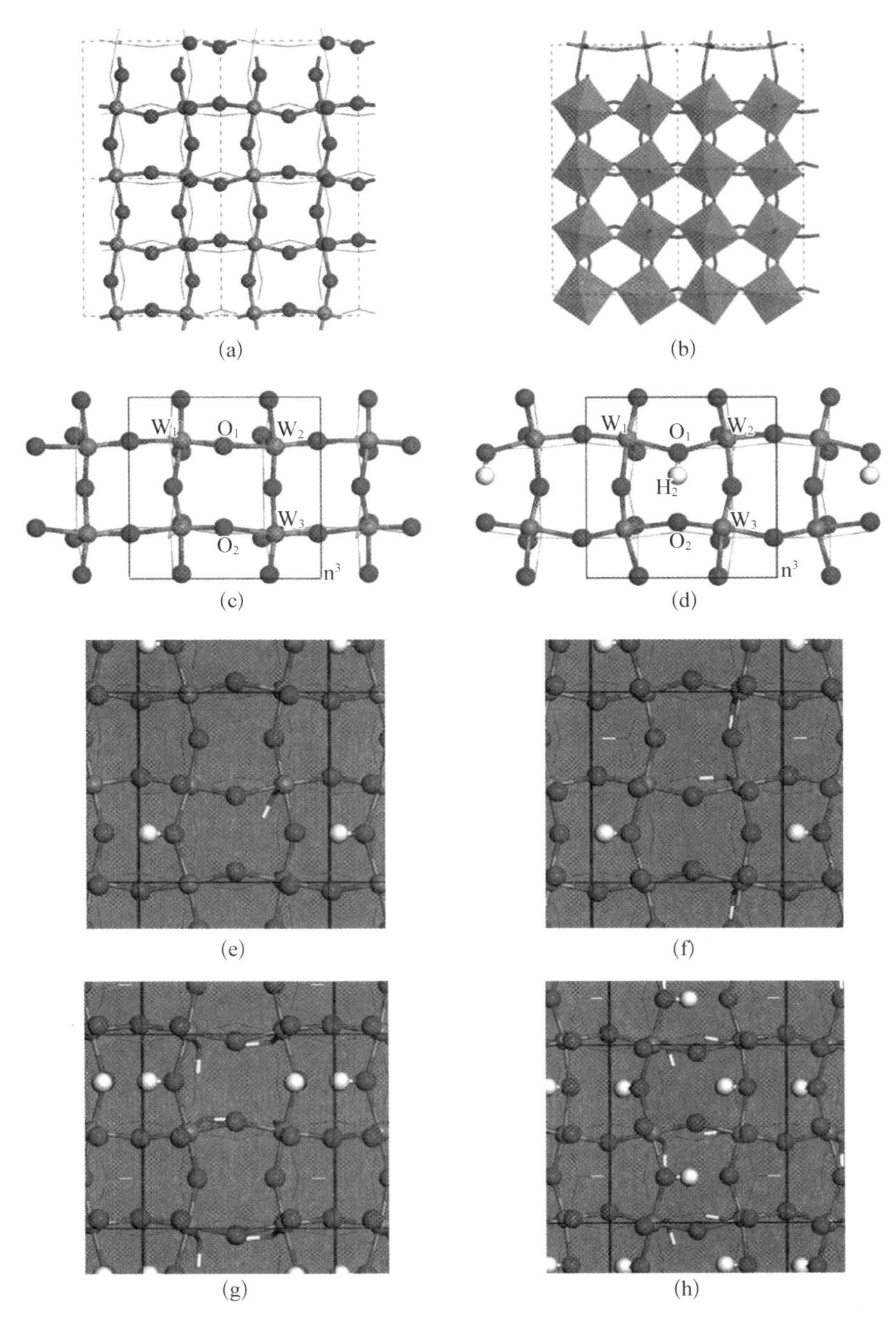

图 3-12　单斜相 WO_3 晶体结构,球棍模型(a),多面体模型(b),WO_3 晶体单斜相放大图像(c),$H_{0.12}WO_3$(d),$H_{0.25}WO_3$(e),$H_{0.5}WO_3$(f),$H_{0.75}WO_3$(g),HWO_3(h)

(2) 根据表 3-1,可以看出随着 H 原子的加入,H 原子的平均结合能在逐渐减弱,且减弱的速度也在逐渐加快。此外,当 WO_3 结合一个 H 原子的时候,形成较弱的氢键,键长仅 0.199 nm,当第二个 H 原子与 WO_3 结合以后,形成了一个很强的氢键,键长为 0.167 nm,相应的 OH 键长为 0.101 nm。当吸附了更多的氢原子以后,更加容易形成氢键。表中所示的规律为:氢原子吸附容易吸附在 O 原子相近的一侧,并形成氢键,氢键的作用下会对结构造成较大的负面影响,并伴随着氢原子平均结合能 E_a 的减少,这个结论与 Guery 研究不同晶相 WO_3 晶体的氢原子注入时得到的结论一致[142]。

(3) 表 3-1 中,W_8O_{23} 结构为按照氧空位形成理论的模型,其结合能按照下面公式计算:

$$E_{WO_3} + 2E_H \xrightarrow{\Delta E_a} E_{W_8O_{23}} + E_{H_2O}$$

其中,E_{WO_3} 代表单斜晶态 WO_3 的能量,E_H 代表 H 原子的能量,$E_{W_8O_{23}}$ 代表单斜 WO_3 形成氧空位以后的能量,E_{H_2O} 代表 H_2O 分子的能量,ΔE_a 代表形成 1 个氧空位的化学势的变化。

从能量的改变量(−1.56 eV)来看,的确存在形成氧空位的动力,但其结合能相比 $H_{0.25}WO_3$(−2.60 eV)要小很多,即在单斜相为主体的 WO_3 材料中,更易形成 $H_{0.25}WO_3$ 的结构,基形成 O—H 键而不是氧空位。

3.3.5.2　氢原子吸附前后单斜晶相 WO_3 键长分布的变化

在 3.3.4 小节里面的红外光谱测试中已经很好地表征了 WO_3 在 H 注入情况下的结构变化,因为红外光谱的峰位直接与键长相对应,因此,为了建立微观与宏观性质的联系,我们对图 3-12 所模拟的结构进行了氢原子注入条件下 W—O 键长分布分析,见图 3-13,其中,(a)、(b)、(c)、(d)分别为单斜晶相的 WO_3、$H_{0.25}WO_3$、$H_{0.75}WO_3$ 以及 W_8O_{23}。

从图中可以很清楚地看出,H 原子注入前的 WO_3 键长分布较均匀地分配在 0.175~0.181 nm、0.187~0.193 nm、0.205~0.215 nm 三个区域内,分别对应着 920~815 cm^{-1}、700~665 cm^{-1}、587~430 cm^{-1}[132]。(这里需要说明,无论 W═O、W—O—W 或者 W—OH_2 的红外峰位都对应着 W—O 的振动,区别在于键长的不同,三者分别对应 0.169~0.180 nm、0.175~0.225 nm、0.220~0.230 nm[123-124,128,130,132,217,223]。这里之所以出现峰位的重叠,是因为 W═O 经常以 W═O—W 的形式存在,此峰与 W—O—W 的区别在于氧原子更偏向于其

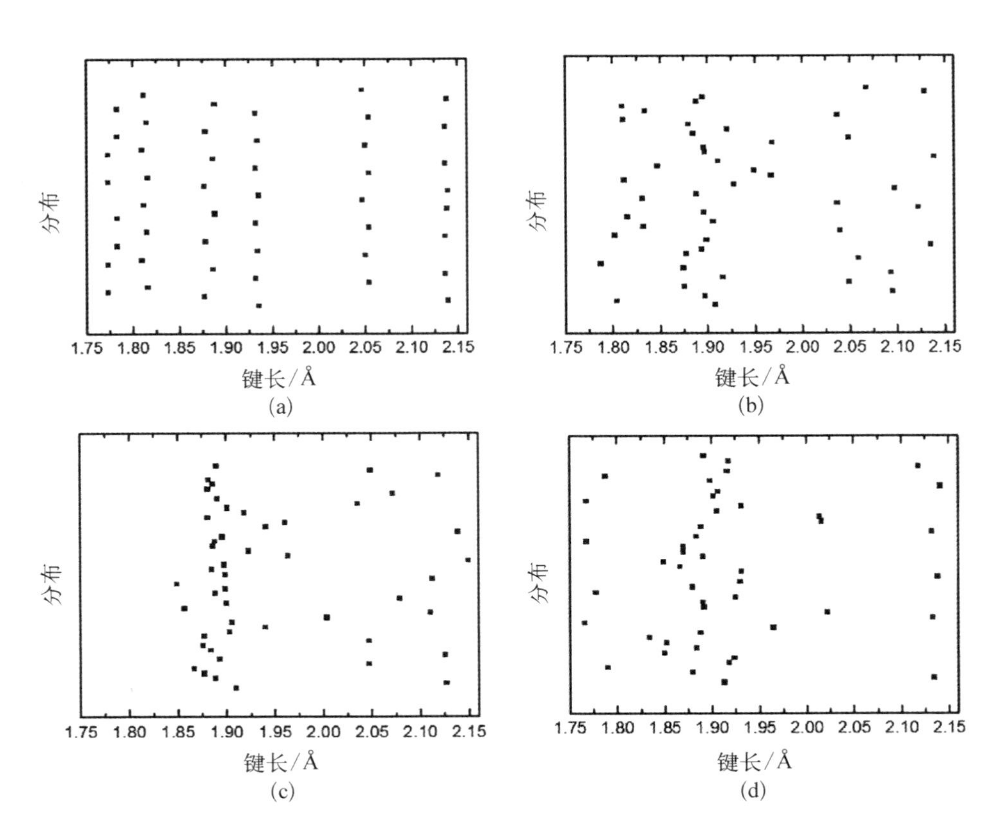

图 3-13　W—O 键长分布：单斜相 WO_3(a)、单斜相 $H_{0.25}WO_3$(b)、单斜相 $H_{0.75}WO_3$(c)以及 W_8O_{23}(d)

中一侧的钨原子，另一侧的 W—O 键长则对应于 0.22 nm 左右，而且不同晶体结构或者结晶水含量不同都对 WO_3 结构造成很大影响，即不同结构中，W—O/W═O 对应着不同的键长。）

当在氢原子注入为 $H_{0.25}WO_3$ 时，键长的变化趋势是：① 0.175 nm→0.180 nm；② 0.181/0.187 nm→0.190 nm；③ 0.215 nm→0.210 nm。

过程②中的变化比较直观，因为直接对应于 W—O—W 中的键长变化，说明在致色过程中键长有集中为 0.190 nm 的趋势，对应着红外光谱中800 cm^{-1}→680 cm^{-1}的转变，对比图 3-10，可以发现此结论与实验测试的结果吻合很好。此实验现象在 Cazzanelli[119] 利用 Raman 研究单斜相氢原子注入过程中，也发现有相同的结论。

第①个变化过程为 0.175 nm→0.180 nm，其中，1.75×10^{-1} nm 的峰对应着单斜晶相中最短的 W—O 键(仍需说明单斜相中 W—O—W 结构较其他相更为紧密，因此，不存在有 0.170 nm 这一类明显的 W═O 键），在致色过程中有所增加，也能间接说明图 3-10 中 960 cm^{-1}→945 cm^{-1}的红移。因为 W═O 键比较容易出现在无序态、氧空位的存在或者粉末颗粒的表面[229]，所以，在纳米级的 WO_3 体材料里面可以观察到一定量的 W═O 存在。

第③个变化过程 0.215 nm→0.210 nm，对应着图 3-10 中 557 cm^{-1}峰的半高宽的减少和峰位的增强。

值得注意的是，在氧空位存在的条件下，其结构的变化与图 3-13(b)和(c)所示具有相类似的结果，而氧空位在无定形的材料中也有一定的存在概率，本论文工作集中研究在晶态模型的模拟，因此不讨论缺陷类的问题。

3.3.5.3　单斜晶相 WO_3 与 H_2 的各反应阶段及其活化能分析

上一节讨论了氢原子吸附对键长等结构的影响，建立了微观与宏观的联系，为了进一步表征吸脱附氢原子的动力学过程，本节主要讨论 H 原子从 H_2 分子分解到与 WO_3 化合以及脱离 WO_3 的过程中化学势的变化情况，如图 3-14 所示。

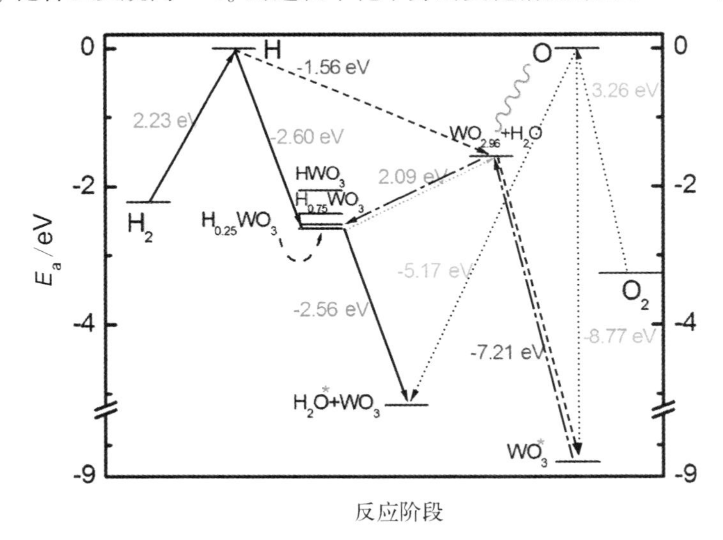

图 3-14　单斜晶相 WO_3 与 H_2 的各反应阶段化学势变化关系图
(* 表示外界提供了氧原子)

图中分别用三种线型表示三种反应过程：

(1) “——”线型表示氢原子在双注入的机制下的反应过程，即氢分子分解为氢原子并吸附在 WO_3 上，形成 H_xWO_3 结构。

(2) “-----”线型表示生成氧空位的反应过程，即氢原子与 WO_3 反应生成

H_2O 和 WO_{3-x}。

(3) "……"线型表示 O 原子的反应过程,即褪色过程。

首先讨论反应过程(1):从图像上可以直观地看出来,H_2 分子分解成 H 原子不会在自发的条件下进行,因为需要越过 2.23 eV 的势垒,所以需要借助催化剂(或者较大的压强)来降低这个势垒。氢原子与 WO_3 作用生成 H_xWO_3 结构,其氢原子的平均结合能随着注入的氢原子的增加,而逐渐减少,图像上明显可以看到形成第一个 H 原子的结合能最大。当 WO_3 上吸附的 H 原子比例增加到 $H_{0.75}WO_3$ 的时候,氢原子的结合能已经接近于氢分子分解的能量,即 $H_2 \leftrightarrow H \leftrightarrow WO_3$ 的正逆反应过程(在不考虑压强条件下)已经趋于平衡,很难再形成氢原子的吸附,在实际实验测试中,单斜晶相的 WO_3 往往只能注入 $H_{0.35}WO_3$(晶体)的比例[142],当然,由于是可逆反应过程,该测试结果与气体压强和催化剂活性都有很大关系,本文强调的是反应的活性即自发条件下的反应动力(吉布斯自由能),其他因素都是基于基本反应动力来进一步分析的,这里不做深入讨论。

接下来讨论反应过程(2):从图中"-----"线型线可以发现,生成氧空位 $WO_{2.96}$ 氢原子化学势下降 1.56 eV,远小于 H_xWO_3,并且大于 H_2 分子的分解能,说明在同等条件下,H 原子更容易发生 H_xWO_3 的吸附过程,且生成氧空位需要较大的气体压强(甚至大于生成 HWO_3 所需要的气压)。当然,如果可以顺利实现水的逃逸,这种反应还是可以进行的,而普遍的研究表明只有少量的水能够脱出[88,102]。

最后讨论褪色态的反应过程(3):褪色态的反应明显比致色态的反应过程容易得多,虽然 O 原子的分解需要越过更大的势垒,但其进一步与 H_xWO_3 反应生成 H_2O 和 WO_3 的过程的能量下降 5.17 eV,高出氧原子分解能 1.91 eV,因此这种反应进程比致色过程更加容易,根据双注入理论可以理解为当团簇发生表面反应的时候,褪色速率比致色速率快,但当表面反应不占主导的时候褪色速率就会慢于致色速率,这一类现象经常出现在我们的实验测试中。

还有一个现象值得说明一下,就是当 $WO_{2.96}$ 这种非化学计量的结构被氧化成 WO_3 的时候,能量下降 7.21 eV,此能量比生成 H_2O 和 WO_3 的过程高3.6 eV,说明形成 WO_3 比形成 H_2O 更加容易,即如果有氧空位存在,氧原子更倾向于直接与 WO_{3-x} 作用,而不会导致水的分解(图中 * 标志表示分解的氧原子最后所在的产物)。这个反应的逆过程("—·—"线型所示)正是光致变色的过程[230-231]。

3.3.5.4 氢原子吸附前后的单斜晶相 WO_3 的电子态密度及能级结构分析

为了研究其致色原理,我们进一步研究了单斜晶相 WO_3 的电子态密度及能级结构,如图 3－15 和图 3－16 所示。

由图 3－15 所示,单斜相的 WO_3 在未吸附 H 原子之前是典型的半导体结构(这里,为了比较,我们统一设置费米能级为 $E_f = 0$),当氢原子发生吸附的时候,明显可以看到属于 N 型掺杂,即 WO_3 从 H 中获得电子,从而导致费米能级向高能级方向移动,原因很简单,因为高电负性的 O 原子更容易获得电子。随着费米能级被部分电子填充,H 吸附的 WO_3 展现出了金属的特性,电导率相应提高很多[224]。此电子态密度图与 Hjelm 等[226]的研究相同。

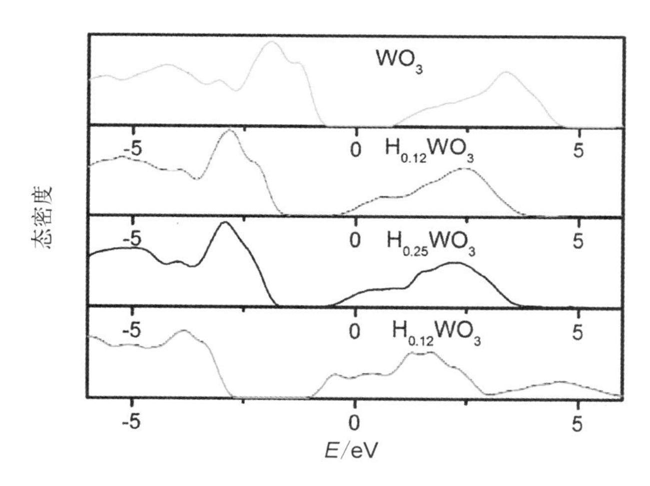

图 3－15　单斜晶相 WO_3(a),$H_{0.12}WO_3$(b),$H_{0.25}WO_3$(c)和 HWO_3(d),氢原子的电子态密度,统一设置费米能级为 $E_f = 0$

致色态的 WO_3 主要作用为对光的吸收,按照固体物理理论,300 cm^{-1} 一侧的吸收边(图 3－2)为半导体禁带引起的吸收,而在致色态在红外波段的吸收需要考虑更多的电子跃迁机制,包括自由载流子,缺陷吸收以及带间跃迁等。因此我们又对晶体结构进行了能带计算,如图 3－16 所示,图(a)为未经过 WO_3 晶体的能带结构,图(b)是 $H_{0.25}WO_3$ 的能带结构,作为对比同样设置费米能级为 $E_f = 0$,所计算的能带结构图与 Cora[141] 和 Raj[232] 等人的能带计算结果相类似。从图中明显看出,注入氢原子之前,WO_3 晶体是一种典型的半导体结构,而在与氢原子成键之后显示出了金属的特性,原导带低被部分电子填充,费米能级进入导带。

结合致色过程的实验研究(为去除玻璃基底的影响,采用石英镀膜测试图 3－16c)可以发现,WO_3 在致色态对光谱中对红外区域出现吸收,说明致色态的 WO_3 对 $(-\infty, E_g]\&[E_{ir}, 0)$ 的区域的光形成吸收,其中,E_g 为价带顶到费米能级的能隙,E_{ir} 为费米能级到最近空导带的能量差。考虑到红外光源最短波

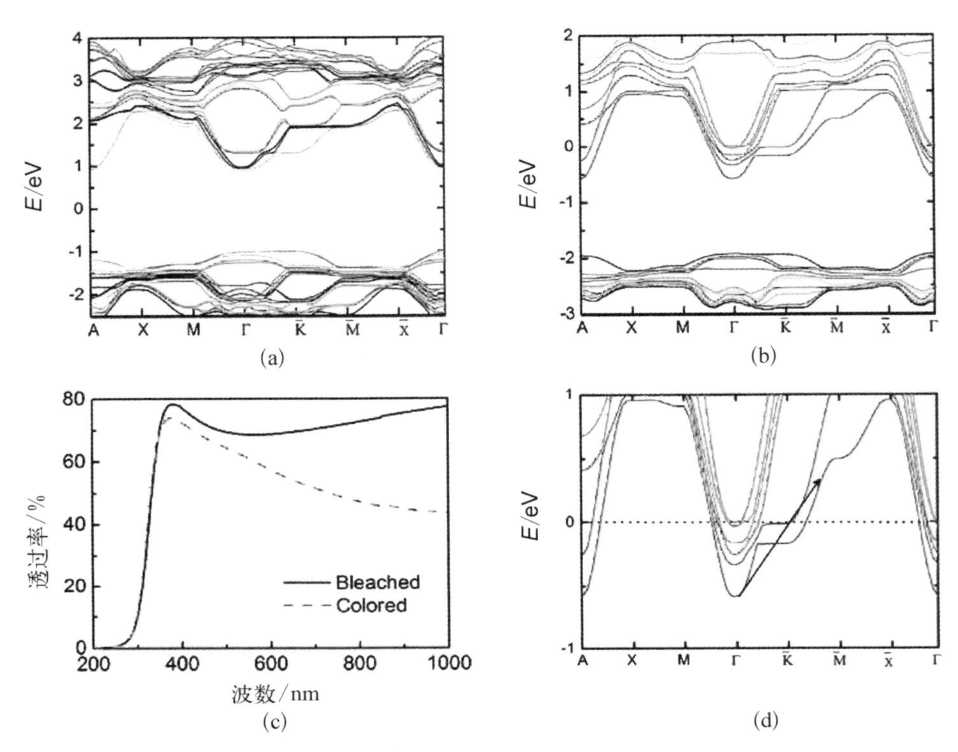

图 3-16　WO_3(a)和 $H_{0.25}WO_3$(b)的能带结构，以及导带中自由电子的跃迁(c)，(d)用石英为基底进行的 WO_3 致褪色测试。能带计算中统一设置费米能级为 $E_f=0$

长 700 nm 对应着 1.46 eV 的能量，而 300 nm 对应 3.41 eV 的能量，所以，致色态 WO_3 主要吸收 (−∞, 3.41 eV]&[1.46 eV, 0) 的能量。但是，由图中可知，致色后的 WO_3 导带依然是连续态，那么，导带低填充的电子不应该存在[3.41, 1.46 eV]的禁带宽度，因此，此致色应该由自由载流子的吸收引起的，见图 3-16(d)所示。即填充在导带底部的电子在低能的红外光照射下向临近的能带上跃迁。

实际上，这种自由载流子的跃迁模式与极化子模型基本原理相同[103,106,233]，在进行进一步致色机理描述前，需要了解各个原子对能带的贡献，所以先讨论能带中的电子分布和不同原子的态密度。

其中，单斜相 WO_3 的价带顶(或称最高占据态 HOMO)和导带低(最低未占据态 LUMO)，如图 3-17 所示，可以发现价带的轨道主要由氧原子提供，而导带底主要由钨原子提供。结合 l, m-projected local density of states(LDOS)计

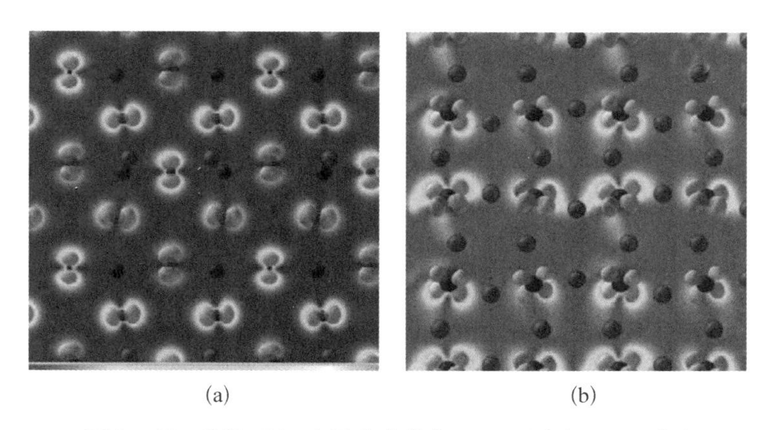

图 3-17　单斜 WO_3 电子密度分布：HOMO(a)，LUMO(b)

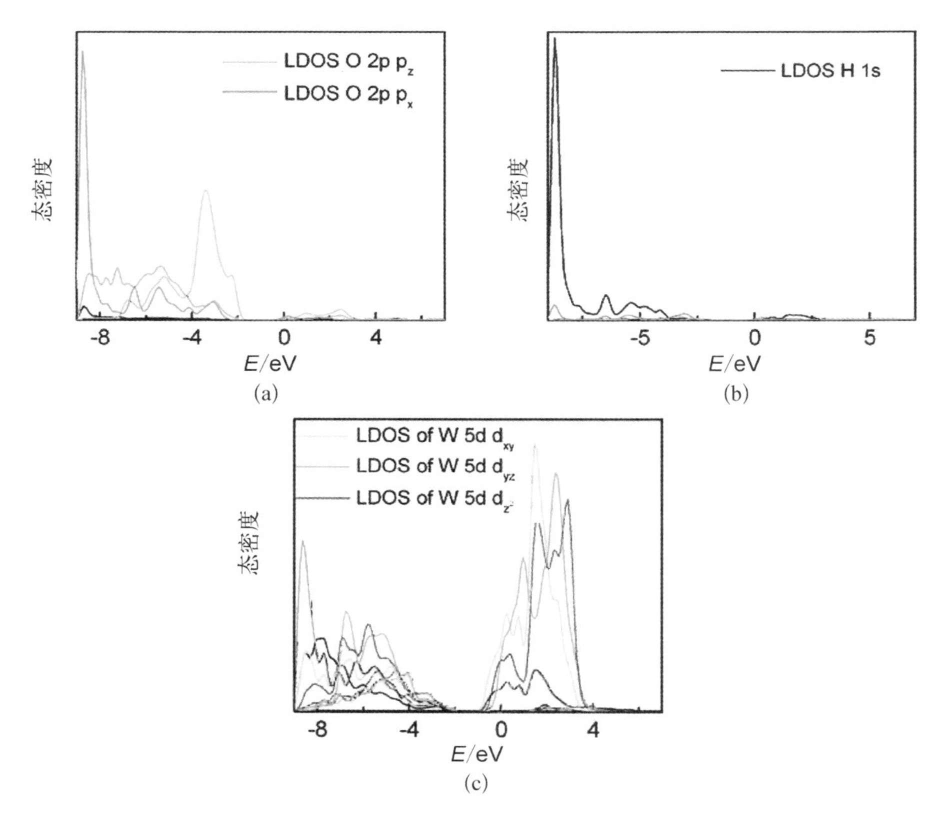

图 3-18　$H_{0.25}WO_3$ 的 LDOS 计算，(a)为 O 原子，(b)为 H 原子，(c)为 W 原子

算，如图 3-18 所示，可以发现 H 原子的 1s 轨道与 O 的 2p 轨道成键，而在原 W_{5d}导带低出现电子的填充态，伴随着费米能级向高能级方向移动。

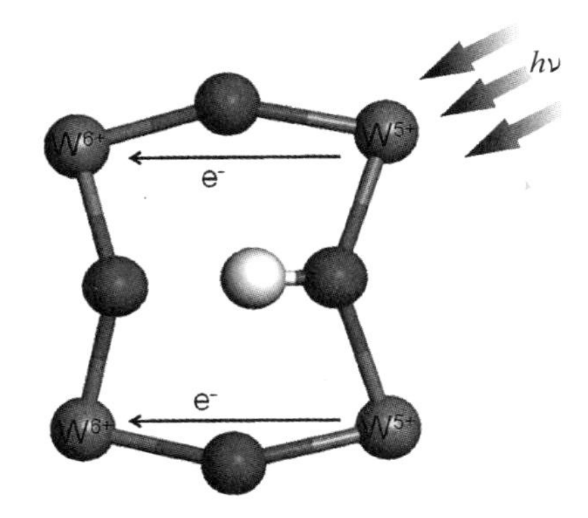

图 3-19　极化子致色机理

从三维电子密度分布可以发现，致色态的电子集中吸附在 H 附近的 W 上面，再结合前文提到的自由载流子模型，可以用来解释极化子模型，如图 3-19 所示，即 W^{+5} 上的所填充的电子在 $h\nu$ 的光照下跃迁到临近的 W^{+6} 原子上，进而吸收红外线。

此外，WO_x 的颜色并不相同，主要由 +6 价的黄色逐渐转变成 +5 价的蓝色，而 +4 价的 WO_2 则显现为黑色[120]。因此，根据上面的判断，进一步对比了 HWO_3 的能级结构，如图 3-20 所示。从图中可见大量 H 原子注入的 WO_3，费米能级上填充了大量的电子，并不局限于 Γ 点，电子的跃迁不仅仅限定于小极化子的范围，电子的跃迁有更多的能级可以选择，因此，在低价态的 WO_x 会出现黑色（即可见光范围内也出现了吸收带）。

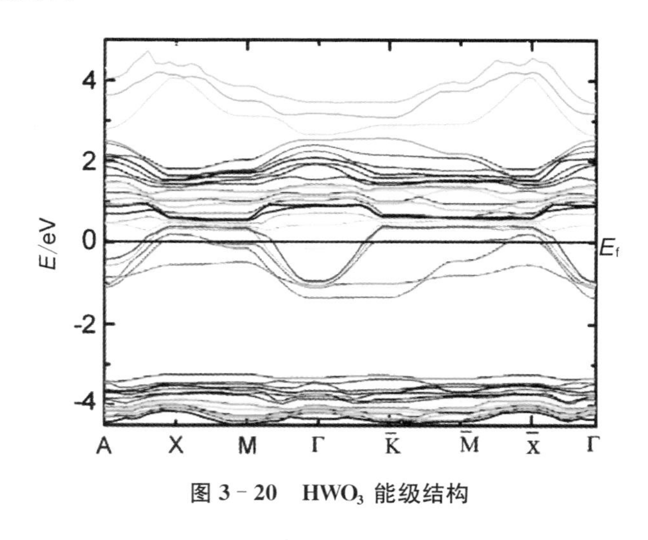

图 3-20　HWO_3 能级结构

3.4　WO_3 块体致色过程研究

对于 WO_3 的致色态的表征需要在有氢气的情况下在线测量，这为气致变色动力学研究带来了很大不便，因为大多数设备不支持通气份的在线测量，也很难保证需要的测试区域。本书笔者起初曾采用褪色较慢的 WO_3 来进行测量，后来通过 PEG 掺杂大量降低其褪色速率，但是致色态所维持的时间依然很难满足要求，进而采用去除催化剂的方法降低褪色速率，最终从薄膜发展到块体利用溶胶-凝胶法制备了钨酸块体，使其在去除催化剂的条件下可以维持致色状态达 20 h 左右，是一种非常好的研究 H 原子注入的材料，具体制备方法参见第 2 章。

3.4.1　X-射线衍射测试

X-射线衍射(XRD)测试是表征晶态材料最有力工具，因此首先分别对结晶 WO_3 的致色前和致色态的样品进行了测量，如图 3-21 所示。

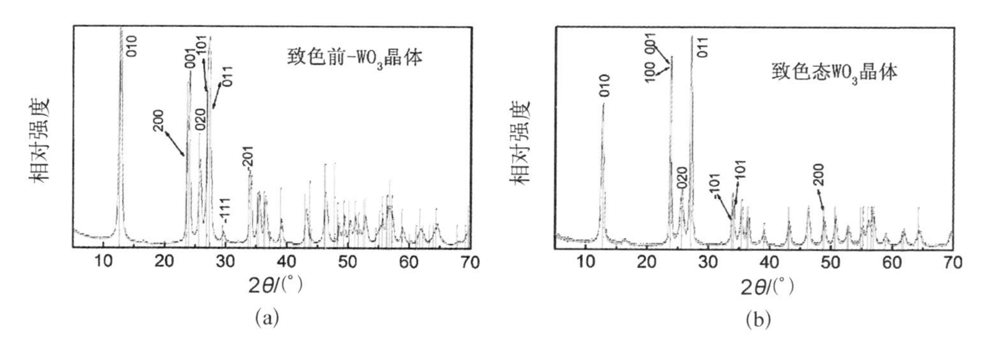

图 3-21　致色前 WO_3 晶体 XRD 图像(a)，和致色态 WO_3 晶体 XRD 图像(b)，实线来自相应的 pdf 卡片

通过与 pdf 卡片的对比，可以发现致色前的 XRD 图像可以与 JCPDF-ICDD18-1420 很好的对应，为 $H_2WO_4 \cdot H_2O$，单斜晶相，P2/m(10)，晶格常数为：7.5×6.93×3.7 Å<90.5°>；而致色态与 JCPDF-ICDD 40-0693 对应，为 $H_{0.12}WO_3 \cdot 2H_2O$，单斜晶相，空间群信息不详，晶格常数为：3.729×6.898×3.716 Å。

通过两组 XRD 图像的比较，可以从下面几个方面进行分析：

(1) 致色前的 $H_2WO_4 \cdot H_2O$ 晶体，主要强峰为(010)、(200)、(001)、(020)、(101)、(011)、(—201)，其相应的晶面间距分别为 6.96 Å、3.77 Å、3.70 Å、3.47 Å、3.31 Å、3.26 Å、2.64 Å。

(2) 致色态下的钨酸晶体(010)、(100)、(001)、(020)、(011)、(—101)、(101)、(200)，其相应的晶面间距为 6.90 Å、3.72 Å、3.72 Å、3.45 Å、3.27 Å、2.64 Å、2.62 Å、1.86 Å。

(3) 钨酸致色以后,(010)面晶面间距从 6.96 Å 减少到 6.90 Å,(100)晶面间距从 3.77 Å 减少到 3.71 Å,Z 轴对应的(001)晶面间距增加 0.02 Å 的距离,说明在氢原子注入的条件下,晶体 X 轴与 Y 轴缩短,而 Z 轴有所增加。进一步观察,可以发现最明显的变化应该为(200)晶面间距从 3.77 Å 减少到 1.86 Å,说明在致色态中,晶体的对称性发生了明显的变化,在原晶胞的一半处出现了新的晶体衍射峰。

由于致色态中,晶格常数发生变化而导致新的衍射晶面的出现,所以,致色态的(001)面来源与致色前的(002)面。

3.4.2 热失重测试

为了更好地理解晶体 WO_3 的结构,进一步运用了 TG - DSC(热失重)分析来进一步解析,如图 3 - 22 所示,测试气氛为氮气。图中的样品 A 和 B 有两个失水阶段,并伴随着两个明显的吸热峰,分别对应着结晶水和结构水的脱附[124,234-235]。第一个失水峰发生在室温到 148℃,同时质量减少到 91.55%,而第二个失水阶段发生在 148℃～300℃,最终减少到 86.44%,在 B—C 阶段上看不到明显的质量变化。这里需要说明,实验仪器从室温开始加热,而测试时间从 50℃开始测量,因此,开始的质量显示不在 100%上。如果假设 86.44%为 1 mol 的 WO_3,那么,根据计算可以知道:结晶水占 1.25 mol,而结构水占 0.75 mol,即 $WO_3 \cdot 2H_2O$,也可以写成 $H_{0.75}WO_4 \cdot 1.25H_2O$,考虑实验误差,该式应与 3.3.1 中 XRD 测试结论相类似,即 $H_2WO_4 \cdot H_2O$。

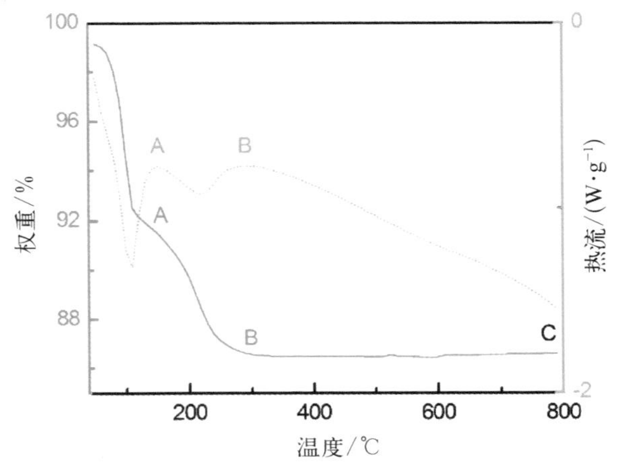

图 3 - 22 钨酸的 TG - DSC 测试

3.4.3　红外光谱测试

进一步对已经验证好的 $WO_3 \cdot 2H_2O$ 进行致色前和致色态红外光谱分析，如图 3-23 所示。

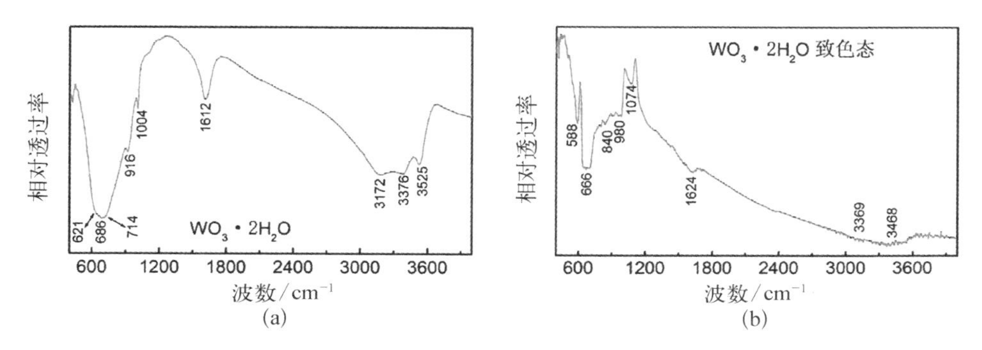

图 3-23　$WO_3 \cdot 2H_2O$ 致色前(a)与致色态(b)的红外光谱图

致色前的 WO_3 主要峰位分布在 3 100～3 525、1 612 以及 400～1 004 cm^{-1} 范围内。其中 1 004 cm^{-1} 以下的峰位属于 W—O 特征峰，与前文提到的在 950 cm^{-1} 的 W ═O 峰不同，两水合 WO_3 的 W ═O 分为 1 004 cm^{-1} 和 916 cm^{-1}，主要原因为 $WO_3 \cdot 2H_2O$ 晶体中存在几何取向不相同的 O ═W—OH_2 结构，所以，当 H_2O 分布在不同的 W 的上面的时候(也就是 dependent on geometrical disposition)，W ═O 的偶极矩作用也会发生不同的改变[132,227]。870～621 cm^{-1} 的峰位都属于 W—O—W 的振动峰，相应的键长为 0.180～0.193 nm[132,142,220,227]，此峰位较宽对应于多种键长分布。

此晶体中弯曲震动的 H_2O 峰位仅有1 620 cm^{-1}，而在 3 000～3 500 cm^{-1} 可以观察到 3 个峰，特点与图 3-10 所示相似，分别为层间水(水合水)和配位水。由于配位水形成在一个较强的氢键作用中(0.274 nm±0.004 nm)[132]，所以，相应的小波数的 3 172 cm^{-1} 属于这一类 OH 键；而 3 525 cm^{-1} 峰位为另一侧(与 3 172 cm^{-1} 的羟基共同属于一个水分子)的 OH 与层间水相互作用形成较弱的氢键(0.314 nm± 0.006 nm)[132]的特征峰；第三个羟基(3 376 cm^{-1})，是由层间水中的另外一个 OH 与 W ═O 双键形成氢键(0.282 nm±0.004 nm)[132]。

致色态钨酸(图 3-23b)与 WO_3 薄膜相似，在整个红外波段都出现了基线的倾斜，因此依然不能很好地表征羟基和水的峰位，所以，这里主要集中分析 1 074 cm^{-1}以下明显的峰，主要为：588、666(639～704)、1 074 以及 840～

980 cm^{-1} 之间的特征峰。比较图 3 - 23(a)、(b)两图，褪色态中 686 cm^{-1} 附近的峰位发生红移，且在致色态中 588 cm^{-1} 的位置上明显出现了新峰，对应为 0.20 nm 附近的 W—O 键长[224]，此峰极有可能与氢原子的注入相关[108]，而 1 074 cm^{-1} 的峰可能对应着 W—O—H—O 的氢键的弯曲振动[228]。

3.4.4 X -射线光电子能谱

致色前与致色态的 X -射线光电子能谱分别显示在图 3 - 24 和图 3 - 25 中，相关的参数列在表 3 - 2 中。

表 3 - 2 W4f 与 O1s 的 XPS 相关参数

	沉 积			致 色 态		
	BE/eV	Area	FWHM/eV	BE/eV	Area	FWHM/eV
$W_1(W4f_{7/2})$	34.74	57.1%	1.67	34.74	45.5%	2.31
$W_2(W4f_{5/2})$	36.86	42.9%	1.67	36.86	34.1%	2.34
$W_3(W4f_{7/2})$	—	—	—	35.36	11.6%	1.47
$W_4(W4f_{5/2})$	—	—	—	37.28	8.7%	1.95
O—W($O1_s$)	530.34	52.7%	1.77	530.34	39.5%	1.80
$H_2O(O1_s)$	532.67	47.3%	2.74	532.67	43.7%	2.97
OH($O1_s$)	—	—	—	532.00	16.8%	3.76

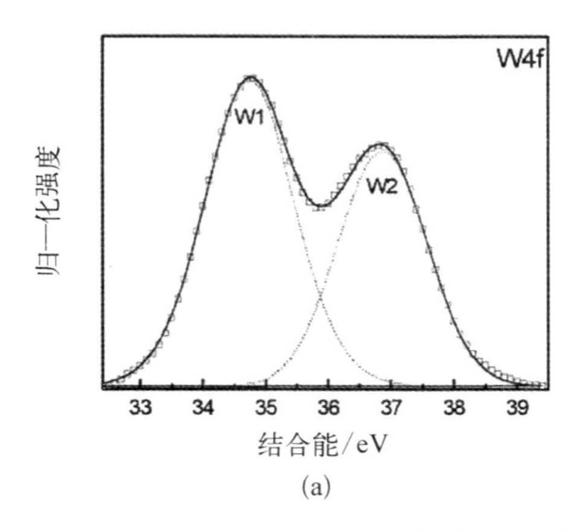

(a)

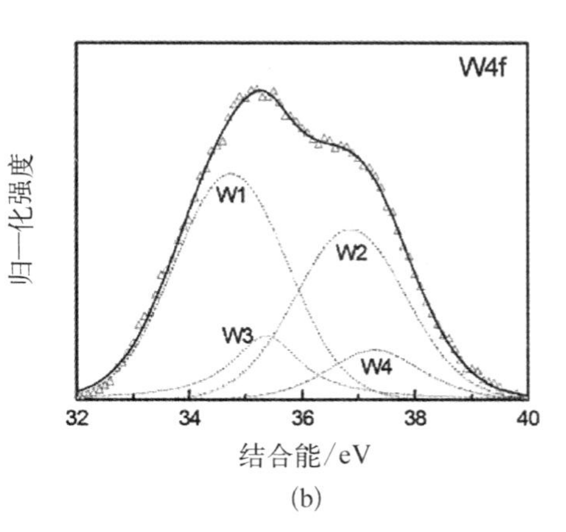

(b)

图 3 - 24 $WO_3 \cdot 2H_2O$ 致色前(a)与致色态(b) W4f 的 X -射线光电子能谱，其中 W1 代表+6 价 $W4f_{7/2}$，W_2 代表+6 价 $W4f_{5/2}$，W_3 代表+5 价 $W4f_{7/2}$，W_4 代表+5 价 $W4f_{5/2}$

致色前的 $WO_3 \cdot 2H_2O$ 具有典型的两种自旋轨道的 W_{4f} 电子，其结合能分别对应 36.86 eV 和 34.74 eV[236]，晶态 WO_3 的 W_{4f} 电子的结合能明显比非晶态低[237-247]。相应的分峰按照 4f 轨道自旋理论，按照 $W4f_{7/2}$ 与 $W4f_{5/2}$ 的面积比为 4/3 进行分峰，其结合能相差 2.1 eV。致色前 $WO_3 \cdot 2H_2O$ 的 O_{1s} 轨道与 WO_3 的不同，具有两个峰位分别为 530.34 eV 和 532.67 eV，前者对应于 O—W 键，后者对应于材料中的结合水或者吸附水[238-240,244,248]，其半高宽较大与红外观察到的结论相符，即大量存在的结构水和结晶水及其与 W—O 键的相互作用(氢键)，两种氧的比例(1.1∶1)比热失重计算获得的比值(1.5∶1)略低，可能在分峰过程中引起的误差。

致色态的钨酸 XPS 图像比较复杂，因为在+6 价钨中形成了大量的低价态钨原子，我们选用 W_1 代表+6 价 $W4f_{7/2}$，W_2 代表+6 价 $W4f_{5/2}$，W3 代表+5 价 $W4f_{7/2}$，W4 代表+5 价 $W4f_{5/2}$。从图 3-24(b)中可以看到出现 W_3($W4f_{7/2}$)和 W_4($W4f_{5/2}$)两个新的峰位，W_1 和 W_2 的峰位按照致色前的峰位进行定标。依然按照 4f 轨道的自旋分裂理论采用面积比为 4/3。致色以后 W^{+5} 原子占整体的 1/5，说明有 20%的 W 原子在致色过程中发生了价态降低，形成了 $WO_{2.4} \cdot 2H_2O$ 的结构，即 $H_{0.6}WO_3 \cdot 2H_2O$。继续观察图 3-25，可以发现，致色态的钨酸内部存在 3 种 $O1_s$ 电子，结合能分别为 532.00 eV、530.34 eV 和 532.67 eV，对应于 W—O 键、OH 键(或者 WO_x 的峰位)和 H_2O[238-240,244,248]。而 OH 占 W—O 的比例为 3/7(即考虑 OH 和 W—O 均为 WO_x 中的 O 原子，那么 OH 中的氧占整体比例的 30%)，略高于 W 原子致色后 20%转化率，这是因为 OH 的存在会同时生成大量的氢键(OH—O)混杂在此峰之中，使得 530.34 eV 的结合能

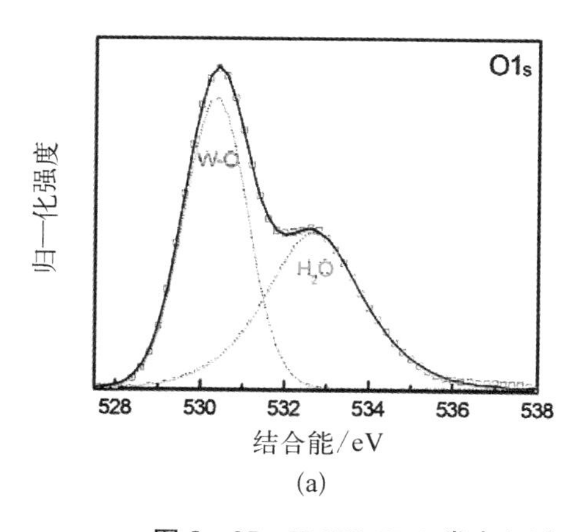

(a)

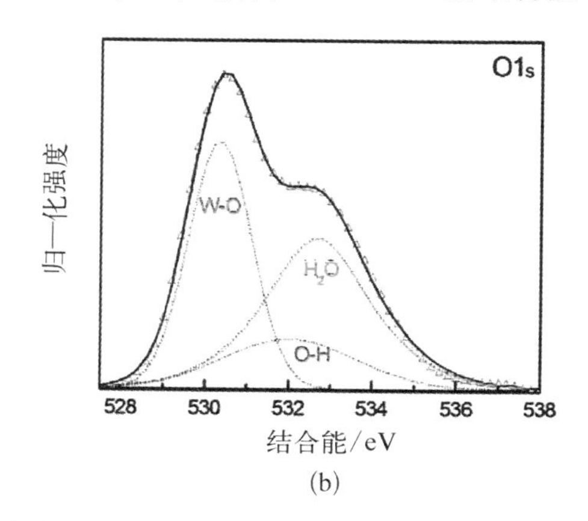

(b)

图 3-25　$H_2WO_4H_2O$ 常态(a)与致色态(b)的 O1s X-射线光电子能谱

不仅仅对应于羟基基团，这一点也可以从其较宽的半高宽得出相同的结论。此现象与双注入的理论相符，可以认为，此 XPS 结论给出了 OH 键存在的直接证据。

3.4.5 第一性原理理论分析

3.4.5.1 $WO_3 \cdot 2H_2O$ 及其氢原子注入态结构研究

结合以上实验的结论，进行进一步的理论模拟实验。按照 JCPDF - ICDD18 - 1420 与 JCPDF - ICDD 40 - 0693 提供的晶体结构，其中致色前采用 $WO_3 \cdot 2H_2O$，单斜晶相，P2/m(10)的晶格常数：7.5×6.93×3.7 Å<90.5°>；而致色态为 $H_{0.12}WO_3 \cdot 2H_2O$，单斜晶相的晶格常数为：3.729×6.898×3.716 Å。由于前者有着明确的空间群结构因此很容易，而后者没有明确的空间群对称，因此，对于晶体结构的设计需要重新考虑，结合前人的工作[197,220,227,229,234-235,249-257]，并结合其 XRD 的计算结果我们采用图 3 - 26 中(a)和(b)所示的结构，图(a)所示为 *XY* 平面，图(b)所示为 *XZ* 平面。

经过优化之后获得最终的晶体结构，其 X -射线衍射图显示在图 3 - 27 (a)和(b)中，从图(a)中可以知道，按照 JCPDF - ICDD 40 - 0693 提供的晶格参数所获得晶体结构与实验值相比在 *X* 轴和 *Z* 轴方向都略大，因此，经过计算调整，最后获得晶格参数为 7.49×6.90×7.38 Å<90.5°>，并获得了较好的拟合结果。

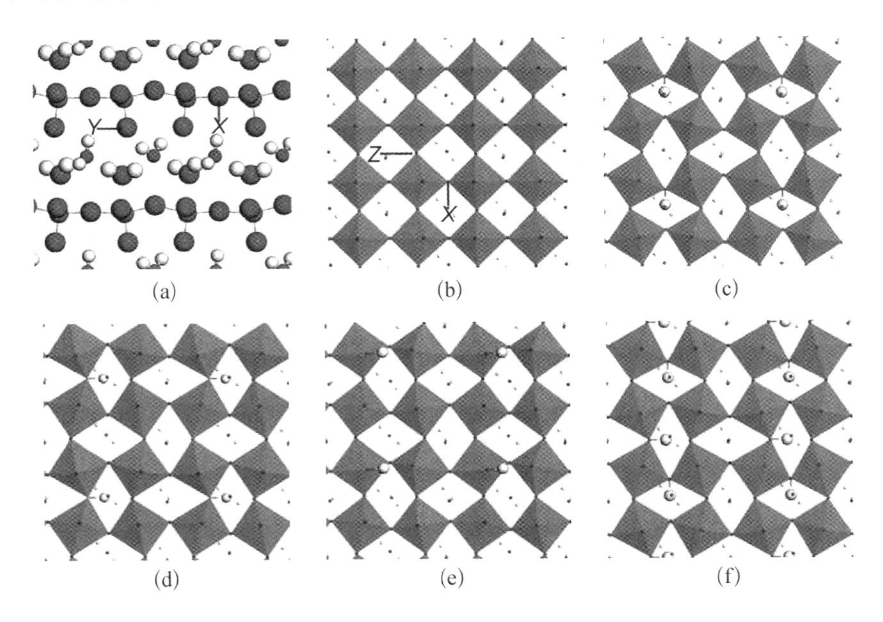

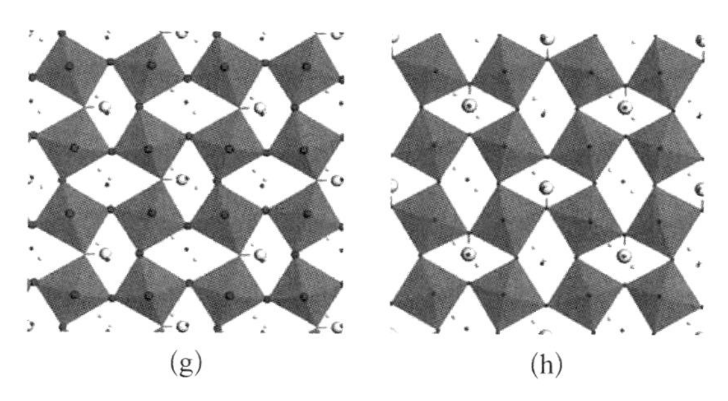

图 3 - 26　$WO_3 \cdot 2H_2O$ 晶体结构的 XY(a)、XZ(b) 截面图，$X - H_{0.25}WO_3 \cdot 2H_2O$(c)、$Z - H_{0.25}WO_3 \cdot 2H_2O$(d)、$Y - H_{0.25}WO_3 \cdot 2H_2O$(e) 晶体结构 XZ 截面图，$XZ - H_{0.5}WO_3 \cdot 2H_2O$(f)、$ZZ - H_{0.5}WO_3 \cdot 2H_2O$(g)、$XX - H_{0.5}WO_3 \cdot 2H_2O$(h) 晶体结构 XZ 截面图

从获得的 $WO_3 \cdot 2H_2O$ 的对称性结构来看，如果单位原胞内(4 个基本 WO_6 八面体)进行 1 个 H 原子的注入，如图 3 - 26 所示，那么，有 XYZ 三个位置可以选择，为计算准确，我们分别对这种构型进行了结构优化，结果如图 3 - 26(c)，(d)和(e)所示，其中氢原子吸附在 X、Y、Z 位置的异构体分别称为 $X - H_{0.25}WO_3 \cdot 2H_2O$，$Y - H_{0.25}WO_3 \cdot 2H_2O$ 和 $Z - H_{0.25}WO_3 \cdot 2H_2O$，其结合能的变化如表 3 - 3 所示。结合能的计算公式如下：

$$E_{H_2WO_3 \cdot H_2O} + nE_H \xrightarrow{\Delta E_{na}} E_{H_nWO_3 \cdot 2H_2O}$$

$$\Delta E_a = \Delta E_{na}/n$$

其中，$E_{H_2WO_4 \cdot H_2O}$代表 $WO_3 \cdot 2H_2O$ 晶体的能量，E_H 为单位氢原子的能量，n 为注入的 H 原子的相对数目，$E_{H_nWO_4 \cdot H_2O}$为注入 n 个氢原子之后钨酸的能量，ΔE_{na} 为两个状态间结合能的变化值，ΔE_a 为平均结合能的变化值。

很明显可以看见，吸附在 W ═O 键(图(a)中的位置 Y)上的氢原子比其他两个异构体相比要小 0.4 eV，因此，相比其他两种构型，其存在可能性比较小，而位置 Z 和 X 的能量只相差 0.05 eV，因此，其存在的概率基本相同。

实验上，XPS 的测试结果显示钨酸在致色态形成 $H_{0.6}WO_3$ 的非化学计量的结构，对此模型进行简化，选择对称性更高的 $H_{0.5}WO_3 \cdot 2H_2O$ 结构进行模拟。由于当注入一个氢原子时 W ═O 上的吸附相对于其他两个位置比较弱，因此，这里不考虑这个位置上的氢原子的注入，得到 XZ、ZZ 以及 XX 三种异构体，分别显示于图 3 - 26 中的图(f) $XZ - H_{0.5}WO_3 \cdot 2H_2O$，(g) $ZZ - H_{0.5}WO_3 \cdot 2H_2O$，和图(h) $XX - H_{0.5}WO_3 \cdot 2H_2O$，相应的平均结合能也列在表 3 - 3 中。

表中显示 XZ 构型的 $H_{0.5}WO_3 \cdot 2H_2O$ 比其他两个构型的结合能要高 0.3 eV 以上，此种构型的存在概率远高于其他的两个构型。

表 3-3　氢原子结合的不同钨酸的异构体及其结合能

方程式	$H_{0.25}WO_3 \cdot 2H_2O$			$H_{0.5}WO_3 \cdot 2H_2O$		
异构体数目	X	Z	Y	XZ	ZZ	XX
ΔE_a	−2.85	−2.80	−2.38	−2.48	−2.18	−2.16

对 XZ-$H_{0.5}WO_3 \cdot 2H_2O$ 进行 XRD 计算模拟，结果如图 3-27(c)所示，实验值与理论值吻合非常好，说明此模型对于实验测试的钨酸的致褪色结果的模拟是比较准确的，也同时说明 H 原子为吸附在 W—O—W 上的 O 原子上。

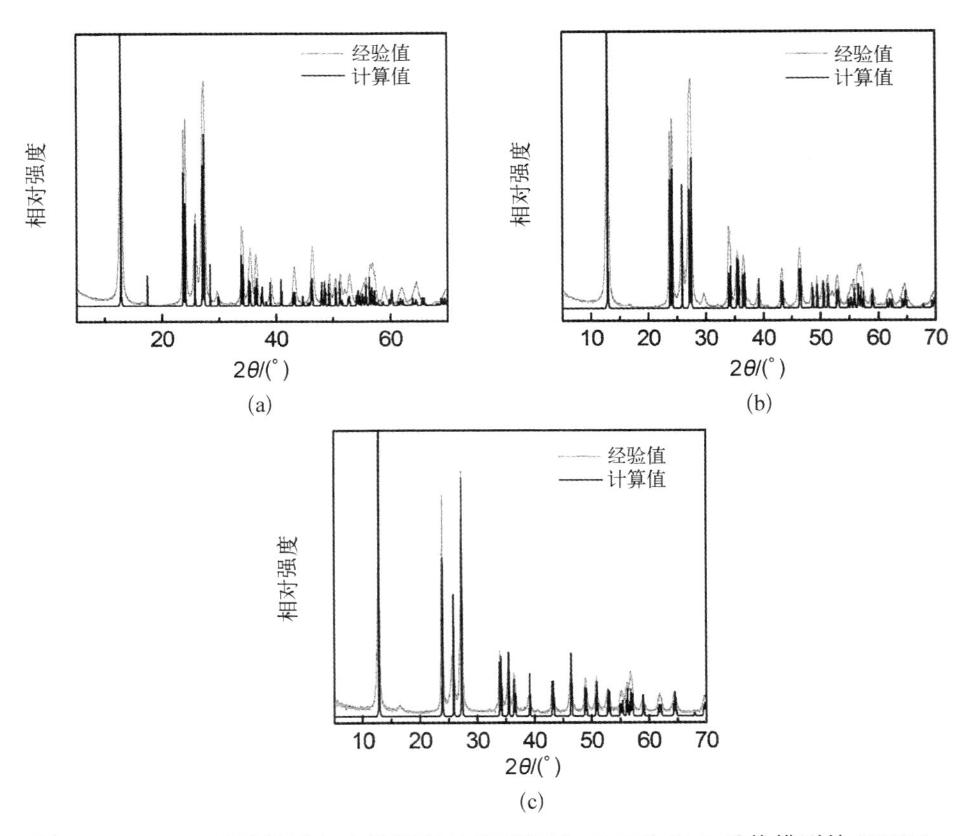

图 3-27　XRD 计算结果与实验测试结果对照图：$H_2WO_4H_2O$ 晶体模型按 JCPDF-ICDD18-1420 晶格参数(a)，$H_2WO_4 \cdot H_2O$ 晶体模型晶格参数经过调整(b)，$H_{0.5}WO_3 \cdot 2H_2O$ 按照 JCPDF-ICDD40-0693 提供的晶格常数进行拟合(c)

接下来对此模型进行键长分布分析，结果如图3-28所示，图(a)、图(b)、图(c)分别对应$WO_3 \cdot 2H_2O$、$H_{0.25}WO_3 \cdot 2H_2O$和$H_{0.5}WO_3 \cdot 2H_2O$。对比三幅图不难发现$H_2WO_3 \cdot H_2O$(致色前)的W—O键长主要分布在0.175 nm、0.185～0.188 nm、0.197 nm，分别对应图3-23(a)中的916、686、621 cm^{-1}的峰位，还有少量0.23～0.24 nm的W—OH_2键，在红外(400～4 000 cm^{-1})仪器的测试范围之外。致色后的分布与致色前的相比，0.175 nm(W═O)的键长变化不大，而W—O的键长有所增加，主要分布在0.190～0.193 nm和0.203～0.206 nm的范围内，对应于图3-23(b)中的666 cm^{-1}和588 cm^{-1}的峰位，而0.185～0.188 nm和0.197 nm区域内的键长分布明显减少，其中0.203 nm的键长来自W—O(H)—O。

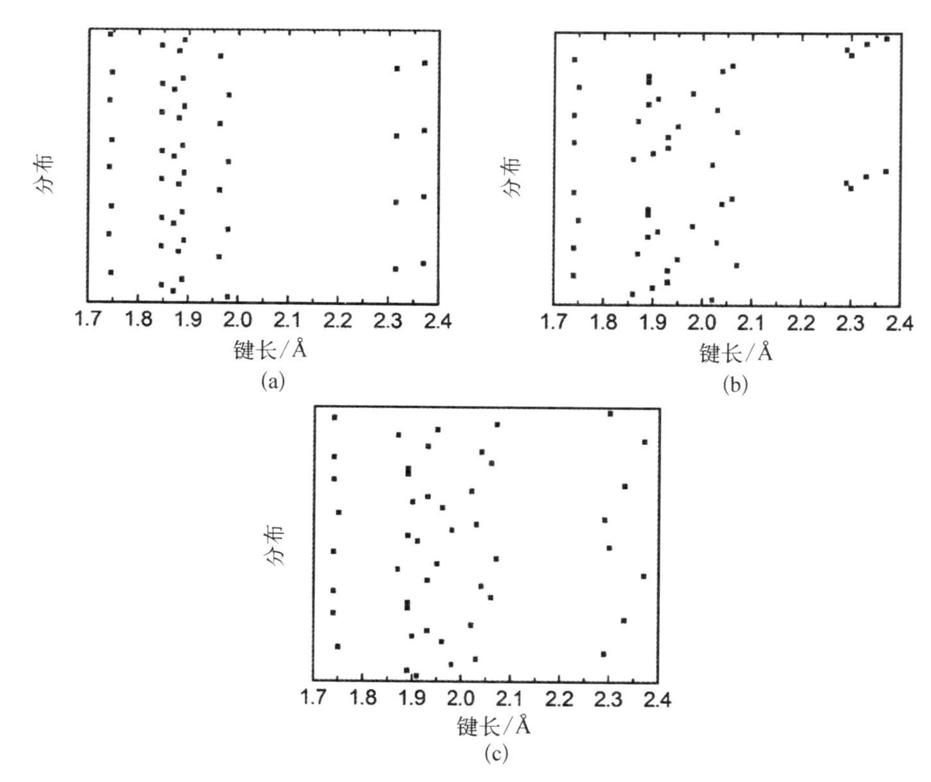

图3-28　$WO_3 \cdot 2H_2O$(a)、$H_{0.25}WO_3 \cdot 2H_2O$(b)与$H_{0.5}WO_3 \cdot 2H_2O$(c)中W—O的键长分布

键长分布与红外的峰位对应良好，说明在致色过程中，形成了OH键，在红外光谱中对应于588 cm^{-1}附近的峰位增加。同样也很好地说明了氢气与WO_3

的吸附作用属于氢原子注入模型。

最后，为了更清楚地展示氢原子的吸附过程中 $WO_3 \cdot 2H_2O$ 的结构变化，图 3-29 展示了 $WO_3 \cdot 2H_2O$ 氢原子注入后的结构变化，为自左向右分别为立体视角、(001)面、(010)面的多面体图形、(010)面的球棍模型。

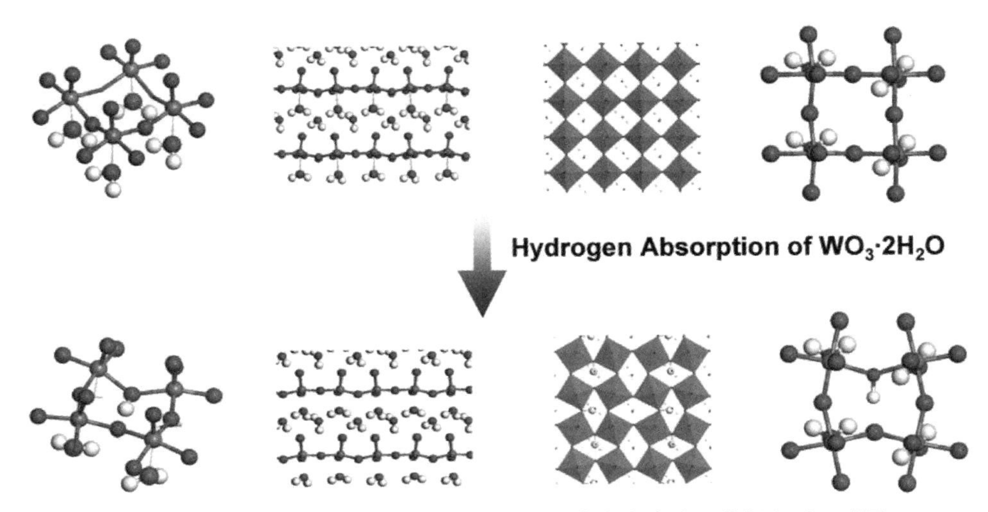

图 3-29 $WO_3 \cdot 2H_2O$ 氢气吸附过程演示图，自左向右为立体视角、(001)面、(010)面的多面体图形、(010)面的球棍模型

3.4.5.2 $WO_3 \cdot 2H_2O$ 电子结构研究

进一步对钨酸晶体致色前后的电子结构的变化进行讨论。如图 3-30 所示，钨酸晶体也为典型的半导体结构，与 WO_3 不同的是其禁带宽度相对小一些，参考图 3-31(a)中钨酸晶体的能带结构可以发现在 Γ 点处导带最低空能级非

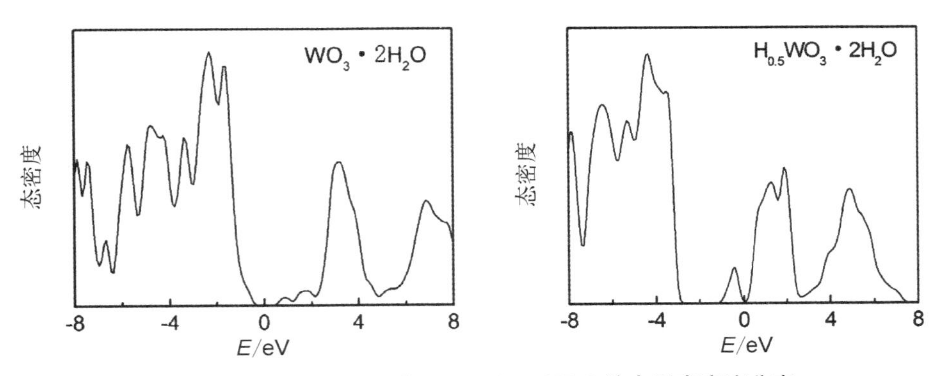

图 3-30 $WO_3 \cdot 2H_2O$ 和 $H_{0.5}WO_3 \cdot 2H_2O$ 的电子态密度分布

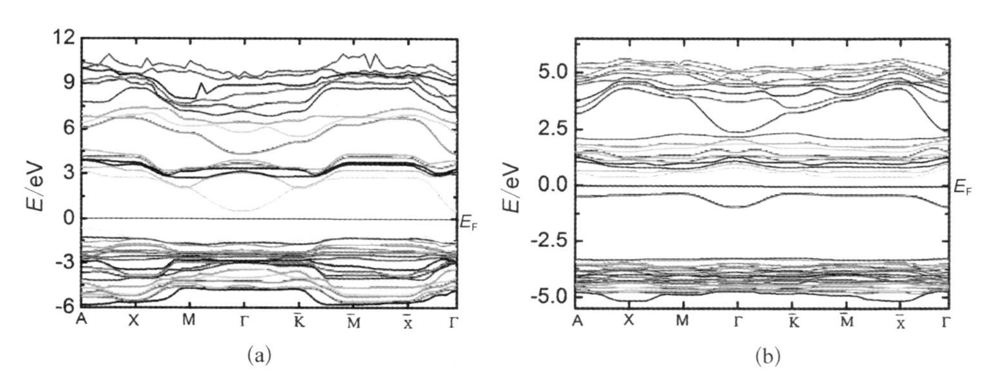

(a)　　　　(b)

图 3-31　$WO_3 \cdot 2H_2O$(a)以及 $H_{0.5}WO_32H_2O$(b)的能带结构

常接近费米能级，说明常温下这种半导体材料的电导率会晶态单斜相 WO_3 高一些。

当氢原子注入以后很明显可以看到在图 3-30 和图 3-31(b)中费米能级下方出现一个类似掺杂能级的孤立能级。为了了解此能级的由来，对致色前后的费米能级附近的能带进行了电子密度分布分析，结果如图 3-32 所示，经过比较发现，钨酸晶体本身的电子结构更接近于层状的二维结构，这种结构依靠 W 的 5d 轨道与 O 的 2p 轨道相连，由于空间分布较弱，致使这种晶体材料的能带色散相对较弱。所以，当氢原子发生注入的时候，电子并没有受到间并能级的影响而全部添在原导带的最低空穴带上。这种能级的出现在部分 XPS 测试中出现过相似的结果[96,236,240]。

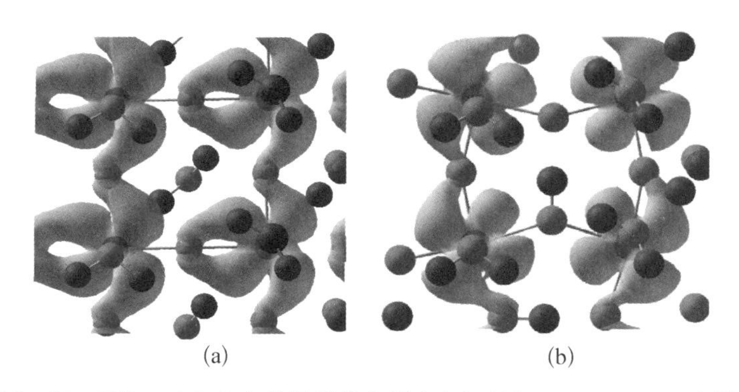

(a)　　　　(b)

图 3-32　$WO_3 \cdot 2H_2O$ 中的最低为占据态(a)以及 $H_{0.5}WO_32H_2O$ 中最高占据态(b)中的电子密度分布

这种致色机理与单斜相 WO_3 的致色机理相类似，同属于导带低被填充电子，在红外光照射下低价 W 原子局域的电子向附近高价的 W5d 轨道上跃迁。

3.5 本章小结

本章主要针对 WO_3 基氢气气敏即气致变色的动力学过程进行研究。

(1) 结合对致色动力学的现有模型进行分析,并分别设计二元 MoO_3-WO_3 复合和多层薄膜进行实验验证,实验结果证明气敏过程更符合双注入模型。

(2) 利用溶胶凝胶技术制备 WO_3 基气敏薄膜,成功实现在线测量,利用红外手段结合不同的复合工艺,多方面的研究气致变色过程中 WO_3 基团的结构变化。并结合基于第一性原理的计算方法,从理论上入手对 WO_3 在氢气注入过程中的反应动力、几何结构以及电子结构的改变进行了模拟分析,结论与实验结果相符,也验证了氢原子的注入属于双注入的模型。能带计算及其相关实验说明致色机理接近极化子模型。

(3) 利用溶胶凝胶技术制备出晶态具有气敏效果的钨酸块体,该结构能够在常温下与氢气反应而致色,并在去除催化剂的条件下可以在相当长的时间内维持住致色效果,是研究气敏机理较理想的实验材料。同时,结合实验和理论手段对其结构变化等进行了分析,实验上验证了 OH 键的形成,计算结果证明理论模型与晶体的结构模型基本相同,相关结论进一步验证了气致变色的双注入模型。最后对钨酸晶体的电子结构进行了分析,并对其在氢原子注入过程中的变化做出了合理解释。

第4章 WO_3 基气敏材料气敏稳定性研究

本章结合实验和理论方法研究制约气敏传感器应用的另一关键性问题：循环稳定性。以溶胶凝胶制备的气敏薄膜始终存在着一定的循环性衰退，我们经过尝试和探索发现 SiO_2/WO_3 复合薄膜具有良好的气敏循环效果。本章首先探讨 SiO_2/WO_3 的复合机理，通过系统的实验分析得出 SiO_2 与 WO_3 复合的结构特性。并在此基础上，通过对比 WO_3 薄膜和 SiO_2/WO_3 复合薄膜在致褪色循环过程中的结构变化，得出了相关结构模型，结合第一性原理的理论计算方法得出以下结论：材料中氢键的形成是影响自身结构稳定性的主要因素之一，这种结构的改变导致氢气注入和脱出的速率下降，影响了气敏的循环稳定性。

4.1 循环稳定性相关研究背景

如第1章所述，气敏材料循环使用寿命机理的研究主要有以下几个结论：

(1) 环境中的各类具有还原性的气体会毒化催化剂，进而降低气敏材料自身的致色效果[110-111]；

(2) 薄膜中水含量的增加，会降低气敏材料的致色速率，循环中出现的水也会降低循环稳定性[87-88,110-111]；

(3) 催化剂在致褪色过程中与变色材料本身发生了一定程度的扩散也会降低材料的气敏循环特性[90-91,112-117]，这一类问题多出现在金属合金气敏材料中；

(4) 非化学计量比也是影响气敏稳定性的一个因素[118]。

然而，结合以上几种工艺的实验尝试都不能从根本上解决溶胶凝胶薄膜的气敏循环特性，说明此循环稳定性的机理仍不完善，需要进一步研究。

结合气敏循环性相关的研究工作[82,90-91,100,107-117]，可以明显发现磁控溅射和热蒸发制备的薄膜比溶胶-凝胶法制备的薄膜的气敏特性要稳定得多。这极有可能是由这三种制备工艺特点引起的,溶胶-凝胶方法制备的薄膜孔隙率比前两者要高,骨架更为疏松,但薄膜自身的牢固程度会比较差,这也是众所周知的溶胶-凝胶薄膜的不稳定的原因。针对这种特性 J. Augustynski 等[258]曾通过添加特定的有机物来提高溶胶凝胶法制备的 WO_3 的稳定性,进而有效地提高了 WO_3 电致变色薄膜的循环性能。

再者,考虑第 3 章所讨论的 H_2 气敏的动力学过程,可以发现在氢原子的注入和脱出的过程中会形成水,也会引起材料自身结构的改变以及晶粒的生长[118]。说明 WO_3 在致褪色循环过程中的确对应着结构的改变,且很有可能是由薄膜中的水引起的。

以上分析说明在致褪色循环过程中,WO_3 自身的结构特点会发生改变,而这种改变可能也是影响气敏循环性的主要因素之一。此为本章实验工作和稳定机理研究的出发点。

4.2 实验方法

溶胶-凝胶制备工艺及相关实验测试方法详见第 2 章。

计算方法:总能计算利用维也纳从头计算程序来实现,这是一个平面波展开为基的第一性原理密度泛函计算代码,计算使用了 VASP 版本的 PAW 势[212],计算中交换关联能部分包含了由 Perdew,Burke 和 Ernzerhof[213]提出的广义梯度近似(GGA - PBE)。截断能采用 400 eV 以保证计算精度,原子平衡位置的搜索使用了 Hellmann-Feynman 力的共轭梯度法(CG)算法使施加到单位原子上的 Hellmann-Feynman 力小于 0.03 eV/Å。我们的计算模型中分子团簇采用超晶胞的方法,并保证相邻的晶胞之间的距离大于 10 Å,以排除晶胞之间的相互影响,对于晶体 WO_3 的结构模拟采用 7.327×7.564× 7.727 Å<90.488>的晶格常数,此参数来源自JCPDF - ICDD 89 - 4476。为保证计算精度,对整个三维的布里渊区采用 4 个不可约的 K 点,体系的总能量差小于 1 meV。

4.3 SiO_2 与 WO_3 的复合结构特性

本小节分别主要研究 SiO_2 掺杂对 WO_3 溶胶的影响、不同掺杂浓度下

SiO_2/WO_3 的复合结构特性并推导出其分子构型。进一步测试不同掺杂浓度、热处理温度和保存时间条件下以及掺杂不同催化剂制备的 SiO_2 来进一步验证其复合结构。

4.3.1　SiO_2 的掺杂对 WO_3 溶胶的影响

4.3.1.1　SiO_2 对掺 Pd－WO_3 溶胶凝胶时间的影响

图 4－1 为不同 SiO_2 含量对掺 $PdCl_2$(Pd∶W＝30∶1)的 WO_3 溶胶的凝胶时间的影响，测试温度为 24—26℃，溶胶浓度取在 2.5 mol/L，相对湿度控制在 50％左右，横坐标对应着凝胶时间，单位是小时，纵坐标对应着相对 1 mol WO_3 的不同的 SiO_2 掺入量。虽然尽量控制参数，但由于制备过程中溶胶的酸碱度和水分的含量不能完美得到控制，且凝胶的出现并不像沸腾这种现象容易观测，因此在图中表现出的是一种分布的区间。2.5 mol/L 纯 WO_3 溶胶加入催化剂 $PdCl_2$ 之后，在室温条件下一般在 4～5 h 就会发生凝胶现象，而加入 SiO_2 以后明显这种情况得到了改善，例如 W∶Si＝1∶0.5 的溶胶一般出现凝胶的时间在 10～20 h，整体趋势是随着 SiO_2 含量的增加，WO_3 凝胶的速度大幅降低。

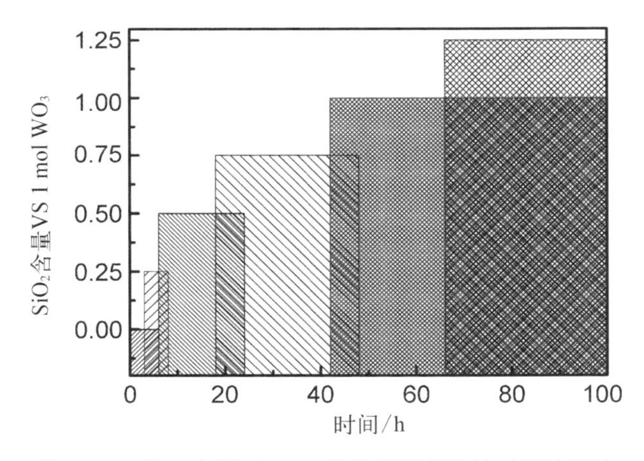

图 4－1　SiO_2 含量对 WO_3 溶胶出现凝胶的时间的影响

根据溶胶凝胶的机理[260]，过渡金属都具有较强的电正性，其根据部分电荷模型所获得的 $\delta(M)$ 值均比 SiO_2 高，因此 WO_3 的凝胶速度也会相应地快于 SiO_2。而 SiO_2/WO_3 复合溶胶凝胶速度变慢，这可能是因为 SiO_2 在溶胶内与 WO_3 之间是一种相互的渗透，因为以过氧化法制备的 WO_3 在溶胶中以钨酸的形式存在[82,108,124,139]，中性的 SiO_2 在溶胶之中很容易与小的钨酸团簇形成弱的相互作用而使彼此得到分散。凝胶时间随着 SiO_2 的增加而延长，也证明这种假设即 SiO_2 的加入与 WO_3 形成等量的分散，相关模型的假设如图 4-2 所示。相对稳定的 SiO_2 对 WO_3 颗粒产生包覆作用，使得 WO_3 颗粒之间难以直接接触，从而阻止了胶粒的生长，延长了溶胶的凝胶时间。

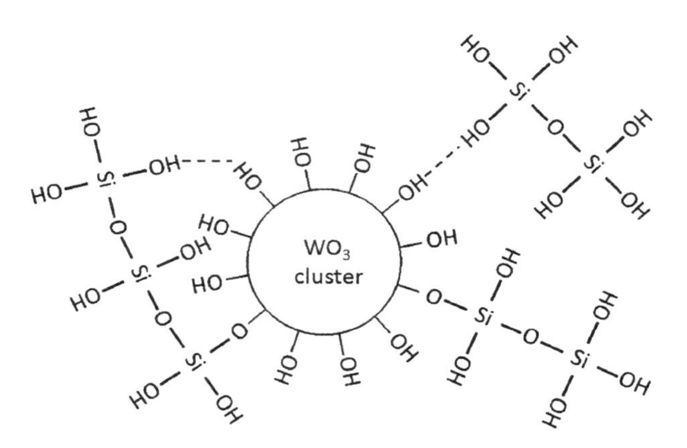

图 4-2　WO_3/SiO_2 溶胶中的分散模型假设

4.3.1.2　WO_3/SiO_2 复合溶胶的 TEM 分析

针对上述理论模型，对掺 Pd-WO_3 溶胶以及掺 Pd-WO_3/SiO_2 复合溶胶进一步进行 HR-TEM 分析，分别显示在图 4-3(a)、(b)中。对比两幅图可以发现两种团簇在溶胶中的颗粒尺度基本相同，溶胶中观察不到明显的分散结构。

因此，为了对比 SiO_2 的复合机理，我们进一步对比了纯 SiO_2 溶胶的结构，图 4-3 所示为在碱性催化条件下(pH=12，图 4-3c)和酸性催化条件下(pH=1，图 4-3d)SiO_2 溶胶在相同老化时间时的透射电子显微镜(TEM)照片。由图可见，经过一定时间的老化后，碱性催化的 SiO_2 溶胶中存在大量交错连接的 SiO_2 纳米颗粒/团簇，颗粒/团簇大小分布较为均匀，粒径大多在 20 nm 左右，颗粒之间可以观察到明显的孔隙(被体系中的溶剂所占据)，溶胶呈现出典型的疏松、多孔结构；而在酸性催化的 SiO_2 溶胶中无法找到单独的纳米尺度的 SiO_2 颗粒，溶胶中颗粒大多以链状聚合体形式存在，紧密交联在一起，溶胶呈现出致密的线性交联结构。

比较图 4-3(b)、(c)和(d)图，复合的 Pd-WO_3/SiO_2 中观察不到明显的 SiO_2 自身的团聚和铰链，而 WO_3 自身的结构也并没有发生明显的变化，说明

SiO_2 以某种特殊的形式分散在 WO_3 的团簇周围，这种结论与图 4－2 中基本的假设相同。

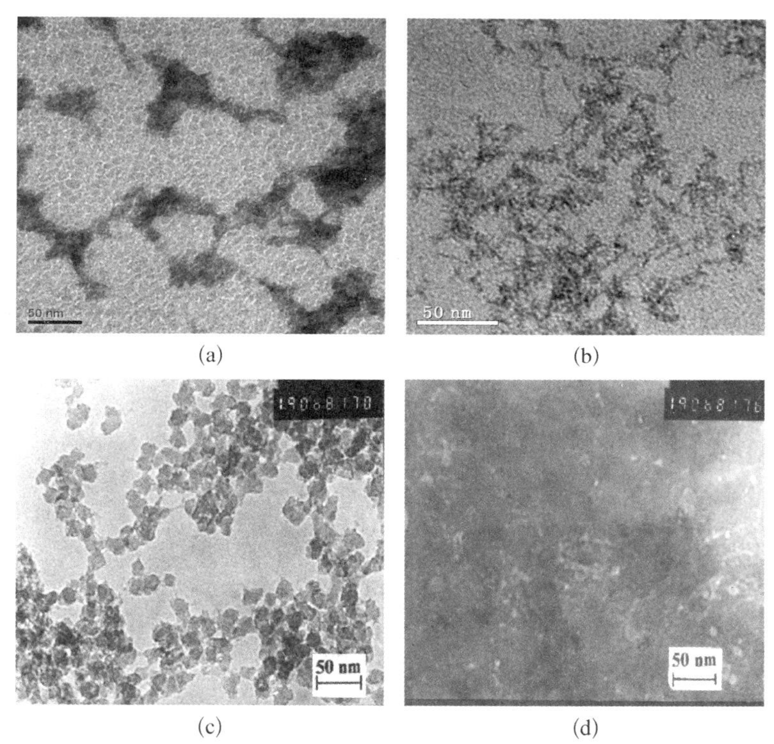

(a)　(b)

(c)　(d)

图 4－3　掺 Pd－WO_3 溶胶(a)，掺 Pd－WO_3/SiO_2 复合溶胶(b)，以及碱性(c)和酸性(d)催化下的 SiO_2 溶胶的 TEM 照片

4.3.1.3　WO_3/SiO_2 复合溶胶的颗粒度分析

根据前两小节的实验现象，发现 SiO_2 对 WO_3 溶胶自身只存在一种类似包覆分散作用，而不是形成互相交联或者自身形成大的团簇结构，这种现象最直接的观测手段为溶胶颗粒度分析，图 4－4 为 WO_3 溶胶和 $WO_3－SiO_2$ 复合溶胶掺杂 $PdCl_2$ 前后的颗粒度测试结果。

所有溶胶测试前均室温老化一天。对于纯 WO_3 溶胶，平均颗粒度在 30 nm左右，具有较宽的半高宽；而掺杂 $PdCl_2$ 后，溶胶平均粒径由 40.6 nm 增长到 47.7 nm，且半高宽变窄，说明溶胶颗粒在老化过程中发生团聚，且溶胶颗粒尺寸趋于均匀；而对于 $WO_3－SiO_2$ 复合溶胶，溶胶颗粒度为 40.4 nm 与纯 WO_3 相差无几，只有半高宽略有变化，说明 SiO_2 的加入并没有引起 WO_3

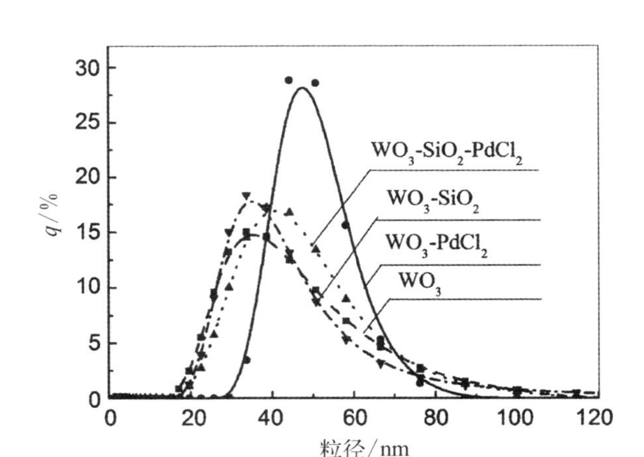

图 4-4　WO_3，WO_3-PdCl_2，WO_3-SiO_2，$WO_3-SiO_2-PdCl_2$ 溶胶的粒度分布

的团聚或者交联；WO_3-SiO_2 复合溶胶掺杂 $PdCl_2$ 后溶胶平均粒径由40.4 nm增长到 43.2 nm，半高宽变化不明显，胶颗粒度变化明显小于掺 $PdCl_2$ 的 WO_3 溶胶，说明 SiO_2 的掺入降低了 WO_3 颗粒的团聚程度，抑制了 WO_3 颗粒的进一步生长。

以上分析的结论很好地证明了前两个小节的推论，当然颗粒度的证明依然采用的是宏观方向的侧面观测，两者的复合机理将在接下来的薄膜结构中进一步分析。

4.3.2　WO_3/SiO_2 复合薄膜的结构表征

为了更准确地了解 WO_3/SiO_2 的复合结构，我们分别利用红外光谱、Raman光谱、X-射线光电子能谱对复合薄膜进行了表征，下面分别论述。

4.3.2.1　红外光谱测试

(1) 首先对比一下 WO_3、SiO_2、WO_3/SiO_2 复合薄膜的结构。WO_3、SiO_2 的红外图谱如图 4-5(a)所示。WO_3 的三个非常明显的主要峰位在 646 cm^{-1}，803 cm^{-1} 和 975 cm^{-1}。前者归属于 W—O—W 的共角振动峰，而后者归属于W═O双键的峰位[108,214]。而中间的 803 cm^{-1} 的峰位比较复杂，因为在这个键长下存在的结构较多，也有很多种可能性。其一，B. OREL[109]认为这个峰位归属于 W_3O_{13} 团簇内的共边振动，这种 W_3O_{13} 团簇位于 Keggin 结构的上下两侧，中间夹一层由 $WO_5(O_2)$ 组成的 6 元环，见第 1 章 1.3.1.4 中的图 1-5(a)；其二，这种 W_3O_{13} 团簇同样也广泛地存在于 WO_3 的六角晶相之中[123,125-126]。但是由于 Keggin 结构被证明为过氧钨酸的基本结构[129,214]，而过氧钨酸的红外光谱又与图 4－5(a)的并不能很好对应，相反该红外峰位与 T. Nanba[123] 和 Kudo[125] 利用退火处理而获得 WO_3 结构相类似，即兼有单斜相和六角相的混合结构，尤其以六角相占主体。此外 B. Orel[82,108] 的另外一些分析之中也指出气致变色非晶态薄膜内，多聚钨酸由 $WO_3 \cdot nH_2O$ 组成，且以 WO_3 的单斜和六角相所共同存在。因此本文认为 803 cm^{-1} 是存在于六角相之内的共边的 W—O—W 的键是相对合理的。其他的几个峰位，3 479 cm^{-1} 和 3 136 cm^{-1} 分别对应于 OH 和 O—H—O—H[132,215]。1 600 cm^{-1} 属于水分子的 σ(OH)弯曲振动[132]，W—OH 的振动峰可能会出现在 1 420 cm^{-1} 的波数上[123,132]。

图 4－5(a)中 SiO_2 是由酸性条件制备的，其中 Si—O—Si 长光学横波(TO)的对称和反对称的峰位分别对应在 1 078 cm^{-1} 和 792 cm^{-1}[222]。在 1 078 cm^{-1} 附近还能明显看到一个肩峰 1 147 cm^{-1}，这个峰位普遍被认为是长光学纵波的振动模式(LO)[222,261-263]。其他在 3 000～3 500 cm^{-1} 范围内和 951 cm^{-1} 附近的峰位主要对应着 Si—OH 的振动模式[264-266]。

(2) 接下来研究 WO_3/SiO_2 复合结构。WO_3/SiO_2 复合结构的研究已有很多报道[148,264,267-300]，目前 W—O—Si 键仍难以直接观察到[148,264,301]，其主要原因在于 WO_3 与 SiO_2 的特征峰本身就已经发生重叠，而两者复合后的特征峰仍然在原特征峰附近，所以很难判断是否有新峰生成。

因此本论文采用调节此二元材料的复合比例，通过对比特征峰位的方式研究 WO_3/SiO_2 的复合结构。

其中 WO_3/SiO_2 的复合比例选取为 1∶0.25，1∶0.5，1∶1，1∶2 和 1∶3(摩尔比)，相应的红外测试图谱显示在图 4－5(b)、(c)中。从图中可以看到，Si—O—Si 在 1 078 cm^{-1} 和 1 146 cm^{-1} 的特征峰位(LO 和 TO)随着 SiO_2 的加入量的增加而逐渐升高。这里考虑到 WO_3 的浓度在所有的样品之中都保持在 0.3 mol/L，所以通过这两个峰位的等比例增长，可以认为所有这些薄膜都具有相同的厚度。所以在这种条件下可以注意到在不同的掺杂比例中，有三个峰位呈规律性变化：644 cm^{-1}，950 cm^{-1} 和 3 400 cm^{-1}。

首先讨论 644 cm^{-1} 的峰位，该峰归属于 W—O—W 共角振动的模式[108,214]，此峰在纯 WO_3 中比较明显，但随着 SiO_2 的加入而逐渐减弱，当 W∶Si 的掺杂比例达到 1∶1 的时候，该峰位基本消失，而且不随 SiO_2 的继续增加而变化。这里再次强调了一下共边 W—O—W 结构是 WO_3 晶体和团簇中(由 WO_6 组成的

3 圆环、4 圆环、6 圆环)的连接部分(参见本节 1.3.1.4 小节),此峰受 SiO_2 影响,说明依靠共角连接在一起的 WO_6 团簇,在 SiO_2 的加入下彼此的连接逐渐断裂,但是结合溶胶颗粒度和 TEM 的分析,这里应该理解为 WO_3 溶胶的团簇在形成薄膜时没有彼此聚合在一起。

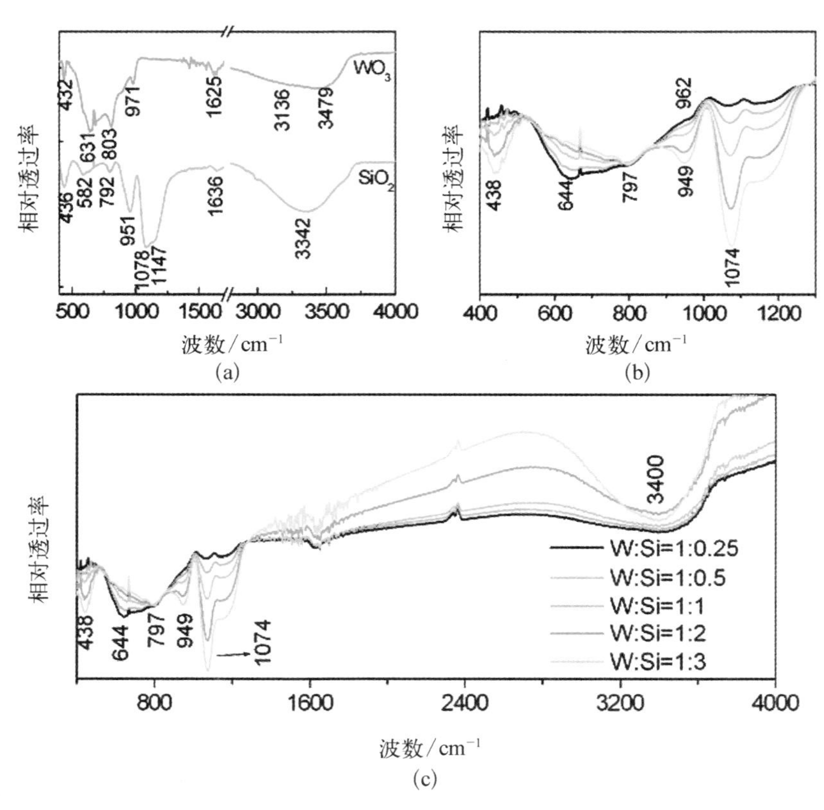

图 4-5 WO_3 和 SiO_2 的红外光谱图(a),WO_3/SiO_2 复合薄膜的部分红外光谱(b)以及中红外全谱(c)

其次,讨论 949 cm^{-1},这个范围的红外峰位变化显示随着 SiO_2 的加入量的逐渐增加,该峰并不发生明显的变化,而当 SiO_2 的掺杂比例超过 1∶1 的时候,该峰强突然增加。结合(1)中的分析可以发现,当 SiO_2 的比例未到达 1∶1 的时候,该峰位在 962 cm^{-1}处,且峰强亦不明显,这些特点与纯 WO_3 中 W═O 的特征峰相似,而当 SiO_2 的掺杂比例到达 1∶2 和 1∶3 的时候,该峰位向 949 cm^{-1} 移动,峰强也明显增加,且与 Si 的比例相关,此时该峰位更体现的是 SiO_2 的特征峰。

简单说即 SiO_2 加入量较少时，本应该在 SiO_2 薄膜中观察到的 Si—OH 峰并没有出现，说明 Si—OH 在 W∶Si 比例＝1∶1 的条件下可以完全发生缩聚。

同样的思路观察第三个峰位 3 400 cm^{-1}，该峰主要归属于 O—H 的伸缩振动模式，当 SiO_2 超过 1∶1 的比例以后同样出现了大量的 OH 振动峰，且位置上没有发生明显的移动，显示的是 SiO_2 自身的特性，同样说明 Si—OH 在 W∶Si 比例＝1∶1 的条件下可以完全发生缩聚。

而 797 cm^{-1} 峰位基本没有什么变化，说明共边存在 W—O—W 峰位并没有受到 SiO_2 加入量的影响，即 W_3O_{12} 的结构在成膜过程中并没有被破坏。

通过上述分析，我们把反应过程画成图 4－6 演示示意图。

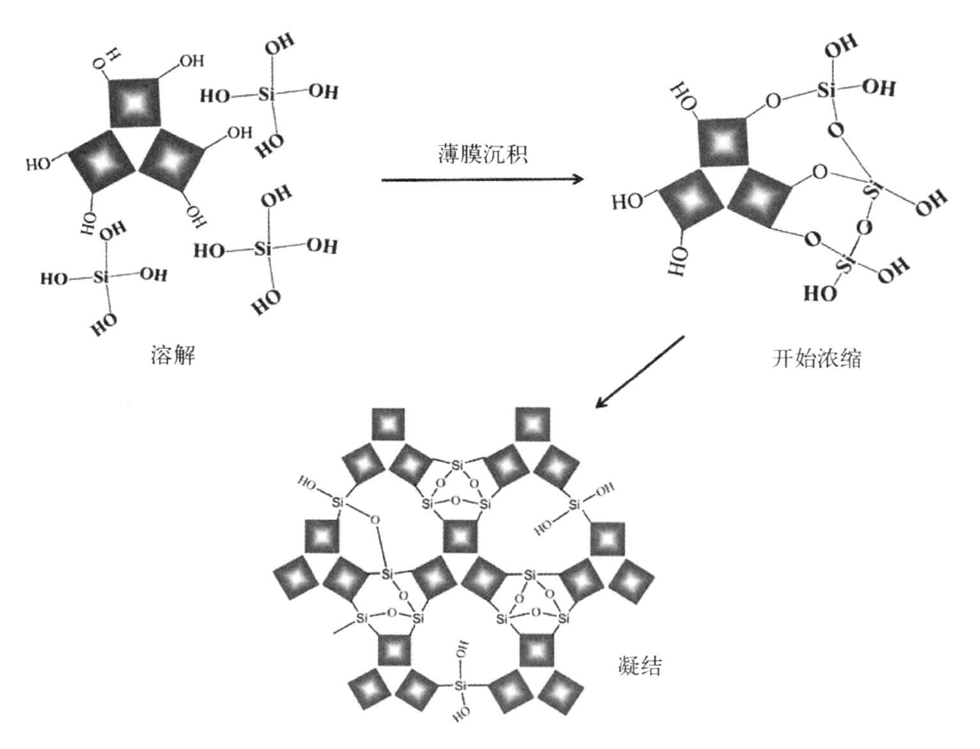

图 4－6　WO_3/SiO_2 复合结构溶胶→成膜的反应过程示意图

即由 W_3O_{12} 为 WO_3 缩聚的基本单元，彼此通过 OH 缩聚成膜，加入 SiO_2 之后 W 团簇被 SiO_2 包覆，并在成膜过程中发生 Si—OH 与 W—OH 之间的缩聚，进而形成相互分散的结构。

此结论与 Nanba 等[124] 的研究相似，他们研究离子交换法制备的 WO_3 薄膜的成膜机理时发现，WO_3 在酸性溶胶中以 $H_3W_6O_{21}^{3-}$ 的形式，其中 $H_3W_6O_{21}^{3-}$ 由

两个共边 W_3O_{12}结构组成，在成膜过程中各聚阴离子逐渐缩聚成大的聚阴离子或者团簇，同时伴随着 W=O 和 W—OH_2 的生成，而进一步将缩聚成更大的同时包含六角相和单斜相的网络结构。

此外 Orel 等[109]也发现了共边的 W_3O_{12}分子是 WO_3 团聚的基本单元。

4.3.2.2 Raman 光谱与 X-射线光电子能谱测试

为了进一步表征图 4-6 中的反应过程，我们又分别对 WO_3 和 WO_3/SiO_2 复合薄膜进行了 Raman 光谱和 X-射线光电子能谱的测试。

表 4-1 WO_3 和 WO_3/SiO_2 的 W4f 的 XPS 相关参数

	WO_3			WO_3/SiO_2		
	BE/eV	Area	FWHM/eV	BE/eV	Area	FWHM/eV
W_1($W4f_{52}$)	38.2	41.3%	2.4	37.6	42.9%	3.0
W_2($W4f_{7/2}$)	36.1	58.7%	2.5	35.5	57.1%	2.7

WO_3 和 WO_3/SiO_2 复合薄膜的 Raman 光谱测试如图 4-7(a)、(b)所示。进行致褪色反应前的 WO_3 薄膜主要显示 794 cm^{-1}的一个主峰和 700 cm^{-1}的一个肩峰，这两个特征峰代表着 W—O 的振动峰位，949 cm^{-1}处也可以观察到一个较弱的峰位，对应着 W=O 峰位，这些是典型的六角相与单斜相混合相的特征结构[123,142,217]，此混合相以共边的 W_3O_{12}基团为基本单元。当致色循环之后再进行测试时发现，特征峰位主要出现在 707 cm^{-1}和 803 cm^{-1}，这是典型的单斜相 WO_3 的特征峰[96,218]。然而 WO_3/SiO_2 复合薄膜致褪色循环前后的变化与 WO_3 的不同，在循环前后均体现了与刚制备的 WO_3 相类似特征峰，即典型的六角和正交混合相的结构特征，对比图 4-5(c)中 WO_3/SiO_2 复合薄膜(1∶1)和 Kudo[125]所测得的红外特征峰，可以认为 WO_3/SiO_2 复合薄膜的结构更体现的是六角相，再次强调此六角相由三个共边的 W_3O_{12}团簇组成[120,139,302-303]，因此从 Raman 光谱上可以证明在 SiO_2 的复合作用下 WO_3 薄膜以共边的 W_3O_{12}分子为基本的组成单位。

复合前后的 WO_3 薄膜的 X-射线光电子能谱见图 4-7(c)，相关参数列在表 4-1 中。相应的分峰按照 4f 轨道自旋理论，按照 $W4f_{7/2}$与 $W4f_{5/2}$的面积比为 4/3 进行分峰，其结合能相差 2.1 eV。经过分峰知道 WO_3 非晶态薄膜 W4f ($W4f_{7/2}$和 $W4f_{5/2}$)的结合能的位置为 36.1 和 38.2 eV。当进行 SiO_2 掺杂以后，

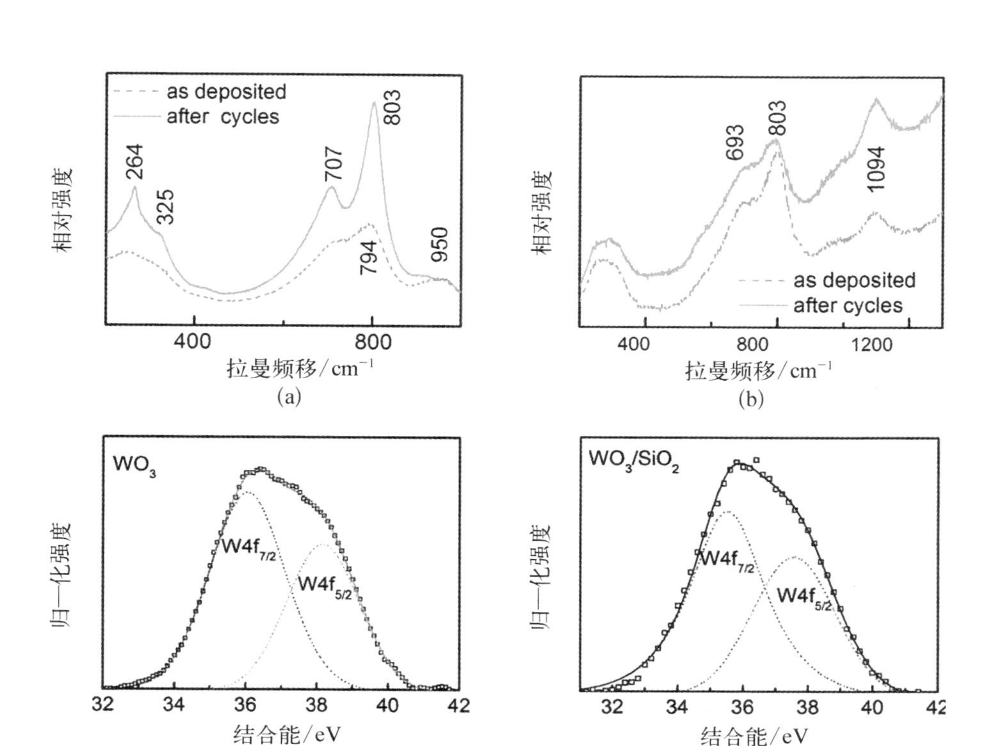

(a)　(b)　(c)　(d)

图 4-7　WO_3(a)和 WO_3/SiO_2(b)致色循环前后的 Raman 光谱，以及两种薄膜中 W4f 的 XPS 拟合曲线(c)和(d)

相应的 W4f 的结合能向低能方向移动了 0.6 eV，分别为 35.5 eV 和 37.6 eV。这个现象在光催化中的研究中比较常见[237,246]，被证明为 W—O—Si 键的形成所造成的。

综上所述，本小节利用 Raman 光谱证明了 WO_3 的结构特点为共边的 W_3O_{12}组成的六角和单斜共存的混合相，并利用 X-射线光电子能谱证明了 W—O—Si 的存在，是图 4-6 中的反应过程的有力证据。

4.3.3　WO_3/SiO_2 复合薄膜的致褪色循环特性

WO_3/SiO_2 复合薄膜的致褪色曲线和紫外可见近红外的波段透过率测试在 3.3.1 节中已经介绍过，简单来说，从致褪色曲线上看 WO_3/SiO_2 复合薄膜在 10 s 中内完成了 65%的透过率变化，速度明显比普通的 WO_3 的速度略快，致褪色的速度基本相同，另 WO_3/SiO_2 复合薄膜在紫外可见近红外的波段的透过率

明显优于 WO_3 薄膜，基本上在褪色态能保持在 80%左右，在热辐射主要波段红外区，褪色态透射率均值为 78.2%，致色态透射率均值为 9.6%，褪色态与致色态透射率均值差为 68.6%。由于样品放在充气的盒子里，透射率和反射率受多重界面影响，此致色曲线不适用于折射率的拟合，这里不进行相关研究。

WO_3 薄膜和 WO_3/SiO_2 复合薄膜的循环性测试图如图 4-8 所示。纯 WO_3 薄膜在 24 次循环以后明显出现了致色速率上的衰减，但是 WO_3/SiO_2 复合薄膜经过了 512 次循环以后依然保持良好的致色效果，在透过率上面看基本上没有

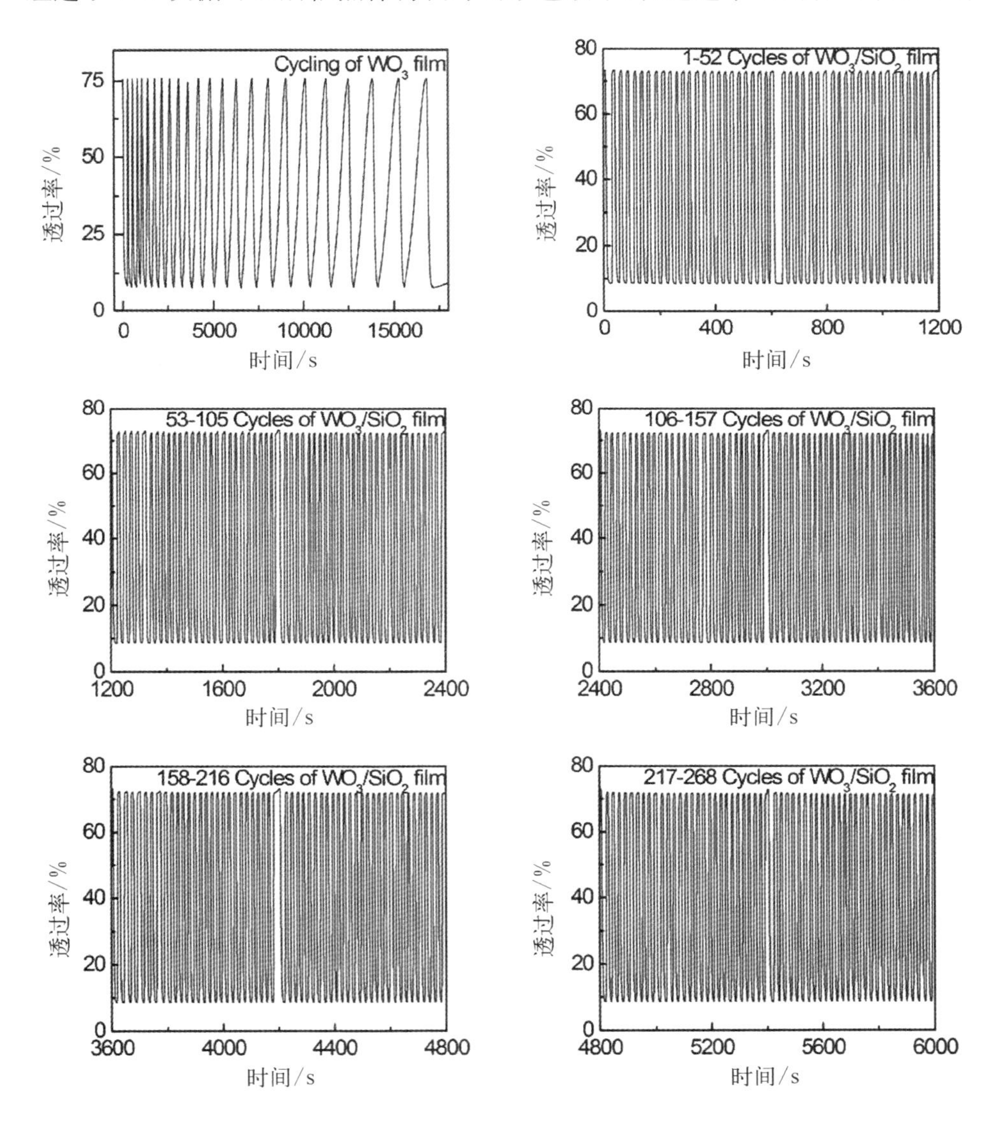

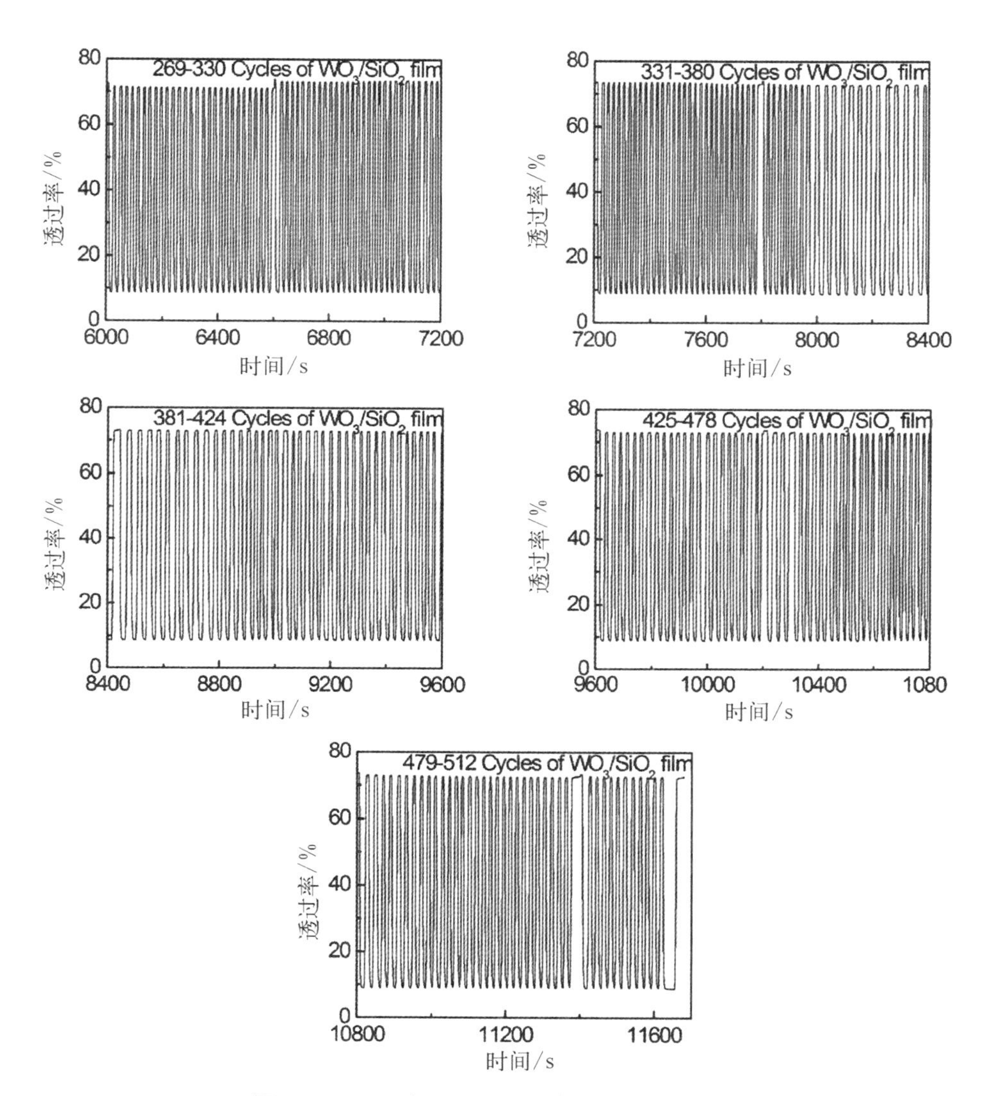

图 4-8　WO_3 与 WO_3/SiO_2 致褪色循环测试图

明显的减弱趋势。此样品经过 6 个月的存放以后，进行了循环性的测试依然能够保持良好的循环性能。

4.3.4　不同 SiO_2 含量对 WO_3 循环稳定性的影响

为深入研究 SiO_2 对薄膜循环性的影响，以及寻找最佳配比，本实验选用 WO_3 和 SiO_2 的摩尔比为 1∶0.25、1∶0.5、1∶0.75、1∶1、1∶1.25 的掺硅溶胶，采用致色、褪色曲线中较为线性的一段求其斜率来表示致色和褪色速率(图

4－9)，斜率为负表示致色，斜率为正表示褪色。斜率的物理意义是：单位时间内透过率的变化值，绝对值越大表示瞬时变色速率越大。很明显，对于不掺硅的薄膜来说，经过几次致色褪色循环以后，褪色速率明显变慢，而致色速率变化不是很明显。因而，本节主要分析褪色速率的变化。

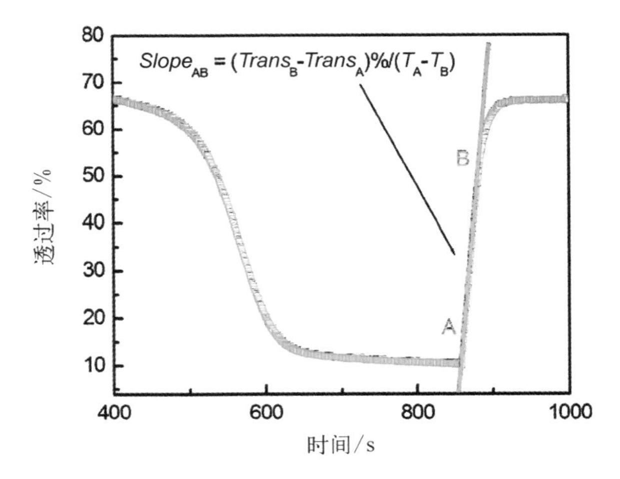

图 4－9　薄膜褪色速率的表征方法示意图

由图 4－10 可知，随着薄膜中硅含量的增加，薄膜的循环性能逐渐提高，而且随着循环次数的增加，褪色速率趋于某一常数，但是随着循环次数的增加，褪色速率还是会有所衰减。但是当 W 和 Si 的摩尔比小于 1∶1 时，薄膜的褪色速率衰减明显变慢，在相同的循环次数以后，含硅量多的薄膜，其褪色速率要比含硅量少的薄膜快。

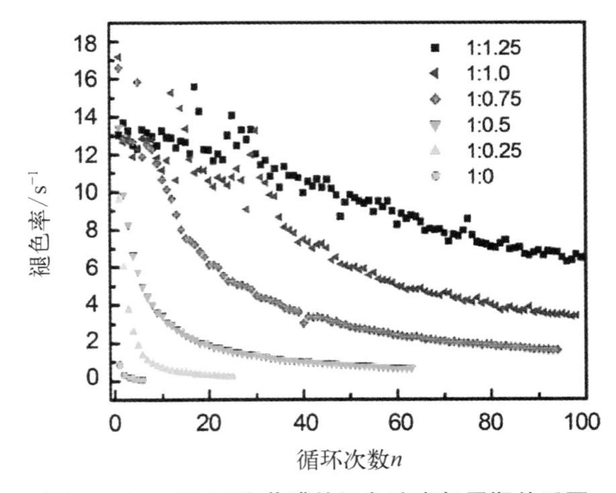

图 4－10　不同配比薄膜的褪色速率与周期关系图

用指数函数拟合上述曲线，得到如图 4－11 结果：其中，纵坐标表示褪色速率，x 表示周期，且 x 只能取整数。

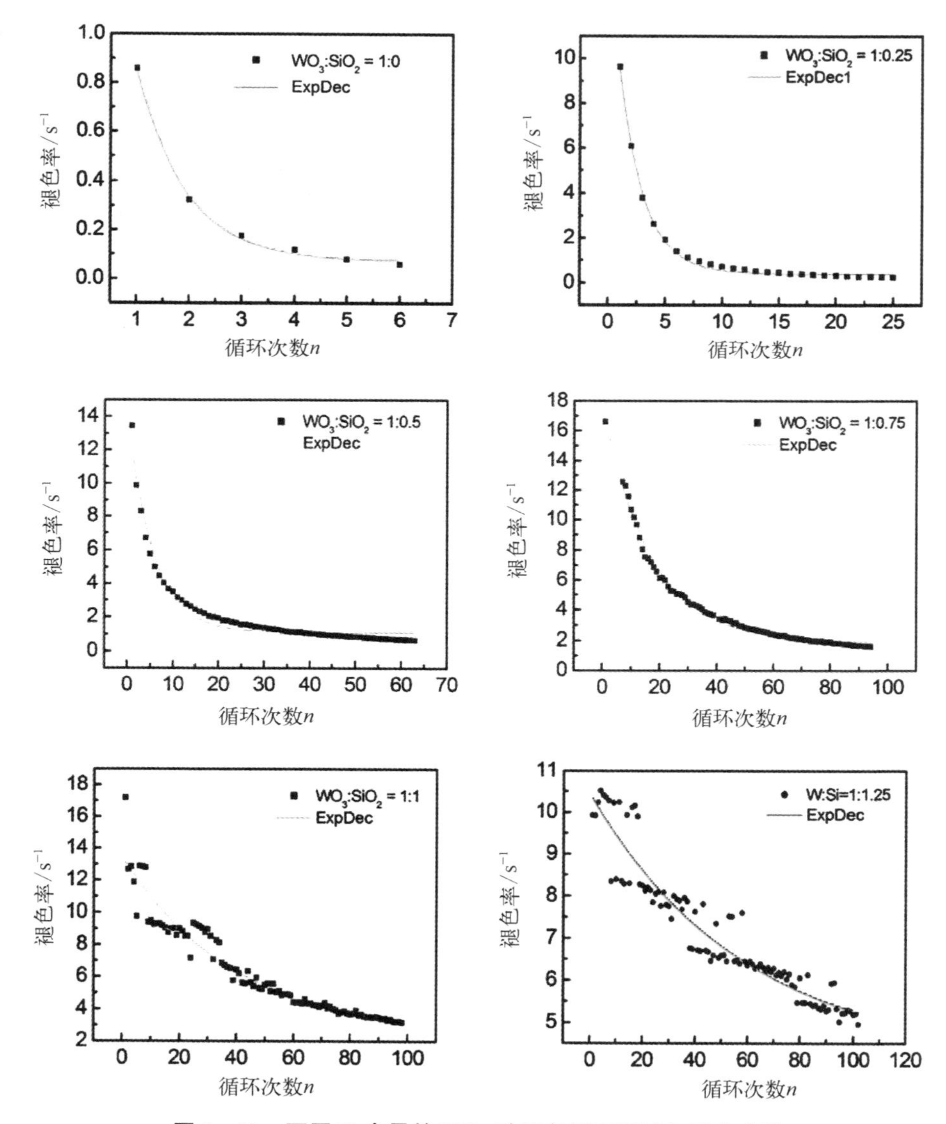

图 4－11　不同 Si 含量的 WO_3 致褪色循环测试与拟合曲线

相关拟合参数见表 4－2。基本拟合准确度较高 R 值均在 0.98 以上，其中当掺杂浓度大于 1∶1 的时候，褪色速率较快，甚至出现整个褪色时间小于数据采集点，因此初始的误差较大，在拟合过程中我们针对这种现象适当去掉明显不符合实际的点。

拟合以后的函数图形如图 4-12 所示。

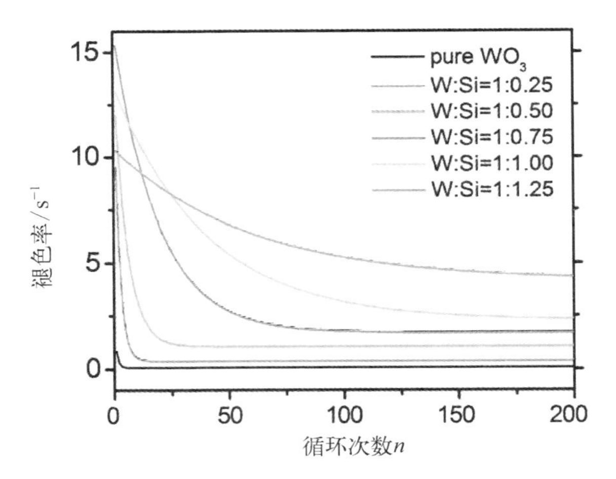

图 4-12 拟合后的褪色速率与循环次数关系图

表 4-2 不同 Si 含量循环速率衰减的拟合结果

薄膜中 W/Si 摩尔比	拟 合 结 果	R^2
不掺硅	$y_0=2.303\times e^{(-x/0.9279)}+0.07069$	$R^2=0.9981$
1∶0.25	$y_1=14.43845\times e^{(-x/2.16776)}+0.40588$	$R^2=0.99686$
1∶0.5	$y_2=13.09609\times e^{(-x/5.57919)}+1.09042$	$R^2=0.97324$
1∶0.75	$y_3=14.36764\times e^{(-x/18.8051)}+1.72207$	$R^2=0.99293$
1∶1.0	$y_4=11.12425\times e^{(-x/39.54341)}+2.29037$	$R^2=0.92031$
1∶1.25	$y_5=6.28877\times e^{(-x/58.18514)}+4.15165$	$R^2=0.90653$

函数 $y=A\times e^{\frac{-x}{t}}+y_0$ 中，t 可以看作是函数的衰减因子，t 值越大，函数衰减越慢；而 y_0 是与材料自身性能有关的参数，代表循环稳定之后的褪色速率。由拟合结果可知，随着薄膜中硅含量的增加，拟合函数的衰减因子由 0.93 逐渐增大至 58.19，而纯 WO_3 在稳定后的褪色速率只有 0.07(1/s)，随着 Si 含量的增加褪色速率明显加快，且在 W∶Si=1∶1 的比例下，循环的初期褪色速率非常快，甚至超过了机器的检测频率，因此相应的拟合曲线中的衰减因子并不非常准确，实际上 1∶1 与 1∶1.25 这两种比例的衰减速度基本相差不多，但是褪色速率还是有明显的不同。

由图4-11—图4-12可知，随着薄膜中硅含量的增加，薄膜的褪色速率会逐渐增加，但当薄膜中W和Si的摩尔比小于1以后，薄膜的褪色速率的最大值便不会增加，但是褪色速率的衰减随着Si含量的增加迅速变慢。另外，不管硅含量多少，当循环次数的增加到一定值以后，薄膜的褪色速率会趋于一个常数。

由实验结果可知，通过制备复合WO_3/SiO_2薄膜，可以提高薄膜的褪色速率，并减慢褪色速率的衰减速度，但是，值得注意的是，WO_3作为气敏变色材料，当薄膜中Si的含量过多以后，必然会影响到薄膜的致色效果(致色响应速率与薄膜开裂问题)，根据实验研究中所得经验，选取钨和硅的摩尔比为1∶1～1∶1.25的溶胶镀膜最为合适。

4.3.5　不同热处理温度对WO_3/SiO_2复合薄膜气致变色稳定性的影响

以掺硅的WO_3溶胶(WO_3浓度为0.25 mol/L，WO_3与Si的摩尔比为1∶1.5，WO_3与$PdCl_2$的摩尔比为50∶1)为镀液，用提拉法在玻璃基板上制备掺硅的WO_3薄膜样品。取4个样品进行热处理实验。热处理的温度为50℃、250℃、350℃和450℃。

薄膜样品置于可控气氛的烤胶机(KW-4AH-600，CHEMAT TECHNOLOGY，INC.，USA)中进行热处理。热处理温度由热电偶与温控仪自动测量控制，温控精度为±0.5℃，升温速度为5℃/s，工作温区为0～600℃，热处理气氛为空气。

待热处理完成以后，用紫外-可见-红外分光光度计测量薄膜在700 nm处的透过率变化曲线；在测量过程中，不断致色、褪色，观察其褪色速率的变化。测试气体采用氢氩混合气体(氢气含量5%)，流量为4 L/min(约为35 MPa)，光源为700 nm单色光。

如图4-13所示，在2 400 s内，经300℃和250℃热处理的复合薄膜，致色、褪色速率都很快，而且循环性很好，在4 200 s内没有明显的衰减；350℃热处理的薄膜其致色速率变慢，约需600 s内才能完成第一次致色；而且，褪色速率明显变慢，经过3 000 s才能完成首次褪色。可见，WO_3/SiO_2复合薄膜经过250℃热处理以后，仍然具有良好的气致变色性能和循环性。400℃和450℃热处理的薄膜的致色速率非常慢，需要在保持恒定压强的条件下保持1天以上才会出现致色效果，这些现象与普通薄膜经过150℃热处理以后的现象相类似[304]。

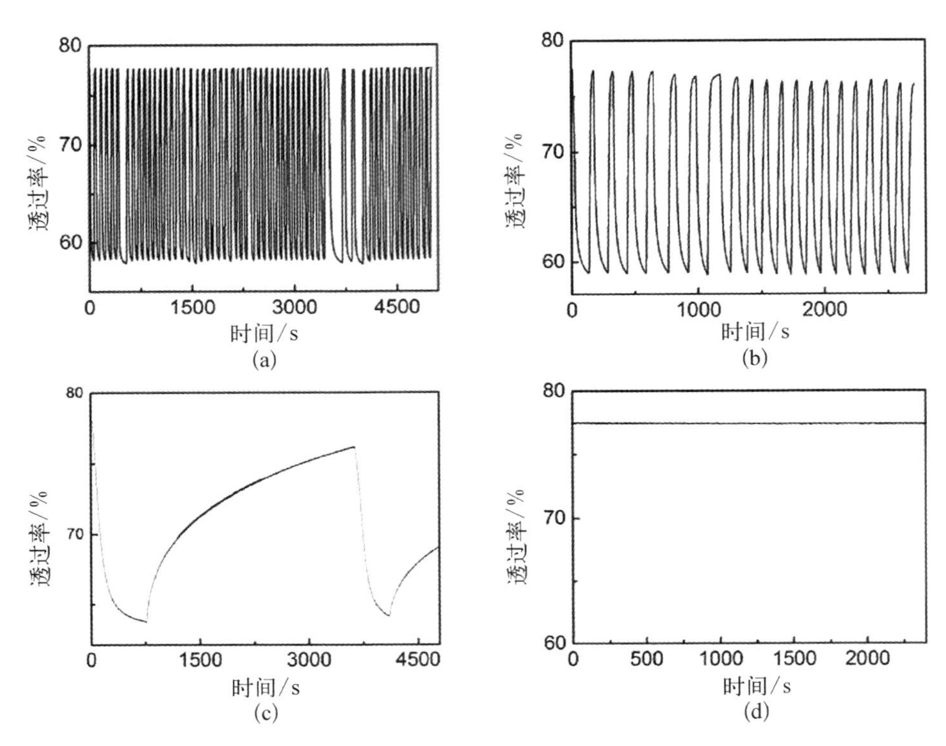

图 4-13　250℃(a)、300℃(b)、350℃(c)以及 400℃(d)热处理薄膜的循环性测试

图 4-14(a)为 WO_3/SiO_2-Pd 薄膜在不同温度下的 XRD 图谱，从图像上可以知道，经过 50℃～450℃热处理的复合薄膜并没有像普通 WO_3 薄膜那样出现明显的结晶峰，说明：

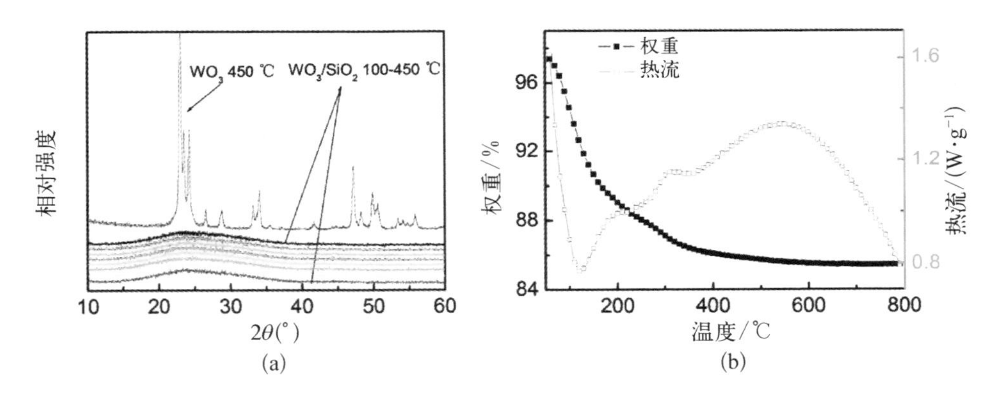

图 4-14　WO_3/SiO_2-Pd 薄膜在不同温度下的 XRD(a)和 TG-DSC(b)图谱，(a)由上到下分别为：WO_3 450℃处理、WO_3/SiO_2 450℃、400℃、350℃、300℃、250℃、200℃、150℃、100℃处理

(1) 同本书第 3 章结论相同，结晶并不是制约致褪色反应速率的主要因素；

(2) SiO_2 与 WO_3 在薄膜中应当成互相分散的几何构型与图 4-2 所示结构相吻合。因为没有足够多的互相连接的 WO_3 团簇，其相互缩聚形成三维晶体结构的过程就没有办法实现。

热失重测试图 4-14(b)范围为 50℃～800℃，图中明显看到存在一个吸热峰和一个放热峰，并分别对应一个失重峰，第一个峰位出现在 150℃以下应该对应着吸附水或者酒精基团的脱附[286,305-306]，而第二峰位在 360℃为有机物的燃烧，但是在 800℃以下并不能观察到结晶峰，与 XRD 的测试结论相符。

4.3.6 保存时间对薄膜循环特性的影响

为了研究薄膜的稳定性，分别测试了纯 WO_3 薄膜和 WO_3/SiO_2 复合薄膜在干燥柜里存放 20 天以后纯 WO_3 薄膜和 WO_3/SiO_2 复合薄膜的循环性。

由图 4-15 可以看出，普通 WO_3 薄膜在干燥环境下放置 20 天之后，致色速率和褪色速率都变慢了。在 2 400 s 内，立刻测量可以循环 3 个周期，但是放置 20 天以后，薄膜在 2 400 s 内仅能循环一个周期。

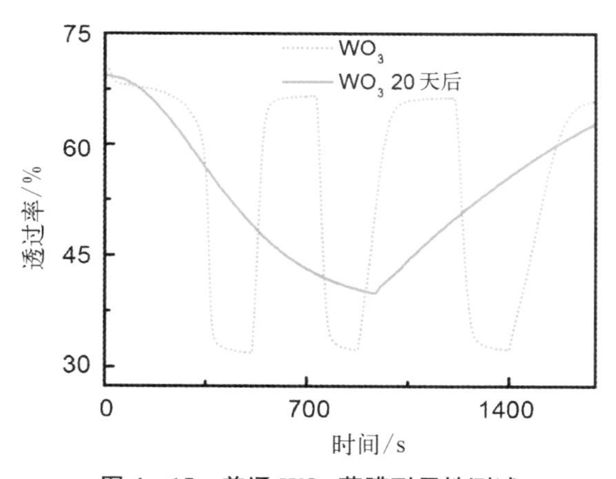

图 4-15 普通 WO_3 薄膜耐用性测试

WO_3/SiO_2 复合薄膜在放置前后(图 4-16)，其致色、褪色速率变化不大，与普通 WO_3 薄膜相比，WO_3/SiO_2 复合薄膜的耐用性更好。

通过对比这两种材料在干燥环境下保存后的致褪色循环，可以发现在没有水的影响下，WO_3 的致色循环性依然下降很多，而 WO_3/SiO_2 复合薄膜除首次致色外，基本没受什么影响，说明水的作用不占主导，很有可能是因为薄膜内部结构的改变引起的。

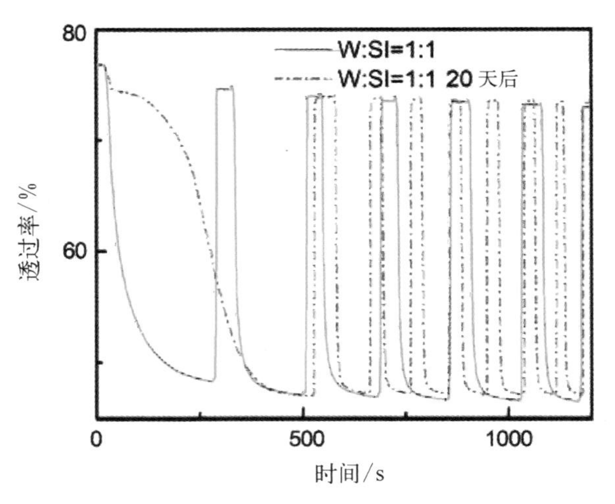

图 4-16　WO_3/SiO_2 复合薄膜耐用性测试

4.3.7　不同催化剂制备的 SiO_2 对 WO_3 薄膜循环稳定性的影响

图 4-17 为 SiO_2 复合的 WO_3 薄膜的气敏效果图，(a)为致褪色的速率曲线，从图像上面观察基本致褪色的速率相似，需要指出，不同的制备方式对于制备不同层数的 WO_3 薄膜的效果是不同的。此类复合薄膜同样展现出良好的循环特性。但是两种不同催化剂制备的 SiO_2 结构并不相同[307]，酸性制备的结构更偏向于线状的连接，而碱性方法制备的则显示出球状孔洞型连接，结合循环性测试的结论可以认为两种结构对于 WO_3 的循环性均产生相同的变化，而薄膜自身的孔洞结构并不是最主要制约循环效果的因素。

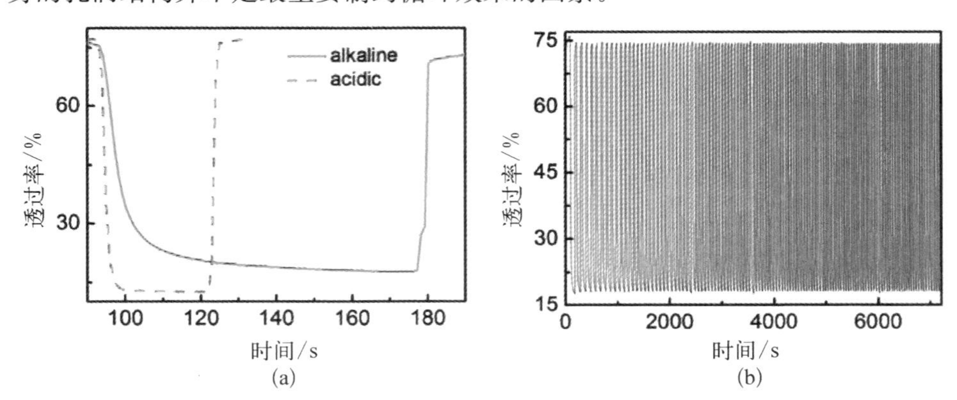

图 4-17　碱性 SiO_2 复合的 WO_3 薄膜的致褪色效果(a)，致褪色循环(b)

4.4　WO_3 基 H_2 气敏循环稳定性机理研究

由此可以推论出结构的改变可能是制约气致变色循环性的关键因素之一，因此本节分别采用实验和理论计算的方法展开相关循环稳定性机理的研究。

4.4.1　氢气循环过程中 WO_3 的结构变化

为了保证实验的准确性，本节采用了红外光谱仪进行了在线测量，对比了 8 个周期的 WO_3 以及不同 Si 含量掺杂的 WO_3 薄膜的结构变化，如图 4－18 所示：

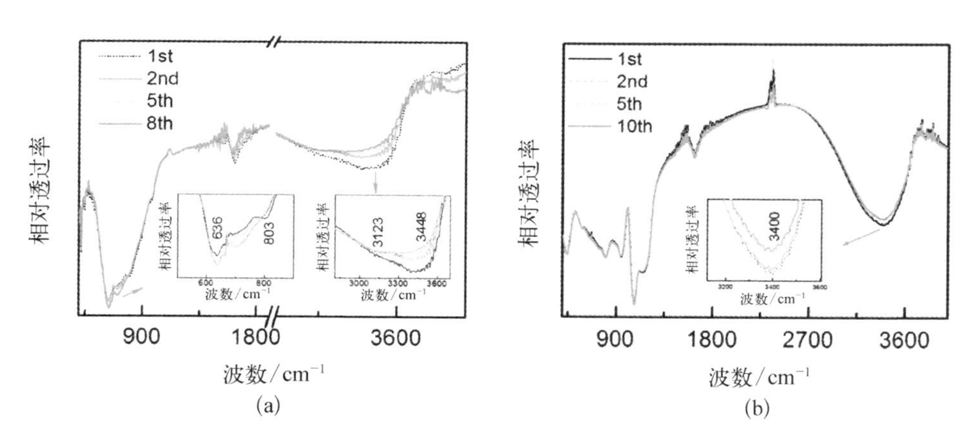

图 4－18　WO_3(a)与 WO_3/SiO_2 复合薄膜(b)循环过程中的结构变化

纯 WO_3 在第一次致褪之后明显可以观察到 803 cm^{-1}减弱，并且随着循环次数的增加，在 636 cm^{-1}上的峰强发生了显著的增强。这是因为更多的无定形态的 W—O—W(大部分为混杂的共边结构)发生分解并逐渐形成单斜相共角相连的 W—O—W 键。这种变化与图 4－7 中的 Raman 观察到的现象相同，即混杂的单斜和六角相向统一的单斜方向转化。此外，在第一次循环之后 3 400 cm^{-1} 附近的 OH 基团大量消失，从第二次致褪色循环开始 3 225 cm^{-1}峰位开始增加，说明氢键(OH—O)开始形成[215]。即 WO_3 薄膜中吸附水或者结构水逐渐形成了氢键，并在此作用下伴随着结晶体结构的转变。

但是这些现象在 WO_3/SiO_2 复合薄膜中观察不到，如图 4－18(b)所示。在复合薄膜中只能观察到少量羟基的减弱且没有峰位移动，说明在致褪色的循环中，只有少量的吸附水被去除，而 WO_3 自身的结构并没有发生什么改变。

上述分析结合 4.4.2 中 WO_3 薄膜以及 WO_3/SiO_2 复合薄膜的致褪色速率变化以及循环性测试，可以得出以下结论：

在致褪色过程中，WO_3 中复合相向均一的单斜相转变，并伴随着氢键的形成，而其致褪色速率随着循环的进行伴随着结构的改变和氢键的增加而逐渐减小，而 WO_3/SiO_2 复合薄膜没有发生类似变化，SiO_2 的复合避免了 WO_3 薄膜中氢键的形成，提高了 WO_3 薄膜稳定性，避免了无序多孔薄膜向致密化的转变，大大提高了 WO_3 气敏材料的循环稳定性。

4.4.2 第一性原理分析

进一步利用第一性原理对 Si 复合 WO_3 进行了拓扑学和电子结构的研究。根据前文的实验方面的研究，并考虑计算量和模型的合理性，建立以下 3 个模型：单斜晶相 WO_3 晶体（C_m），$H_6W_3O_{12}$ 分子（M_W）和 $W_3O_{12}/H_6Si_6O_{18}$ 分子（$M_{W/Si}$）。相应的吸附水分子、氢原子以及同时吸附水分子和氢原子的结构表示为：$C_{m—H_2O}$、$M_{W—H_2O}$和 $M_{W/Si—H_2O}$；$C_{m—H}$，$M_{W—H}$，$M_{W/Si—H}$；$C_{m—H_2O—H}$，$M_{W—H_2O—H}$和 $M_{W/Si—H_2O—H}$，相关计算数据列在表 4-3 中。其中氢原子和水分子的结合能（ΔE_H）利用下面的反应过程计算获得：

$$WO_3(\text{or } WO_3/H_2O) + H \longrightarrow H—WO_3(\text{or } H—WO_3/H_2O)$$

4.4.2.1 单斜晶相 WO_3

首先讨论一下单斜晶相 WO_3 的结构特点，见图 4-19。通过与 M_W 和 $M_{W/Si}$分子比较可以发现晶体 WO_3 对氢原子的吸附能力最强，结合能最大，说明 WO_3 从非晶态向晶体转变的过程中对氢原子的吸附能有所增加，因而对应的扩散能垒也越大，这一点符合前一小节的结论。由图 4-19(a)和(b)所示晶体结构因氢原子的注入而畸变，直接吸附这个氢原子的两个氧原子在形成氢键的作用下互相接近，$O_1—O_2$ 的距离减少了将近 0.059 nm(表 4-3)，其中羟基键长为0.099 nm而氢键键长为 0.198 nm。对于晶体 $C_{m—H_2O}$结构，其吸附水分子的结合能($\Delta E_{H_2O}=1.46$ eV)为正值，说明是一种亚稳态的结构。相应的水分子中的羟基键长为 0.097 nm，因为没有成键作用因此并没有对周围 W 上的氧原子产生明显的结构变化，例如 $O_1—H_1$ 键长依然为 0.176 nm。

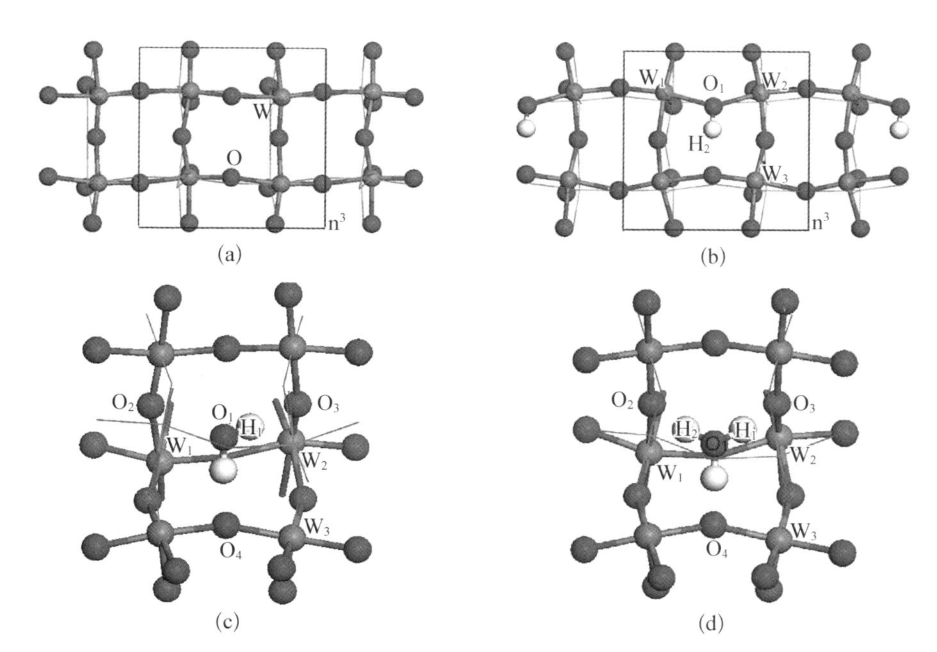

图 4－19　单斜晶向 WO_3 氢原子注入结构图

表 4－3　WO_3 系列结构的氢原子吸附相关参数

	WO_3 单斜晶		WO_3 分子		WO_3/SiO_2 分子	
吸收式	$C_{W—H}$	$C_{W—H_2O—H}$	$M_{W—H}$	$M_{W—H_2O—H}$	$M_{W/Si—H}$	$M_{W/Si—H_2O—H}$
E_a^a/eV	−2.62	−3.36 (1.46)	−2.08	−2.31 (−0.40)	−1.85	−1.90 (−0.25)
μ^b/μ_B	0	0	1.00 (0.00)	1.00 (0.00)	1.00 (0.00)	1.00 (0.00)
$l(O_1—H_2)^c/\times10^{-1}$ nm	0.99	1.03	1.05 (0.97)	1.05 (0.97)	0.98	0.98
$l(O_2—H_2)^d/\times10^{-1}$ nm	1.98	1.46	1.49	1.50	—	—
$l(W_1—W_2)^e/\times10^{-1}$ nm	3.99 (3.87)	3.95 (3.87)	3.65 (3.52)	3.56 (3.51)	3.62 (3.60)	3.57 (3.56)
$l(W_1—W_3)^f/\times10^{-1}$ nm	3.78 (3.79)	3.73 (3.72)	3.50 (3.52)	3.49 (3.62)	3.90 (3.60)	3.82 (3.55)
$l(O_1—O_2)^g/\times10^{-1}$ nm	2.95 (3.54)	2.47 (2.69)	2.52 (2.82)	2.53 (3.54)	3.39 (3.30)	3.40 (3.27)

注：a 为相关 WO_3 结构对 H 原子的结合能，括号内代表对 H_2O 分子的相关结合能；
b 为 WO_3 材料中吸附氢原子后的磁矩，括号内为吸附前的磁矩；
c 为 $O_1—H_2$ 键长，O_1 WO_3 结构中用于吸附 H_2 原子的氧原子，括号内为原 WO_3 分子内羟基的键长；
d 为 WO_3 材料中吸附氢原子后形成的氢键的键长；
e—f 中的括号内分别代表未吸附氢原子时的相关键长。

但是晶体 C_{W-H_2O}结构捕获一个氢原子的结合能是非常大的，相对于含水的亚稳态来讲，结合能增加了 3.80 eV，也就是说水与氢原子同时作用在晶体 WO_3 上也会形成 2.34 eV 结合能的化学键合。在晶体中氢原子与水分子形成 H_3O^+ 的结构，羟基长度为 0.146 nm。相应的 O_1—H_2 和 W_1—W_3 键长增加到 0.103 nm(原 0.097 nm)和 0.395 nm(原 0.387 nm)。H_3O 离子基团的产生会很大程度地改变晶体 WO_3 的结构。此外需要指出的是，在晶体中 H 原子与 H_2O 分子在晶体中结合能的巨大变化会大大限制氢原子的扩散活化能，并降低扩散速率。

4.4.2.2 $H_6W_3O_{12}$分子

其次讨论 M_W 分子(图 4-20)，M_W 分子由前文所述由三元环的 WO_6 八面体组成，包括 3 个 W═O 终端以及 6 个 OH 键。我们定义连接八面体的桥氧为 O_1，在羟基有两种键长，用于氢气吸附的氧原子为 O_4，另一个为 O_2，与 O_2 和 O_4

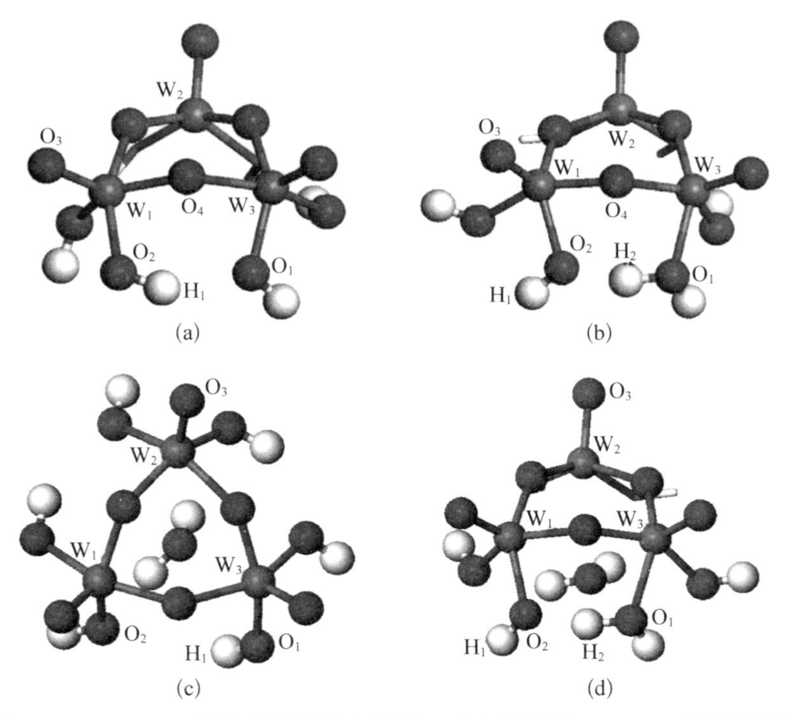

图 4-20　$H_6W_3O_{12}$的分子结构(a)，吸附 1 个氢原子的 $H_6W_3O_{12}$ 的分子结构(b)，$H_6W_3O_{12}\cdot H_2O$ 的分子结构(c)，吸附 1 个氢原子的 $H_6W_3O_{12}\cdot H_2O$ 的分子结构(d)

相连的钨原子分别命名为 W_1 和 W_3，第三个钨原子为 W_2。当一个氢原子吸附在分子上以后(图 4-20b)。从对称性上考虑氢原子的吸附可以形成三个异构体，分别吸附在 O_1，O_4 和 O_3 上，实验证明 O_4 的吸附是最为稳定的构型(表 4-4)。氢原子吸附以后可以观察到新的氢键 $O_2—H_2—O_1$ 的形成，其中 $O_1—H_2$ 键长为 1.05×10^{-1} nm 而 $O_2—H_2$ 键长为 1.49×10^{-1} nm。在这种氢键的作用下，$W_1—W_2$ 键长从 3.52×10^{-1} nm 增加到 3.65×10^{-1} nm，即 $W_1—W_2$ 键能有所减弱，说明氢键形成会减弱三元环的结构构型。

进一步讨论一下 M_W 分子表面吸附水分子的条件下对氢原子吸附作用。分子结构见图 4-20(c)，此水分子的吸附能为 -0.40 eV，并在 O_2 原子和 H_2O 分子之间形成弱的氢键，增加了 $O_1—O_2$ 键长。如表 4-3 所示，$M_{W—H_2O—H}$ 内氢原子的结合能为 -2.31 eV，比 $M_{W—H}$ 的结合能高 0.24 eV，说明在水分子存在的条件下，WO_3 团簇更容易形成氢键，并伴随着更大的氢原子的结合能，在致褪色曲线上也就对应着速率的减慢。

表 4-4　WO_3 与 WO_3/SiO_2 分子氢原子吸附构型与结合能

位　置	边　缘	中　心	顶　部	$l_{(W—O)}{}^{a}/\times10^{-1}$ nm
$E_{W_3O_{12}}$	−2.31	−1.88	−1.51	1.91
				1.94
				1.96
$E_{W_3O_{12}/H_6Si_6O_{18}}$	−1.50	−1.85	−1.11	1.92

注：*a* 为 W_3O_{12} 和 $W_3O_{12}/H_6Si_6O_{18}$ 中的 W—O 键键长，不含 W═O 键。

相应的 $W_1—W_2$ 键长有所增加而 $O_1—O_2$ 键长相应减小，说明 W_2 原子在 H 氢键形成以后向远离的氢键的方向移动，同样减弱了三元环的构型。综合上述讨论，得到以下结论：

(1) 具有羟基的无定形分子容易形成氢键，而吸附水分子的 WO_3 基团更加容易形成氢键。

(2) 氢键的形成会减弱 $H_6W_3O_{12}$ 三元结构的构型，降低共边 W—O—W 的结合能。

(3) 可能出现的变化过程为在氢原子吸附的过程中，形成氢键，而这种作用导致共边结构的结合能的下降，进而发生向共角型 WO_3 结构转，可能会形成更致密的类似单斜晶相的结构，进而对氢原子的吸附能力增强，氢原子的扩散更加困难，即为 4.3.3 节中所观察的褪色衰减，此过程需要进一步的验证（详见下一节）。

4.4.2.3　$W_3O_{12}/H_6Si_6O_{18}$分子

最后讨论 WO_3/SiO_2 的结构，如图 4-21 所示，其中 W_3O_{12}分子分别通过 2 个桥氧与硅分子相连，因此下方存在 12 个 Si 原子，以模拟 WO_3 分子与 SiO_2 分子的分散关系。

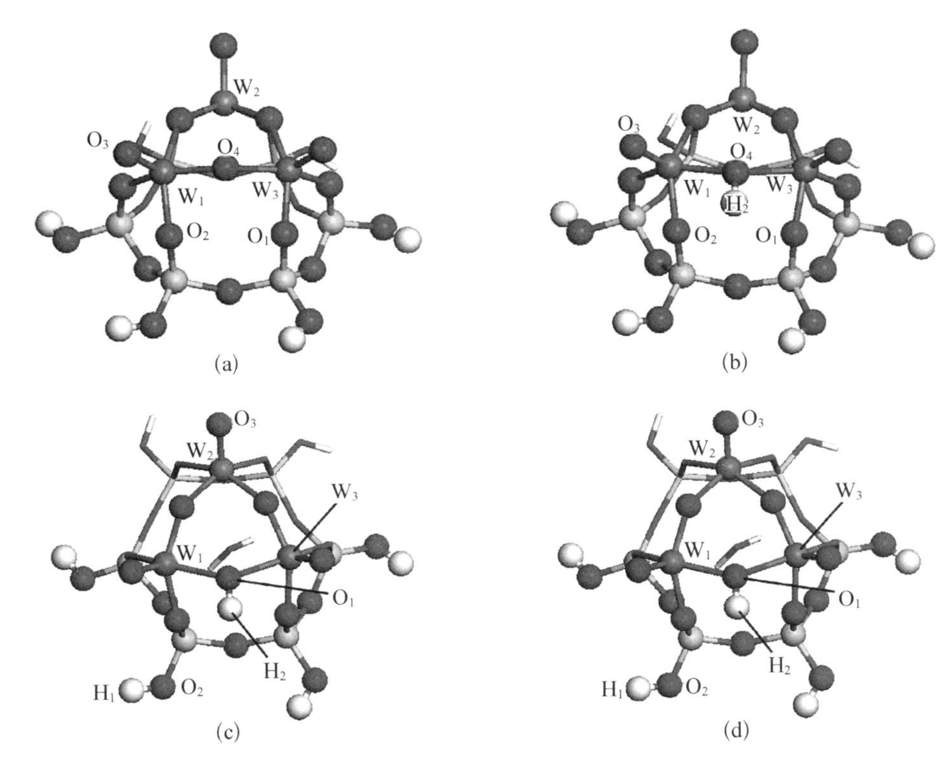

图 4-21　WO_3/SiO_2 复合结构对氢原子的吸附构型

相关的参数也都列在表 4-3 和表 4-4 中。在 SiO_2 的支撑下所有的 W—O 键长变为均一的 1.92×10^{-1} nm，这一点与红外观察到的单一的峰位相一致。同样 3 个不同位置的 O 原子（O_1，O_4，O_3）的吸附构型也进行了结合能比较，可以发现桥氧 O_1 的结合能最高，但与 $M_{H-W_3O_{12}}$ 分子的吸附能只相差 0.03 eV。而且对于氢原子的吸附没有形成氢键，相应对于结构的影响就小得多，W_2—W_3 键长基本没有发生明显的变化。

在吸附水分子的条件下，WO_3/SiO_2 分子结构以及吸附氢原子后的结构显示在图 4-21(c)和(d)中。与分子 M_W 不同，其对水分子的结合能要小得多，且 W—O 键的变化也比较微弱，这样 $M_{W/Si—H_2O—H}$ 的结构变化是不明显的，其 H 原子的结合能也比 $M_{W/Si—H}$ 小得多。说明 Si 对 WO_3 起到了一种很好的支撑作用。

在吸附水分子的条件下，WO_3/SiO_2 分子结构以及吸附氢原子后的结构显示在图 4-21(c)和(d)中。与分子 M_W 不同，其对水分子的结合能要小得多，且 W—O 键的变化也比较微弱，这样 $M_{W/Si—H_2O—H}$ 的结构变化是不明显的，其 H 原子的结合能也比 $M_{W/Si—H}$ 小得多。说明 Si 对 WO_3 起到了很好的支撑作用。

4.4.2.4 本节结论

经过对上述 3 种类型 WO_3 对氢原子吸附的结构变化研究，可以得出以下几个结论：

(1) 带有 W—OH 或者 W—OH_2 的小 WO_3 分子比较容易形成氢键，也包括在晶体的内部。而相应的对氢原子的结合能就高于未形成氢原子的构型。此结论与第 3 章中 3.3.4 节对氢原子注入过程中 WO_3 的结构变化的红外表征结论相符，即氢键极容易在含羟基的结构中形成，并伴随着结构和气敏性能的改变。

(2) O—H 和 O—H—O 较强的成键能力容易改变三元环 WO_3 自身的构型，有可能会导致由多晶相混合态向单晶相更致密的结构转变，这种转变伴随着对氢原子结合能的增加，降低其扩散速率，此结论对应着两类实验现象：其一为循环中 WO_3 向单斜相的转变伴随着褪色速率的大幅衰减；其二为加热后 WO_3 亦向单斜相转变并伴随着致褪色的大幅衰减。由此可得出与实验测试相一致的结论。

(3) WO_3/SiO_2 的复合结构对氢原子的结合能降低很多，对应于褪色速率的增加，由第 3 章图 3-1 和本章图 4-12 中所示，明显 WO_3 薄膜的褪色速率随着 SiO_2 含量的增加而变快。

(4) WO_3/SiO_2 复合结构增强了 WO_3 薄膜的稳定性，避免氢键的形成，在循环性实验上亦观察不到氢键的生成和结构的转化。

以上计算和实验结论非常一致，证明了结构改变是影响气敏循环性的主要原因。

4.4.3 溶胶凝胶形成以及循环过程中 WO_3 结构变化

根据上述分析，为了更清楚地解释，我们绘制了图 4-22 中的反应过程图，

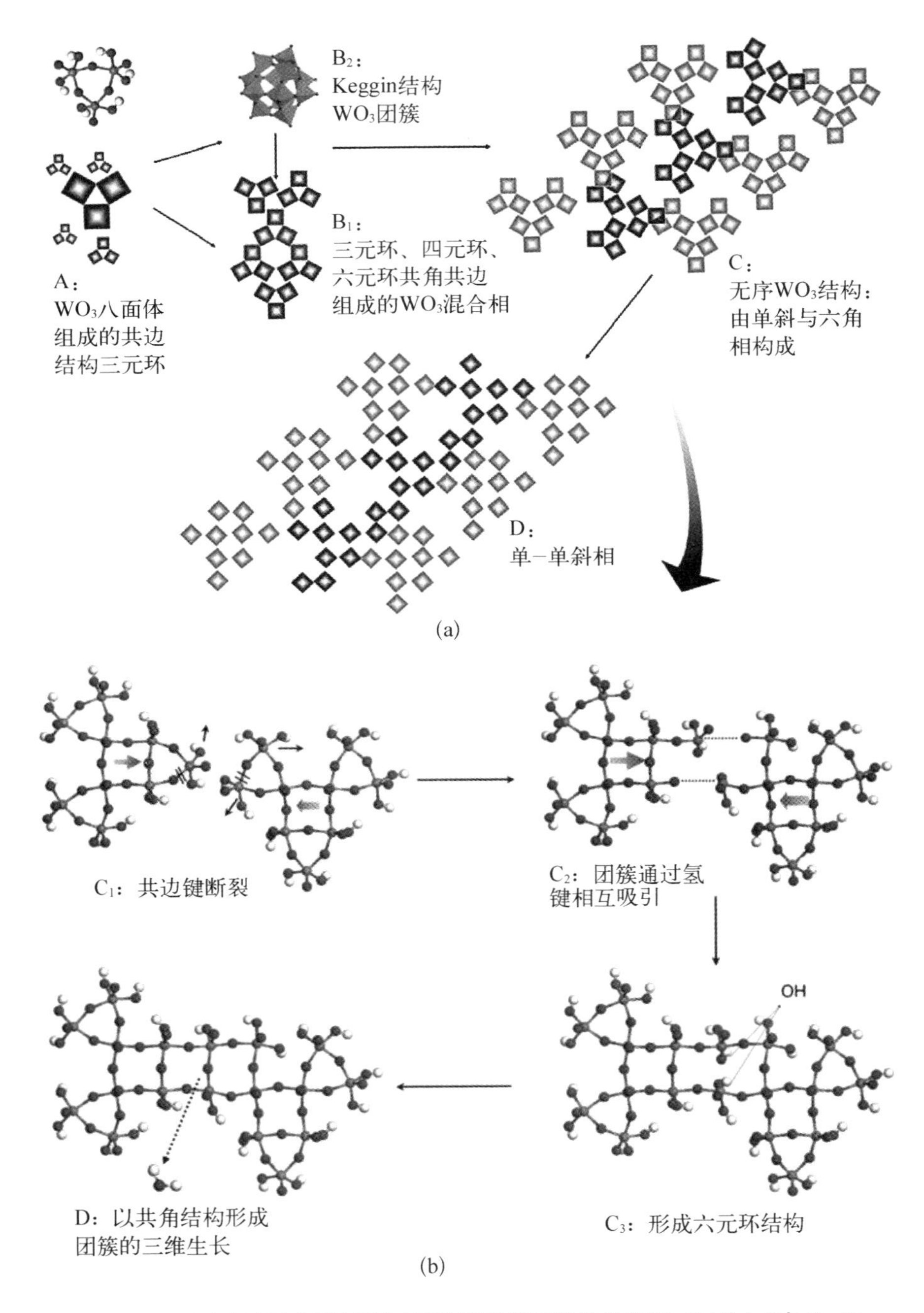

图 4-22 (a)为溶胶凝胶过程以及致褪色循环种结构变化，(b)为(a)中 C→D 过程的放大示意图

以此推测和证明溶胶向凝胶的转化过程以及循环中 WO_3 结构变化。

首先，根据 WO_3/SiO_2 结构的结构分析可以知道 WO_3 的基本结构为 $H_6W_3O_{12}$ 三元环结构(4.3.2 节)。在溶胶形成凝胶的过程中，从 Kudo[124,129] 的分析中可以知道 W_3O_{12} 三元环转变为 Keggin 结构，通过比较 Keggin 结构和 WO_3 薄膜的红外谱，可以认为团簇逐渐形成(a)中 B_1 和 C 相(3.3.4 和 3.3.5 节)。从本节的分析中可以推论 C→D 的过程，但需要更进一步的分析。

根据 4.4.1 小节中的分析，我们可以得到图 4-22 中 C_1→D 的转化过程的结论，即共边向共角相的转变。进一步根据 4.4.3 小节的分析，可以知道在致褪色循环过程中，三元环-共边 WO_3 基团受到氢键作用，会发生桥氧键的减弱的变化(C_1→C_2)，那么在临近的两个基团之间很有可能存在 C_2→C_3 的转化过程。

对于 C_2→C_3 的转化过程，我们以图示画在图 4-23 中，并进一步对这一过程进行模拟，此过程的模拟采用的是极限的假设方式即无定形的 WO_3 以分子形式来代替，而无定形的 D 相用单斜相 WO_3 晶体来代替。

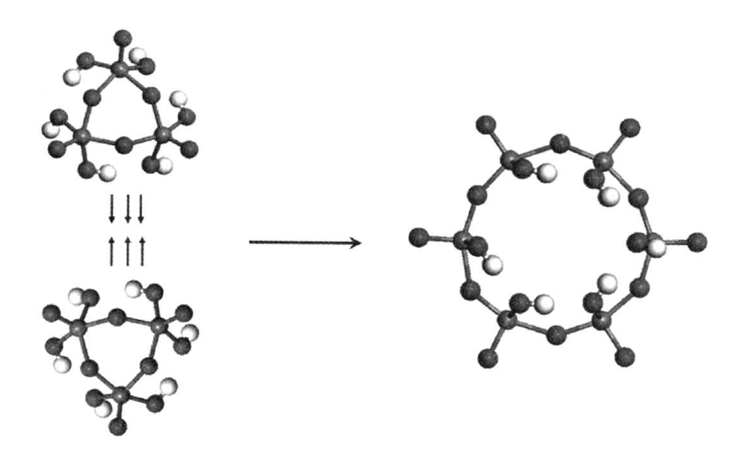

图 4-23　共边向共角转变的反应过程示意图

图 4-22(b)所示的反应过程中，$H_6W_3O_{12}$ 的化学势的变化如图 4-24 所示，图中的势能转变以 3 个 WO_3 基团为基本计算单位。从图中可知，$H_6W_3O_{12}$ 分子向 $H_{12}W_6O_{24}$ 转化时，能量下降 0.42 eV，说明其转化可以自发进行，但需要经过其 W—O—W 键断裂的阶段，此过程是一个体系能量增加的过程，因此不会自发进行，需要依靠氢键的作用(4.4.2 小节)和加热的方式[214,221,304] 实现。此过程为 C_1→C_2→C_3 的转化过程，而 C_3→D 的转变过程的化学势变化趋势与其相同，即为更多的共边 W—O—W 断裂进而形成更大范围内的共角型 WO_3 结构。

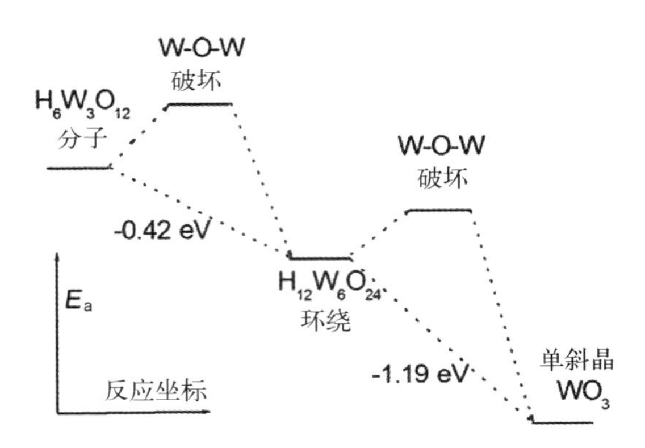

图 4－24　WO_3 结构转化过程中化学势的变化图表

因此图 4－23 和图 4－24 中的分析证明了图 4－22(b)的反应过程。

这一小节的分析证明了 4.4.2 中的结论，并给出了反应过程的模型。从模型中可以知道，WO_3 发生结构转变时，需要吸收一定的能量越过反应势垒，简单讲由图 4－22(b)$C_1 \rightarrow C_2$ 所示，此转变伴随着材料自身结构的破坏，因而结合不牢固的薄膜内分子之间更容易发生这种变化。磁控溅射和热蒸发这种镀膜方式采用高动能的粒子沉积到基底上，因而薄膜牢固致密[308]。而由溶胶凝胶法[309]制备的薄膜通常以无定形团簇的形式成膜，部分材料甚至以范德华力相连，薄膜的结合程度相对前面两种方法要相差很多。此即由磁控溅射和热蒸发制备的薄膜，稳定性通常要好于由溶胶-凝胶制备的 WO_3 薄膜。也更加说明了，本文中提到的 SiO_2 对 WO_3 起到的是一种制成强化的作用。

4.5　本章小结

(1) 通过观察不同 SiO_2 含量 WO_3 溶胶的凝胶时间，以及透射电镜的直接观察和颗粒度的分析，初步提出 WO_3/SiO_2 的复合结构，证明了 WO_3 与 SiO_2 在溶胶中属于分散作用，并结合溶胶凝胶理论分析了，加入的 SiO_2 对抑制 WO_3 凝胶过程的主要原因是降低了过渡金属之间发生团簇的概率。

(2) 利用红外光谱测试不同 Si 含量 WO_3/SiO_2 复合薄膜的结构，通过特征峰位的变化探讨其复合结构，进而利用 Raman 光谱证明了 WO_3 薄膜为单斜相与六角相的混合晶相的结构，而 WO_3/SiO_2 复合薄膜中的 WO_3 更显示的是一种六角相结构中的 W_3O_{12} 基团，X－射线光电子能谱证明了 Si－O－W 结构的存在，是 SiO_2 分散支撑 WO_3 的有力证据。

（3）循环性测试上面成功实现了 WO_3/SiO_2 复合薄膜的500次致褪色循环，该薄膜循环稳定性非常好，在循环后依然保持良好的致褪色效果，透射率及其变化值基本保持不变，而纯 WO_3 薄膜的循环次数明显在24次以后已经发生明显衰减。

（4）从溶胶凝胶共缩聚的机理出发设计实验，通过不同 WO_3 与 SiO_2 的掺比浓度进行循环性测试，并对其循环衰减的过程进行了函数模拟，得出衰减因子 t，薄膜的循环随着 t 值的增加而衰减更快，并得到最佳的工艺参数 W/Si 比为 1∶1。

（5）进一步研究热处理温度对 WO_3/SiO_2 复合薄膜自身结构特性及其气敏特性的影响，从分析上面可以得出由于 SiO_2 的掺入影响了 WO_3 之间的接触概率相应地降低了薄膜结晶趋势，提高了薄膜的稳定性，相应的也就提高了气敏效果。对两种致色薄膜进行了耐久性测试，WO_3/SiO_2 复合薄膜在放置前后其致色、褪色速率变化不大，与普通 WO_3 薄膜相比，WO_3/SiO_2 复合薄膜的耐用性更好。并结合不同存放时间和掺杂不同催化剂制备的 SiO_2，研究制约循环稳定性的初步原因。

（6）对比了 WO_3 薄膜与 WO_3/SiO_2 复合薄膜在致褪色循环中的结构变化，结论说明氢键的生成都伴随着无序混杂相向单斜相致密化转变，同时致褪色速率也相应的下降。

（7）利用第一性原理分析了单斜晶相 WO_3 晶体、$H_6W_3O_{12}$ 和 $W_3O_{12}/H_6Si_6O_{18}$ 分子以及其相关氢原子的吸附特性，提出溶胶向凝胶以及多元混合相向单一单斜相转变的假设，并深入探讨了致色循环中薄膜结构转变的反应过程，并结合反应过程中的化学势的变化得出以下结论：

① 带有 W—OH 或者 W—OH_2 的 WO_3 结构比较容易形成氢键；除晶体外，所吸附的氢原子如伴随着氢键的形成，其相应的结合能就高于未形成氢键的构型。因此氢原子的结合能从无序到有序，从不生成氢键到生成氢键逐渐增加。

② 氢键的形成容易改变三元环 $H_6W_3O_{12}$ 自身的结构，导致从无序的正交和六角混合相向单一致密的正交相的转变，并伴随着对氢原子结合能的增加，降低了氢原子的扩散速率，与实验所观察到的现象非常一致。

③ WO_3/SiO_2 的复合结构可以强化 WO_3 薄膜的稳定性，避免氢键的形成，降低了 WO_3 结构转化的概率，提高气敏致褪色速率和循环稳定性。

(8) 本章结合实验和理论方法，较好地表征了气敏材料循环过程中的反应过程，发现并验证了制约其循环性的重要因素，建立了宏观物理现象与微观化学作用的关系，为进一步研究纳米特性材料做了相关铺垫工作。

第5章 纳米管对 NO_x 系列气体的吸附特性研究

5.1 概　述

本章尝试利用第一性原理研究新型纳米结构的相关气敏特性。分别研究了三类纳米管(SiCNT、CNT 和 BNNT)对 NO_x 系列气体的吸附。通过研究发现 SiCNT 对于 NO、NNO 以及 NO_2 三种气体具有良好的化学吸附作用,其中 NO_2 分子对 SiC 纳米管的吸附作用最强,接近−1.0 eV 的结合能,而 CNT 和 BNNT 只能实现物理吸附。在此基础上进一步分析了相关异构体的能量、几何构型、电子结构。结果显示,SiCNT 对 NO 吸附后表现出磁性,当超过一个以上的 NO 分子的吸附显示出一种铁磁方式耦合,因此其气敏特性可以通过检测磁性来获得;而 SiCNT－NO_2 复合材料根据手性以及气体的吸附方向而展现金属或者非金属的特性,这种特性可以利用气体的吸附而使 SiCNT 的半导体向金属性转变,有助于其成为有效的气敏材料之一。

5.2 研究背景

在众多半导体材料中,SiC 体材料被认为在高能高频高温等方面具有较大的应用潜力[152]。随着近来碳纳米管的发现,很多科研工作已经着重于合成管状 SiC。SiC 纳米管(SiCNTS)已经可以成功从 SiO 与多壁 C 纳米管(CNTs)反应中获得[179]。在 SiCNTs 中,碳与硅的原子比为 1∶1,理论计算上显示 SiC 纳米管由 C 和 Si 通过 sp^2 Si—C 键结合而成[310-312]。单壁 SiCNT 被验证其半导体特性与纳米管的手性并不相关。由于此种纳米管中的 Si 原子具有 sp^3 极化，所以可以较容易得到控制进而实现多种基本功能。实际上，SiC 纳米管的表面反应活性比 C 纳米管或者氮化硼纳米管(BNNTs)的要高很多，例如，过渡金属原子可以在 SiCNT 表面形成 1.17 eV 的化学键能[172]，基于这种原因，SiC 纳米管的诸多化学功能吸引了许多科学家们的兴趣。证明出 SiCNTs 可以作为储氢材料，因为其对氢气分子的吸附能力要比 CNTs 高 20%左右[173]。

氧化氮(NO_x)是几种主要的大气污染物之一，这类分子主要是原油燃料高温燃烧的附属产物[313]。尽管现在已经有很多人试图通过催化剂的方法减少空气中的 NO_x 的比例[314]，但仍然没有一种有效的检测和彻底去除这些污染物的方法。最近发现，SnO_2 - In_2O_3 纳米复合物具有良好的选择性和循环性，可以检测百万量级的气体，显示了作为 NO_x 半导体传感器方面的应用潜力[315]。氮化亚铁血红素的氧化物建立了亚铁血红蛋白质的一个新的分支，也被认为在 NO_x 分子方面具有良好的选择性和敏感性[316]。纳米晶态 TiO_2 被认为可以在光催化的条件下降解这一类分子[317]。

基于这些工作和 SiCNTs 的高化学反应活性，促使我们使用理论计算的方法分析纳米管结构是否在 NO_x 的吸附方面也具有较好的效果。目前，有一个类似工作是用于解决上述问题的：Rafati 等人发现 NO 分子可以通过吸附一定热量，物理吸附在 CNTs 上[318]。最近，有人使用量子化学计算阐述了钨对 NO_x 系列化合物的反应机理[319]。另外还有许多研究人员就 NO_x 在团簇[320]以及表面材料上[321-326]的吸附特性进行研究。

本章的工作主要运用第一性原理探索 SiCNTs 对与 NO、NNO 和 NO_2 气体的气敏特性，同样也将这一系列工作应用到 CNTs 和 BNNTs 气敏特性的研究上。

5.3 理 论 方 法

总能计算利用维也纳从头计算程序来实现。这是一个平面波展开为基的第一性原理密度泛函计算代码，计算使用了 VASP 版本的 PAW 势[328]。计算中交换关联能部分包含了由 Perdew，Burke 和 Ernzerhof[329] 提出的广义梯度近似(GGA - PBE)。截断能采用 400 eV 以保证计算精度，原子平衡位置的搜索使用了 Hellmann-Feynman 力的共轭梯度法(CG)算法使施加到单位原子上的 Hellmann-Feynman 力小于 0.03 eV/Å。

为了研究不同手性纳米管的吸附特性,我们使用了超晶胞的方式,每一个晶胞分别包含(8, 0)和(5, 5)型纳米管的 3～4 个原胞。尽管本章内容主要集中讨论 SiCNTs 对 NO 和 NNO 分子的吸附特性,但为了对比也对 CNTs 和 BNNTs 两种纳米管进行了讨论。(5, 5)和(8, 0)型 SiCNTs 相关的原子数与管径和晶格常数分别为(80,8.62 Å,12.39 Å)和(96,8.06 Å,16.02 Å)。而(5, 5) CNT,(8, 0) CNT,(5, 5) BNNT 和(8, 0) BNNT 相关的参数为(80,6.87 Å,9.90 Å),(96, 6.46 Å, 12.78 Å),(80, 7.00 Å, 9.90 Å)和(96, 6.58 Å, 12.90 Å)。这里,晶格参数的优化原则是保证轴向的压力为零。在 X 轴方向的第一布里渊区的不可约区域采用 2 个 K 点进行计算,这种方式能够保证计算对于金属体系的精确度在 1 meV 以内。在这些分析之中,我们采用了超大晶胞保证 Y 和 Z 轴相邻的原胞之间的距离大于 10.3 Å。

5.4　NO 分子的吸附研究

5.4.1　NO 分子在 SiC 纳米管上的吸附特性研究

首先,研究 NO 分子在纳米管表面的吸附:这里把 NO 纳米管上面的吸附根据(5, 5)(8, 0)手性分成 3 个构型分别为(E, Z, Z^R)和(Z, A, Z^R)。图 5-1 所示字母 Z 代表 NO 分子直接沿着 Si—C 成键方向,A 代表与管轴方向平行,E 代表与管轴方向垂直。这里需要注意到在扶手型(n, n)纳米管中没有轴向的成键,而在锯齿型(n, 0)纳米管中没有垂直于轴向的成键。在 E,Z 和 A 构型中,氧原子由于比 N 更具有电负性直接作用在 Si 原子上,N 分子局域在 C 的表面,所以可以观察到 N—C_1 和 O—Si_1 键。从另一个方面讲,在 Z^R 构型中,氮原子直接局域在 Si 原子的表面(锯齿型键),所以此构型中只有 O—C_1 和 N—Si_1 键。

表 5-1 为 NO 吸附在 SiCNTs 表面上,E,Z,A 三种构型的吸附能量。实际上,NO 分子成键能或者吸附能非常的巨大,对于(5, 5)、(8, 0)SiCNT 来讲分别有−0.61 eV 和−0.67 eV,利用的反应过程为:

$$\text{SiCNT} + \text{NO(doublet)} \longrightarrow \text{NO}-\text{SiCNT}$$

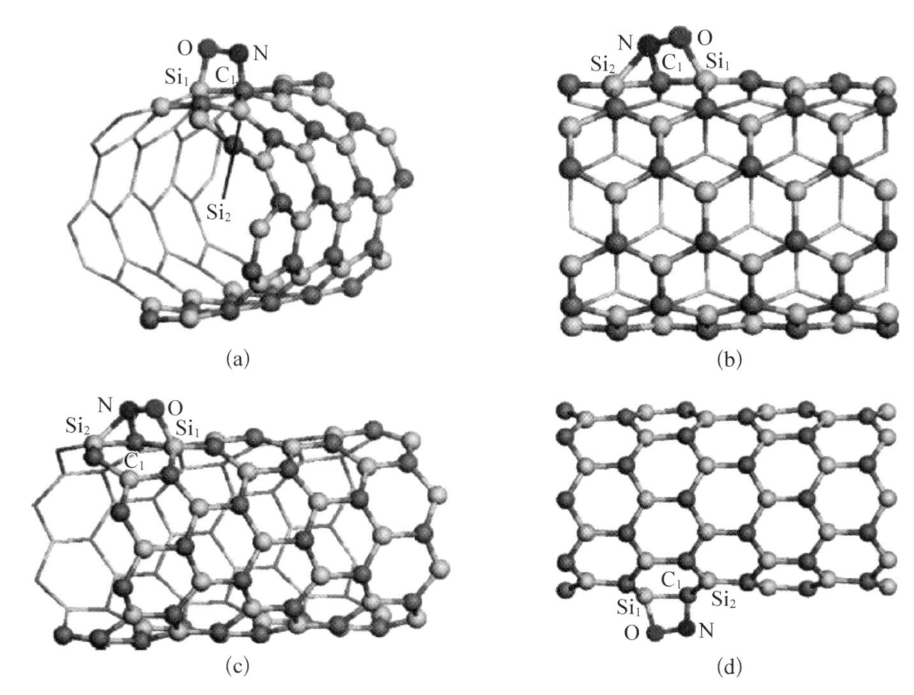

图 5-1 SiCNT-NO 复合物中最稳定构型的优化后的结构：(5, 5)型复合纳米管的构型 E(a)和 Z(b)，(8, 0)型复合纳米管的构型 Z(c)和 A(d)

表 5-1 (5, 5)和(8, 0)手性 SiCNTs 吸附 NO 分子后各种构型的相关结合能能量、磁性和几何构型的参数

手 性	(5, 5)			(8, 0)		
构 型	E	Z	Z^R	Z	A	Z^R
$E_b(1)^a$/eV	−0.67	−0.63	0.82	−0.62	−0.61	0.69
$E_b(2)^b$/eV		−1.54		−1.41		
$\mu(1)^c/\mu_B$	1.00	0.95	1.00	0.92	1.00	1.00
$\mu(2)^d/\mu_B$		1.98		2.00		
$l(N—C_1)^e/\times10^{-1}$ nm	1.50	1.49	1.54	1.48	1.52	1.51
$l(O—Si_1)^f/\times10^{-1}$ nm	1.75	1.80	1.83	1.79	1.76	1.81
$l(N—Si_2)^g/\times10^{-1}$ nm	2.78	1.93	3.00	1.98	2.73	2.69
$l(C_1—Si_1)^h/\times10^{-1}$ nm	1.98 (1.79)	1.90 (1.79)		1.92 (1.79)	1.91 (1.79)	

续　表

手　性	(5, 5)			(8, 0)		
构　型	E	Z	Z^R	Z	A	Z^R
l(O—N)^i/$\times10^{-1}$ nm	1.40 (1.17)	1.40 (1.17)	1.39 (1.17)	1.40 (1.17)	1.40 (1.17)	1.39 (1.17)
q(NO)^j	−0.48 (0)	−0.51 (0)		−0.52 (0)	−0.46 (0)	

注：a 为一个 NO 分子在 SiCNT 表面的吸附能。
b 为两个 NO 分子在 SiCNT 表面的吸附能。
c 为吸附一个 NO 分子的 SiCNT－NO 混合结构的磁矩。
d 为吸附两个 NO 分子的. SiCNT－NO 混合结构的磁矩。
e 为 N—C_1 键长，其中 C_1 为 SiCNT 上与所吸附的 NO 中 N 原子成键的 C 原子。对于 Z^R 构型，这个数值代表 O—C_1 键长。
f 为 O—Si_1 键长，其中 Si_1 为 SiCNT 上与所吸附的 NO 中 O 原子成键的 Si 原子；对于构型 Z^R，此数值代表 N—Si_1 键长。
g 为 N—Si_2 键长，其中 Si_2 为 SiCNT 上 Si_1—C_1—Si_2 键中的 Si 原子。对于构型 Z^R，这个数字代表 O—Si_2 键长。
h 为 C_1—Si_1 键长，括号内代表的初始纳米管中的相应键长。
i 为 NO 分子中的 N—O 键长。
j 为 NO 的 Mulliken 电荷量，括号内的数值代表孤立 NO 分子的相关值。

不同手性的纳米管对 NO 的吸附能没有明显的变化。由表 5－1 和图 5－2、图 5－3 所示，NO－SiCNTs 是一种磁性半导体，磁矩将近 1.0 μ_B。为进一步研究对轨道磁矩的贡献，利用 l，m-projected local density of states(LDOS)计算，结果显示自旋极化大部分都集中到 NO 分子上。作为例子，图 5－4 表示的是(5, 5)SiCNTs 构型 E 和(8, 8)SiCNTs 构型 Z 的自旋密度分布。

当两个 NO 分子吸附以后，第二个 NO 分子的结合能比第一个要大得多，体现了多 NO 吸附是可进行的。例如，在表 5－1 中显示的对于(5, 5)型 SiCNTs 的构型 Z，第一和第二个 NO 分子的吸附能分别为－0.63 eV 和－0.91 eV。两个 NO 分子的自旋是铁磁性的，因此(5, 5)和(8, 0)纳米管的磁矩为 2.0μ_B。为了估算两个分子局部磁矩的耦合作用，我们研究了响应的铁磁态和反铁磁态的变化，通过下列公式获得：

$$\Delta E_{F\text{-}AF} = E_F - E_{AF}$$

对于(5, 5)和(8, 0)复合物该值分别为－0.16 eV 和－0.35 eV，可以认为局域的磁矩强烈的耦合作用，这种作用说明常温下极有可能形成大范围内的磁筹。

图 5－5 中可以看出吸附第二个 NO 分子后，最稳定构型是两个 NO 居于临

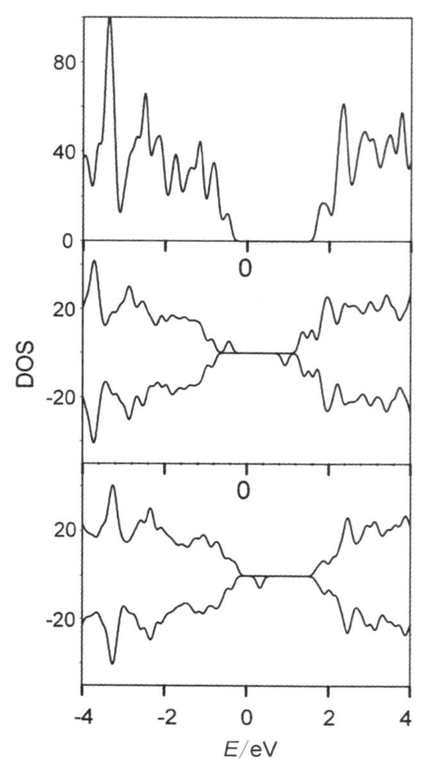

图 5-2　(5, 5)型 SiCNT-NO 复合物电子态密度(DOS)对比图：未吸附前(上)，构型 E(中)，以及构型 Z(下)。费米能级为设置为零点。复合物种自旋向上和自旋向下的电子态密度分开表示的

图 5-3　(8, 0)型 SiCNT-NO 复合物电子态密度(DOS)对比图：未吸附前(上)，构型 Z(中)，以及构型 A(下)。费米能级为设置为零点。复合物种自旋向上和自旋向下的电子态密度分开表示

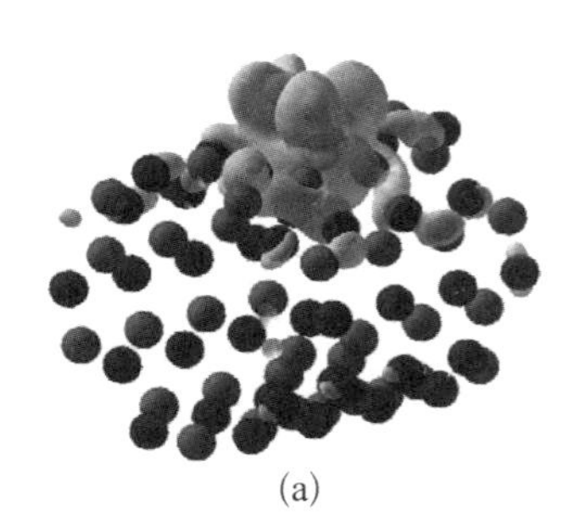

(a)

(b)

图 5-4　(5, 5)型 SiCNT-NO 复合物的构型 E(a)和(8, 0)型 SiCNT-NO 复合物构型 Z(b)的自旋密度分布，其中管的取向分别对应于图 5-1 的(a)和 1(c)

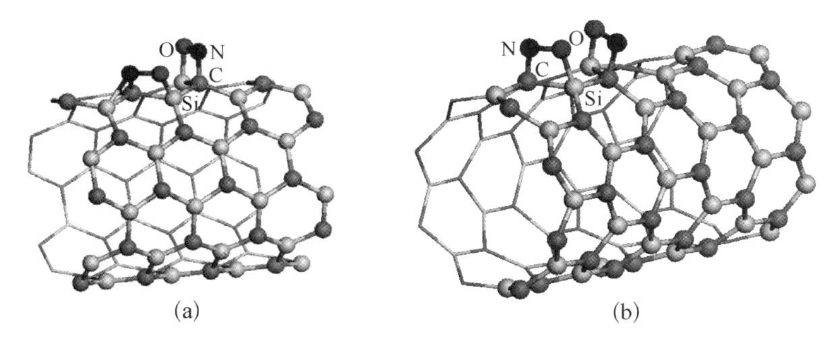

图 5 - 5　(5, 5)型(a)和(8, 0)型(b)SiCNT - 2NO 复合物优化后的结构

近的 C 原子上，即两个分子分别吸附在纳米管中 C_1—Si—C_2 的 C_1 和 C_2 上面。在图中，对于(5, 5)型复合体，两个 NO 分子分别采用 E 和 Z 构型；对于(8, 0)型复合体，两个分子都采用 Z 构型吸附。这两种构型的吸附能都比 NO 分子分别吸附在纳米管的两侧(也就是最远端)的构型相应的高 0.26 eV 和0.14 eV。表 5 - 1 中所示，吸附第二个 NO 分子以后磁矩也发生成倍的增长，所以可以通过 SiCNTs 上面的磁矩变化用来检测 NO 气体的吸附。在(5, 5)或者(8, 0)管中 Z^R 构型的存在的概率比较小，因为其吸附能是正值，说明需要吸收较大能量。

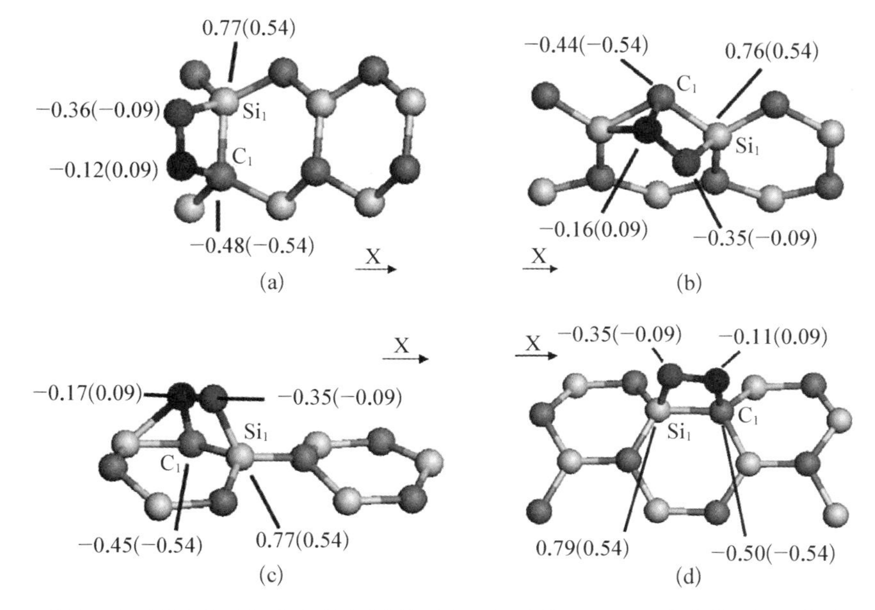

图 5 - 6　SiCNT - NO 复合物在吸附侧的各原子的 Mulliken 电荷值：(5, 5)型纳米管的构型 E(a)和 Z(b)，以及(8, 0)型纳米管的构型 Z(c)和 A(d)。为了便于理解(a)和(b)中的图像被沿着 X 轴方向旋转，其他构型均保持原方向

所以下面集中研究 E,Z 和 A 型三种构型上的气敏特性。

如前文描述,图 5-1 中 SiCNTs 表面吸附 1 个 NO 分子后分别构成(5, 5)型混合物的 E 和 Z 构型和(8, 0)复合物的 Z 和 A 的构型。其中 N—C_1 的键长在(1.49~1.52)$\times 10^{-1}$ nm,基本上达到了共价键单键的键长;O—Si_1 键相对来讲与共价键单键相比较弱,长度为(1.75~1.80)$\times 10^{-1}$ nm,比 Si—O 的单键 1.66$\times 10^{-1}$ nm 要长得多。所以 C_1—Si_1 和 N—O 键明显比较弱[各自的键长分别为(1.90~1.98)$\times 10^{-1}$ nm和(1.39~1.40)$\times 10^{-1}$ nm],此长度分别长于纯纳米管中 C—Si(1.79$\times 10^{-1}$ nm)以及孤立 NO 分子(0.117 nm)中相应的键。实际上,吸附态下的 N—O 键长与 N—O 单双键键长的比较说明 NO 的键级从 2.5 下降到 1。此外,在(5, 5)和(8, 0)型纳米管的 Z 构型上都有弱的 N—Si_2 键,这种现象在其他的构型上并不存在。

为了更好地理解复合物的电子结构,这里选用(5, 5)复合物的 E 构型作为例子进行分析。这里必须重申一遍,我们采用轴向为 X 轴,对于扶手型纳米管,同样假设 E 构型垂直于管轴方向与 Z 轴方向平行,所以管的 π 轨道沿 Y 轴方向。假设孤立 NO 分子的电子构型为($2\pi_x^{*1}$,$2\pi_y^{*0}$)。我们利用局域态密度分析显示 $2\pi_x^*$(NO)轨道并没有明显与 SiC 纳米管发生反应,而是保持半填充态,因此成为复合物自旋极化的主要贡献者。$2\pi_y^*$(NO)与 $2\pi_x^*$(NO)一并在孤立 NO 分子中退化,吸附在管上以后,局域在倒带的边缘,见图 5-7,这是因为其从π_y^*键变成 O—Si_1 和 N—C_1 方式的 σ^* 键。简而言之,复合物的自旋极化主要归功于 π^*(NO)的反键轨道,此轨道与 N—C_1 和 O—Si_1 键的方向垂直。

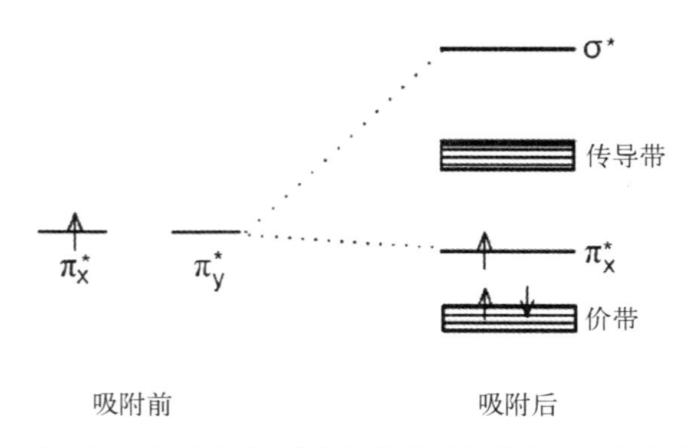

图 5-7 NO 分子的两个 π^* 分子轨道在吸附在(5, 5)型 SiCNT 的 E 构型之前和之后的能级示意图

图 5-8 和图 5-9 分别是吸附 1 个和 2 个 NO 分子后的能带结构。综合前面几段的论述,当一个 NO 分子吸附在 SiCNTs 上,一个新的能级在原 SiCNTs

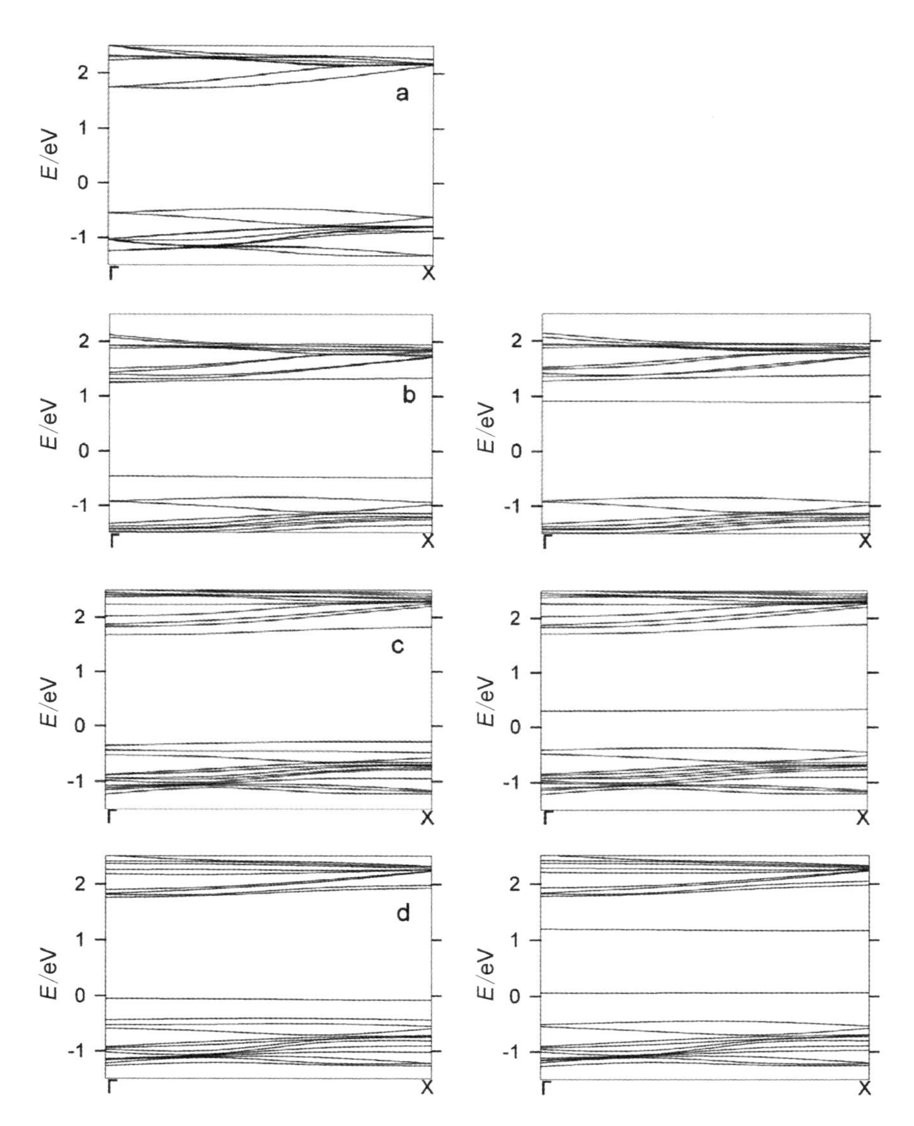

图 5-8　(5, 5)型 SiCNT 吸附 NO 分子后的各复合体的能级结构的对比图：原始纳米管的四倍原胞(a),SiCNT-NO 复合物的构型 E(b),SiCNT-NO 复合物的构型 Z(c)和 SiCNT-2NO 复合物(d)。对于(b),(c)和(d)中的 NO-复合物,图中左侧和右侧分别对应自旋向上态和自旋向下态

能带的禁带中间出现,此态的形成是 NO 的 $2\pi_x^*$ 轨道与管的 π 轨道之间的反应,在自旋向上态中位于费米能级下方,而在自旋向下态中,出现在费米能级之上,因此引起复合物的自旋极化。当两个 NO 分子吸附以后,两个 $2\pi x^*$ 态从两

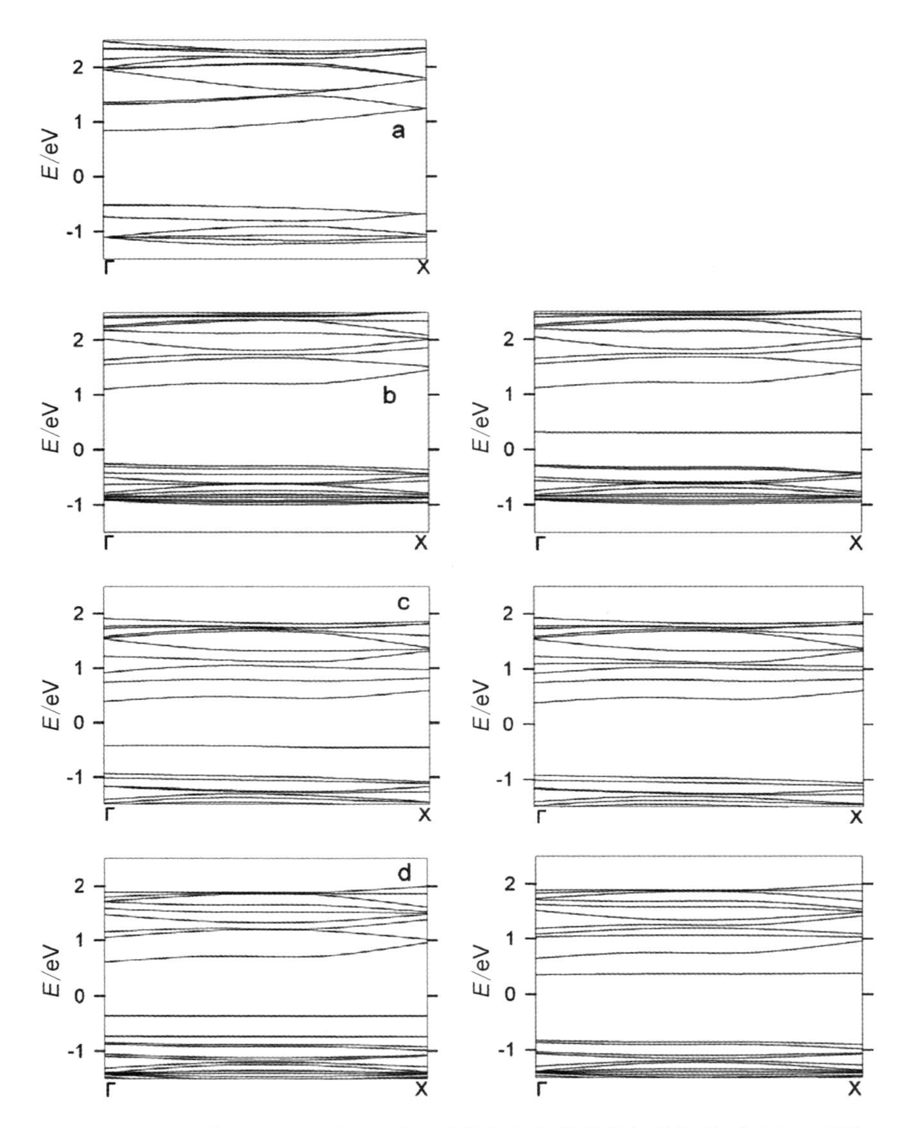

图 5-9　(8, 0)型 SiCNT 吸附 NO 分子后的各复合体的能级结构的对比图：原始纳米管的三倍原胞(a)，SiCNT-NO 复合物的构型 Z(b)，SiCNT-NO 复合物的构型 A(c)和 SiCNT-2NO 复合物(d)。对于(b)，(c)和(d)中的 NO-复合物，图中左侧和右侧分别对应自旋向上态和自旋向下态

个 NO 分子中引入。因此，吸附后的 SiCNTs 系统的能隙与吸附前相比有较大下降。但是图 5-8 和图 5-9 说明 NO 分子吸附后，能隙的改变不能明显地与吸附量成函数关系。

利用 GAUSSIAN03 的 PBEPBE/6－31G(d)计算显示 N 和 O 原子都具有负的密里根电荷。比如，在(5，5)型 SiCNTs 的 E 构型中，N 和 O 的电荷分别为－0.12e 和－0.36e。对于复合材料的形成，从管到分子的电荷转移大概有0.46e～0.52e。图 5－6 为(5，5)和(8，0) SiCNT－NO 复合物内吸附分子周围的密里根电荷分布，图中显示上述转移电荷大概有一半的电子来源于 Si_1。

图 5－10 显示了本实验中使用的(5，5)SiCNT－NO 的其他的几个构型。在构型 H_1 中(图 5－10a)，我们建立一个初始的 O—Si_1 键垂直于管的表面；同样的在 H_2 中，引入了 N—C_1 键垂直于管的表面；在构型 H_3 和 H_4 中，对应于图 5－10(c)，(d)，NO 分子位于管六边形的对角线上。在所有这些构型中，O—Si 和 N—C 的初始键长均取自表 5－1 中所列出最稳定结构。其中的两个 H_3、H_4 在结构优化后都与 NO 发生化学吸附，形成 Si—N 键。但是结合能只有－0.34 eV，这个值与表 5－1 中的 E 和 Z 构型的结合能相比相差太多，很明显此 Si—N 键长 2.02×10^{-1} nm 比构型 E 和 Z 中 Si—O 的键长 1.80×10^{-1} nm 也要长很多。其他的初始构型的优化都显示了 $|E_b|<0.1$ eV 的物理吸附特性，这些构型在管和 NO 的分子之间都看不到明显的化学键。图 5－12 同样显示了

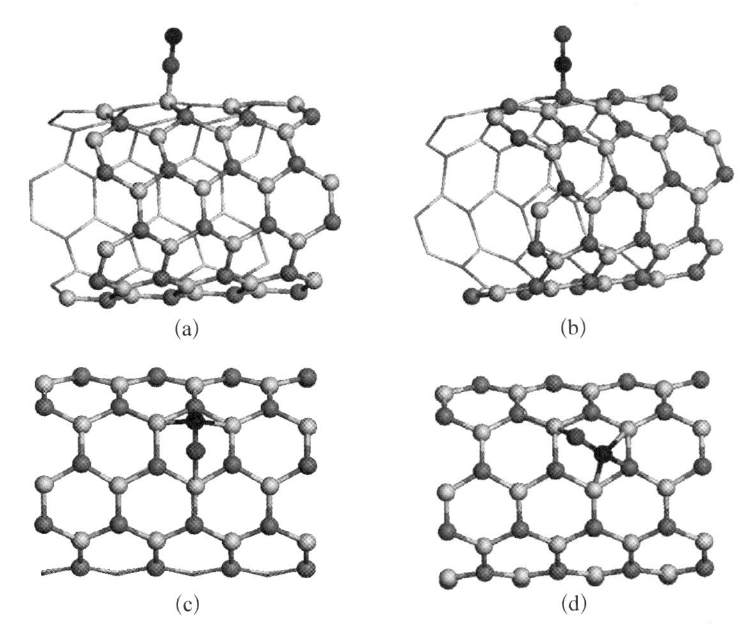

图 5－10　(5，5)型 SiCNT 吸附 NO 分子在进行优化前的另外四种初始结构：H_1(a)，H_2(b)，H_3(c)和 H_4(d)

(8, 0)SiCNT - NO 复合物的另外 4 个初始构型(G_1—G_4),对其中的每一个都进行了与(5, 5)复合物研究中相类似的表征,但只有 G_3 和 G_4 构型显示了有 $E_b=-0.37$ eV的化学吸附见图 5 - 11(b),该构型在吸附侧的几何构型与(5, 5)的 H_3 构型相似。

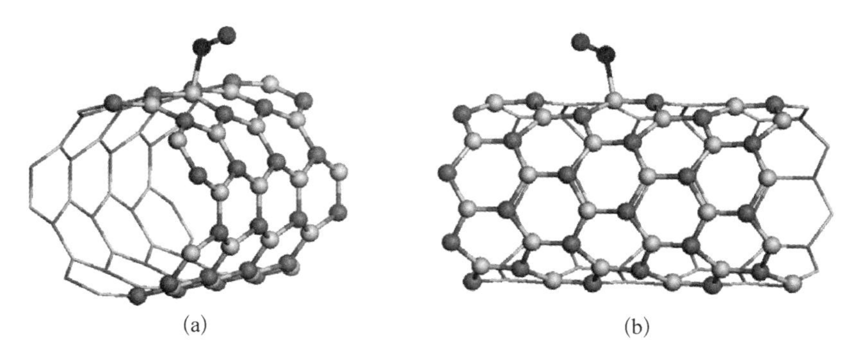

图 5 - 11 (5, 5)型 SiCNT - NO 复合物的 H_3 和 H_4(a),以及(8, 0)型 SiCNT - NO 复合物的 G_3 和 G_4(b)4 种初始结构优化后的结构

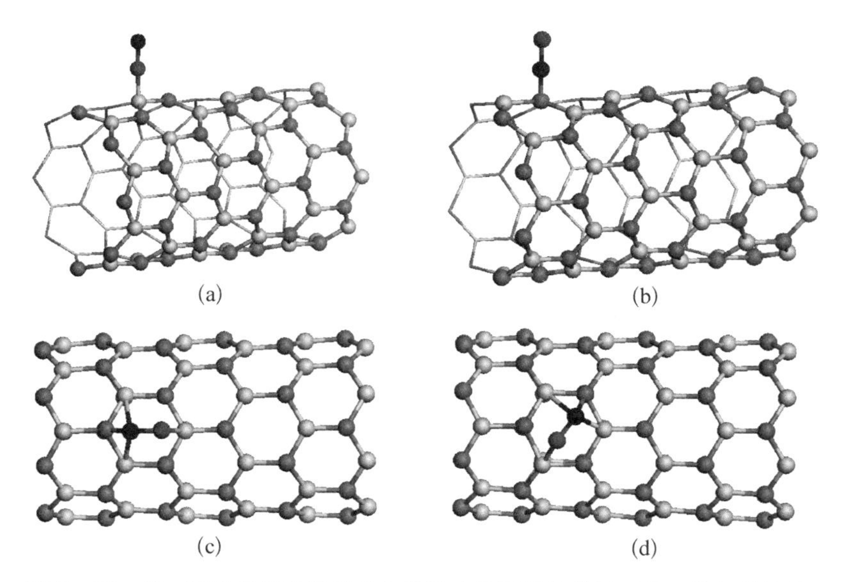

图 5 - 12 (8, 0)型 SiCNT 吸附 NO 分子在进行优化前的另外 4 种初始结构:G_1(a),G_2(b),G_3(c)和 G_4(d)

5.4.2 NO 分子在 C 纳米管和 BN 纳米管上的吸附特性

接下来,研究在 CNTs 和 BNNTs 上吸附一个 NO 分子的特性。与 SiCNTs

相比，这两种纳米管对 NO 的吸附均属于吸热反应，这种现象对于 CNTs 尤其明显，见表 5－2。表中结合能的数据说明 NO 分子在这两种纳米管上形成化学吸附是不太可能的。进一步采用小步长观察其结构优化过程，可以发现 NO 分子在所有这些复合物的构型当中，都存在一定的吸附能垒，这说明这些复合物实际上均属于亚稳态，且吸附能垒比在 kT 常温下(＝0.026 eV)的能量要高很多。从优化过程的细节看，(5, 5)型 CNT－NO 复合物的 E 构型和(8, 0)的 A 构型的吸附能垒分别大于 1.86 eV 和 1.67 eV。同样的，针对 BNNT 的计算显示 BNNT－NO 复合物的吸附能垒分别大于 1.40 eV 和 1.32 eV。

表 5－2　(5, 5)和(8, 0)手性 CNT－NO 和 BNNT－NO 复合物各构型的结合能和几何构型参数

	CNT				BNNT			
手　性	(5, 5)		(8, 0)		(5, 5)		(8, 0)	
构　型	E	Z	Z	A	E	Z	Z	A
E_b^a/eV	2.07	2.08	2.03	1.71	1.59	1.77	1.62	1.57
$l(O—C_1)^b/\times 10^{-1}$ nm	1.49	1.55	1.53	1.52	1.52	1.58	1.56	1.56
$l(N—C_2)^c/\times 10^{-1}$ nm	1.49	1.50	1.49	1.49	1.51	1.58	1.53	1.57
$l(O—N)^d/\times 10^{-1}$ nm	1.39 (1.17)	1.37 (1.17)	1.39 (1.17)	1.38 (1.17)	1.35 (1.17)	1.34 (1.17)	1.35 (1.17)	1.35 (1.17)

注：a 为 CNT 和 BNNT 表面的 NO 分子的结合能；
b 为 O—C_1 键长，其中 C_1 是 CNT 上与 NO 分子中 O 原子接近的碳原子，在 BNNT－NO 复合物中，C_1 代表着相应 BNNT 的硼原子；
c 为 N—C_2 键长，其中 C_2 是 CNT 上与 NO 分子中 N 原子接近的碳原子，在 BNNT－NO 复合物中，C_2 代表着相应 BNNT 的氮原子；
d 为 NO 分子中 N—O 键长，括号内为孤立 NO 分子的相关键长。

由表 5－2 可知，NO 分子吸附在 CNTs 上以后，O—C_1 和 N—C_2 键长均比单键情况下的要弱(这里 C_1 和 C_2 代表 CNTs 上的与 NO 分子中 O 和 N 分别成键的碳原子)，NO 分子的 O—N 键也比单键弱。类似对于 BNNTs 的分析也得到了相同的结论。这里需要补充说明一下，本论文研究的主要是纳米结构对气体分子的化学吸附的研究，与 Rafati 等[13]所研究的气体分子的物理吸附的区别非常明显。本文中的 CNT－NO 复合物中 O—C_1 键长在$(1.49\sim1.55)\times 10^{-1}$ nm，而他们研究的物理吸附的键长大概为 3.15×10^{-1} nm，因而不属于化学吸附。

5.5 NNO 分子的吸附研究

5.5.1 NNO 分子在 SiC 纳米管上的吸附特性

这一节主要讨论 NNO 分子在 SiC 纳米管上的吸附特性。NNO 分子吸附在各种构型 SiC 纳米管上的吸附能由表 5-3 所示。在 E、Z 和 A 构型中，可以

表 5-3 (5, 5)和(8, 0)手性 SiCNT-NNO 复合物中各构型的结合能和几何构型参数

手 性	(5, 5)			(8, 0)		
构 型	E	Z	C	Z	A	C
$E_b(1)^a$/eV	−0.44	−0.40	0.66	−0.43	−0.56	0.56
E_{gap}^b	1.99 (2.18)	1.84 (2.18)		1.33 (1.35)	1.29 (1.35)	
$l(N_1—C_1)^c/\times10^{-1}$ nm	1.52	1.52		1.52	1.51	
$l(O—Si_1)^d/\times10^{-1}$ nm	1.75	1.74		1.75	1.74	
$l(C_1—Si_1)^e/\times10^{-1}$ nm	1.96 (1.79)	1.93 (1.79)		1.95 (1.79)	1.93 (1.79)	
$l(N_1—N_2)^f/\times10^{-1}$ nm	1.25 (1.15)	1.25 (1.15)		1.25 (1.15)	1.25 (1.15)	
$l(N_2—O)^g/\times10^{-1}$ nm	1.39 (1.20)	1.40 (1.20)		1.39 (1.20)	1.41 (1.20)	
$\theta(N_1—N_2—O)^h$	117.4 (180)	117.0 (180)		117.3 (180)	117.1 (180)	
$q(NNO)^i$	−0.48 (0)	−0.48 (0)		−0.49 (0)	−0.47 (0)	

注：a 为 SiCNT 表面吸附一个 NNO 分子的结合能。
b 为 SiCNT-NNO 复合物的能隙。
c 为 $N_1—C_1$ 距离，其中 C_1 代表上与 N_1 相连的碳原子。NNO 分子中的氮原子用 $N_1—N_2—O$ 定义。
d 为 $O—Si_1$ 距离，其中 Si_1 为与 NNO 分子中氧原子相连的硅原子。
e 为 $C_1—Si_1$ 键长. 括号内的数值对应原始管的相关参数。
f 为 NNO 分子的 $N_1—N_2$ 键长。括号内的数值对应孤立 NNO 分子的相关参数。
g 为 NNO 分子中的 $N_2—O$ 键长。括号内的数值对应孤立 NNO 分子的相关参数。
h 为 NNO 分子的键角。
i 为 NNO 分子的 Mulliken 电荷值。括号内的数值对应孤立 NNO 分子的相关参数。

明显地看见 NNO - SiCNT 键合，当然其结合能与 NO 分子相比要小得多。由图 5 - 13 所示，这些构型可以利用 NNO 沿 SiC 纳米管表面的垂直于轴向、锯齿以及轴向所形成的 5 元环结构来表征(这里在 $N_1—N_2—O$ 分子中的原子分别用 N_1，N_2 和 O 来标记)。这种五元环结构的实现依靠：(1) $O—Si_1$ 和 $N—C_1$ 单键的形成；(2) $N_1—N_2—O$ 分子发生弯曲使其孤立分子中的直线型构型发生破坏；(3) NNO 分子平面的吸附方向与管的表面垂直。

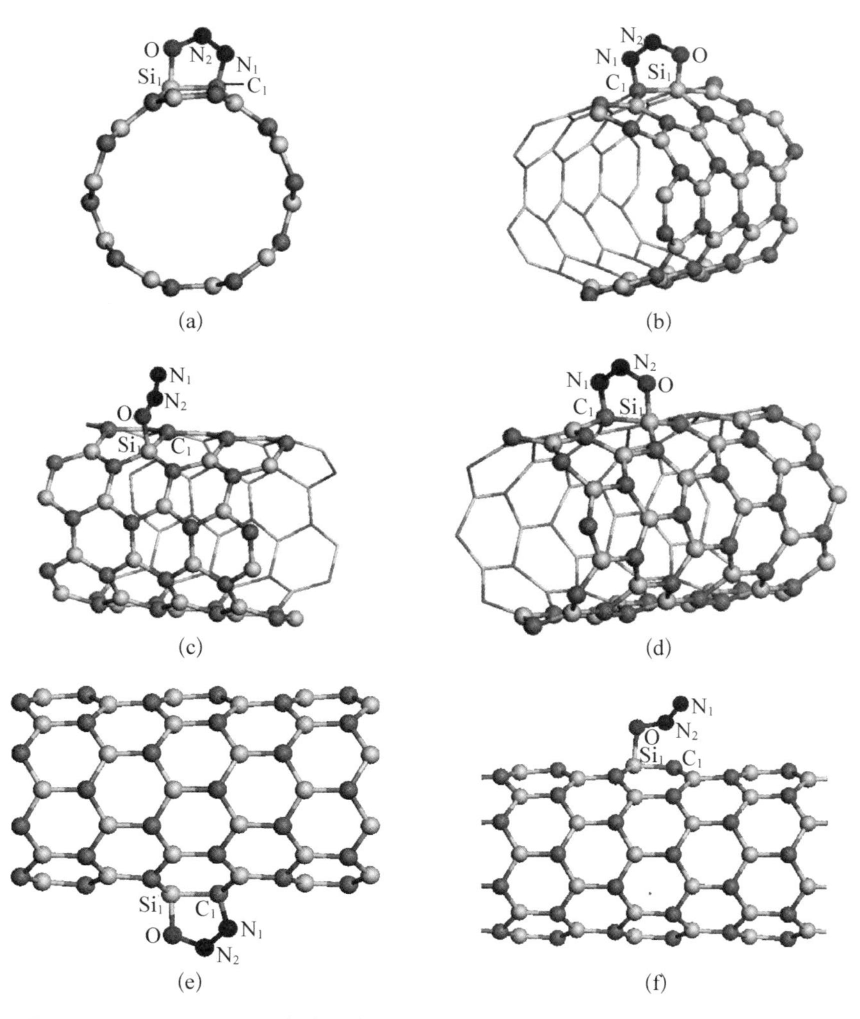

图 5 - 13　SiCNT - NNO 复合物各构型优化后的结构：(5, 5)型复合物的构型 E(a)，Z(b)和 C(c)，以及(8, 0)复合物中的构型 Z(d)，A(e)和 C(f)

由图 5-13(c)所示，在另一种新的构型 C 中，五元环结构并没有实现。这里，NNO 分子采用了不同的吸附方向。表 5-3 中可以看出这种构型比 SiCNTs 的(5, 5)和(8, 0) 的其他结构性的结合能要小得多。实际上，结合能为正值说明了这种构型是一种亚稳态，所以这里不对这种构型进行进一步的分析。

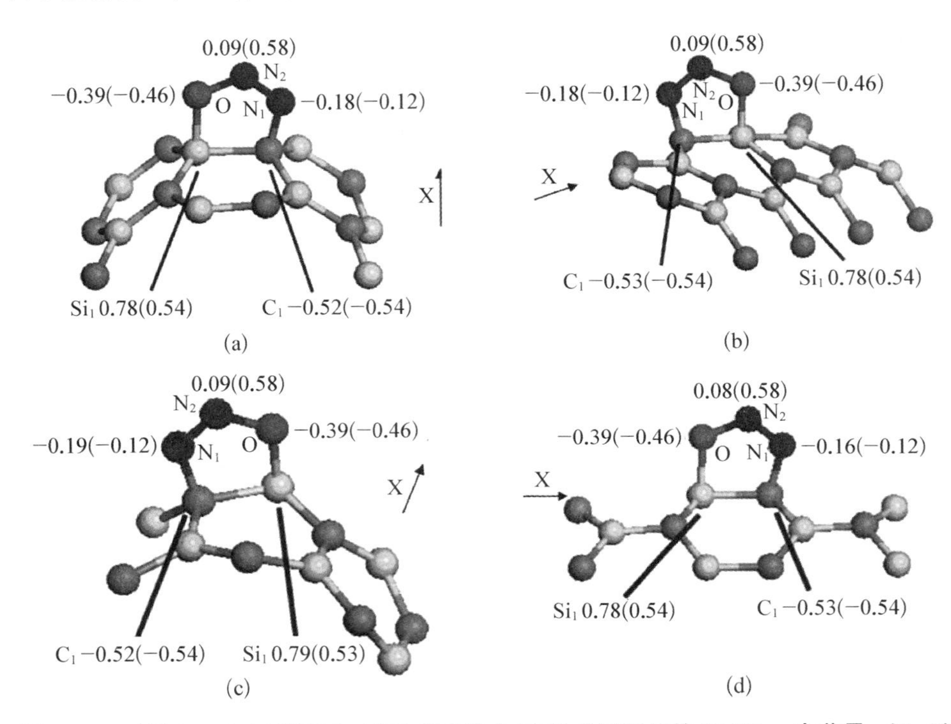

图 5-14 (图 5-13 中)SiCNT-NNO 复合物中 NNO 分子附近的 Mulliken 电荷量：(5, 5)型纳米管的构型 E(a)和 Z(b)，以及(8, 0)型纳米管的构型 Z(c)和 A(d)

如表 5-3 所示，$O—Si_1$ 和 $N_1—C_1$ 键长与 SiCNT-NO 复合结构中的相应的键长相类似。可以观察到前文所提到的结构变化，即 NNO 分子的几何构型发生了明显的变化。与孤立分子中 $N_1—N_2—O$ 的 180°的键角截然不同，实际上，117°的键角说明 N_2 属于 sp^2 杂化，这种杂化主要由管壁外侧的张力引起的。$N_1—N_2$ 和 $N_2—O$ 键被不同程度的拉长，以至于可以理解为形成了 $N_1═N_2—O$ 键(这里再次说明一下 $N_1—N_2$ 和 $N_2—O$ 键的键级在孤立的 NNO 分子中分别是 2.5 和 2)。$C_1—Si_1$ 键相对未吸附 NNO 分子的初始管状相比也被拉长大约 0.17×10^{-1} nm。由表 5-3 可知，Mulliken 电荷分析显示电子从管向分子转移了将近 0.48e，这种转移可以与 SiCNT-NO 复合结构相比较。图 5-13 展示了

Mulliken 电荷在分子吸附侧附近的具体数据。结合孤立 NNO、原始纳米管以及吸附以后吸附侧附近的 Mulliken 电荷分布,可以认为主要转移的电荷都集中在了氮分子 N_1 上,而 N_2 几乎是电中性的。进一步地仔细分析发现 Si_1、N_2 和 O 原子在分子吸附后大部分的电荷是从 Si_1 通过 O 转移到 N_2 上面,这种转移使 N_2 在其 sp^2 杂化轨道上形成了一个未成对电子。另一侧的转移路径从 C_1 通过 N_1 转移到 N_2 上对于电荷的转移的贡献相对较小。

图 5 - 15 是(5, 5)SiCNT - NNO 的另外的四种构型(K1～K4),其中每一种构型的结构都与 SiCNT - NO 复合物的图 5 - 10 相类似。除了 K1 构型外,其他构型在结构优化以后均显示了物理吸附的特性,结合能大概在－0.02 eV 左右。而构型 K_1 的优化计算结果显示其最终形成了图 5 - 13(c)的结构。图5 - 16同样展示了 NNO 分子吸附在 SiCNT 上的另外四种构型 L1～L4,与(5, 5)复合结构相类似,这些构型也都属于物理吸附,结合能在－0.01 eV 左右,只有 L1 不同,其最终经过计算优化后形成了图 5 - 7(f)中的 C 构型。

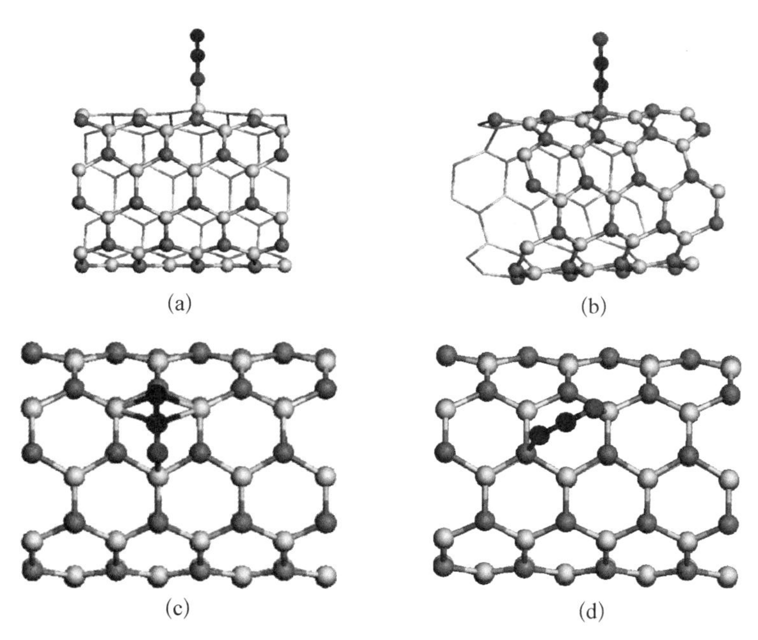

图 5 - 15　(5, 5)型 SiCNT 中吸附 NNO 分子的另外四种初始结构分别为:K1(a),K2(b),K3(c)和 K4(d)

同样,也进一步研究了 SiCNTs 表面吸附两个 NNO 分子的物理化学特性。为了研究方便,这里采用(5, 5)SiCNT - NNO 复合物的 E 构型,以及(8, 0)复合

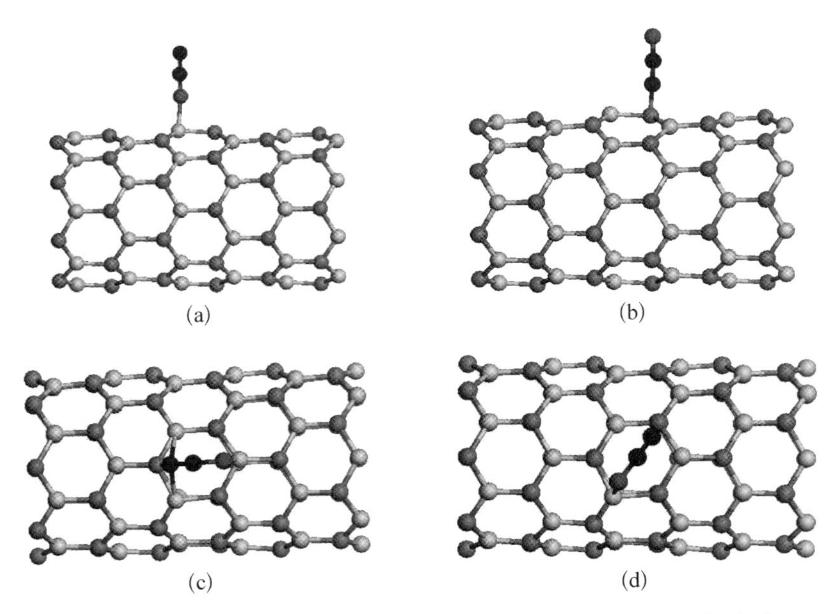

图 5-16　(8, 0)型 SiCNT 中吸附 NNO 分子的另外四种初始结构分别为：L1(a),L2(b),L3(c)和 L4(d)

物的 A 构型作为研究对象,因为这两个构型在吸附一个 NNO 分子时最为稳定。结果显示两个 NNO 分子在临近的位置上更容易吸附在 SiC 纳米管上,而不是分别在管的两侧,这两种结构在(5, 5)管和(8, 0)管相应结合能的差值分别为 0.12 eV 和 0.10 eV。由图 5-17 所示,两个 NNO 分子在(5, 5) SiCNT-2NNO 复合结构上分别为 E 和 Z 构型,而在(8, 0)复合结构上为 Z 和 A 构型。此外,两个 NNO 分子的吸附是不相互排斥的。对于(5, 5)管,第一个和第二个 NNO 分子的结合能分别为−0.44 eV 和−0.68 eV;对于(8, 0)管,其相应的结

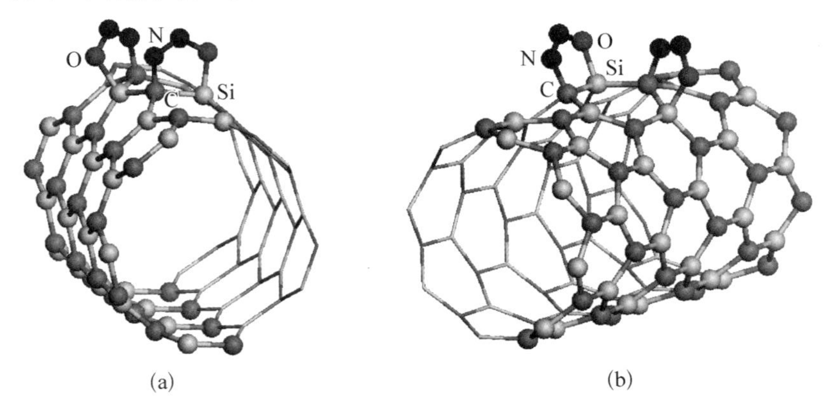

图 5-17　(5, 5)型(a)和(8, 0)型(b)SiCNT-2NNO 复合物优化后的结构图

合能分别为−0.56 eV 和−0.72 eV。

图 5-18 和图 5-19 为 SiCNTs 的最稳定构型的电子态密度图，分子吸附后与吸附前的电子态密度分布在费米能级附近的变化不大。应该注意到吸附后能隙有一些减小，大概小于 0.2 eV，且吸附后费米能级只有很小的移动，说明严格的电荷转移模型不适合这种系统。单独的计算分析显示，价带的顶部主要由管中的 π 键组成，而这些电子主要集中于 SiC 中的 C 原子上。二度简并的孤立 NNO 分子的 HOMO，在与 SiC 纳米管发生吸附以后形成 σ 和 π 键，而这两个化学键并没有影响复合物在价带顶的电子结构，因其主要分布于费米能级 1.8 eV 以下的能级上。同样的，二度简并的 NNO 分子的 LUMO 也比导带底高出 0.3 eV。图 5-20 和图 5-21 为吸附 NNO 气体分子后，(5, 5)和(8, 0)复合结构不同构型的能级图。

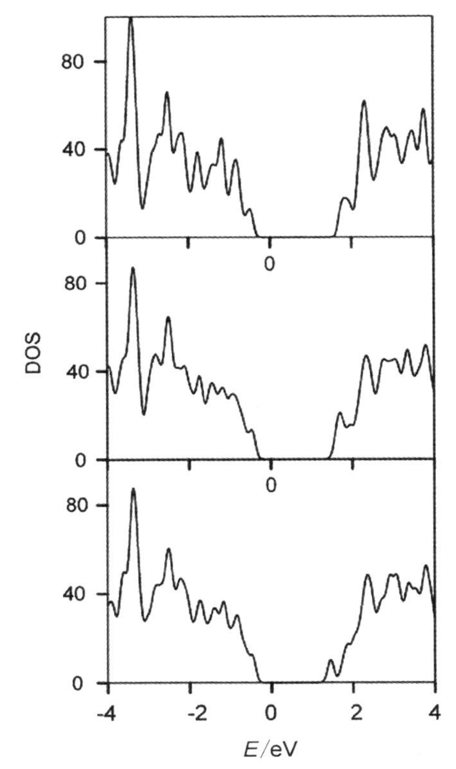

图 5-18　(5, 5)SiCNT-NNO 复合物的电子态密度(DOS)比较图：原始纳米管(上)，E 构型(中)和 Z 构型(下)

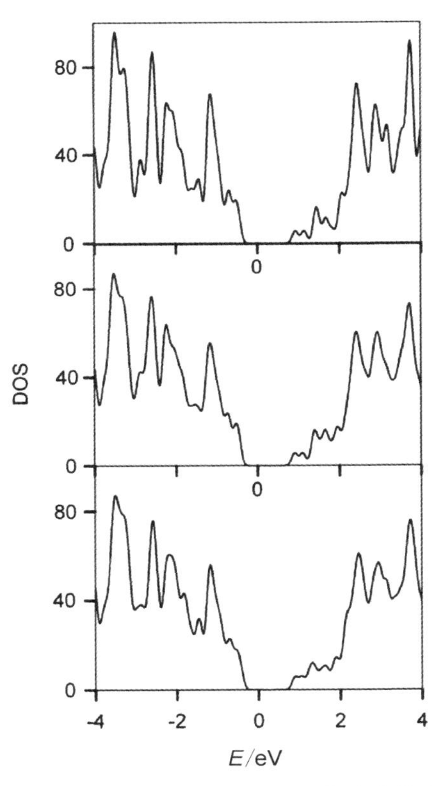

图 5-19　(8, 0) SiCNT-NNO 复合物的电子态密度(DOS)比较图：原始纳米管(上)，Z 构型(中)和 A 构型(下)

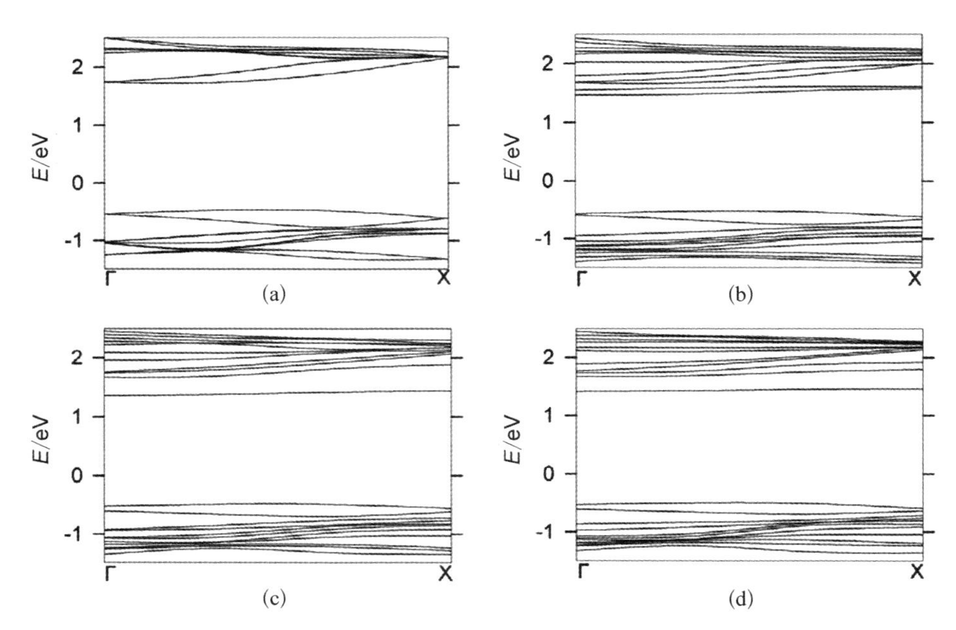

图 5－20 (5，5)型 SiCNT 及其吸附 NNO 的各类混合物的能带结构比较图：原始管的四倍原胞(a)，SiCNT－NNO 复合物的构型 E(b)，SiCNT－NNO 复合物的构型 Z(c)，以及 SiCNT－2NNO 复合结构(d)

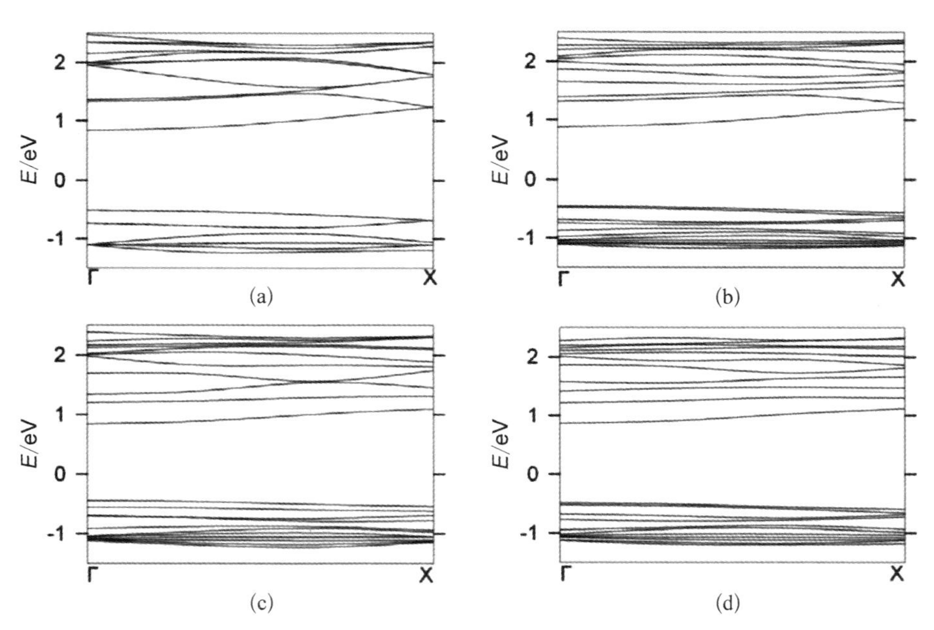

图 5－21 (8，0)型 SiCNT 及其吸附 NNO 的各类混合物的能带结构比较图：原始管的四倍原胞(a)，SiCNT－NNO 复合物的构型 Z(b)，SiCNT－NNO 复合物的构型 A(c)，以及 SiCNT－2NNO 复合结构(d)

5.5.2 NO分子在C纳米管和BN纳米管上的吸附研究

表5-4为NNO分子在CNTs和BNNTs表面的吸附特性计算结果。可以看出NNO分子在这两种纳米管上依然是正的结合能,同样属于物理吸附。发生吸附以后,复合物的结构与SiCNT-NNO相类似,也在吸附一侧形成五元环。本文强调的是气敏材料的测试,主要强调的是化学吸附的研究,因此不继续讨论这两种纳米管吸附NNO分子的相关细节。

表5-4 (5,5)和(8,0)手性CNT-NNO和BNNT-NNO复合物各构型的结合能和几何构型参数

	CNT				BNNT			
手 性	(5,5)		(8,0)		(5,5)		(8,0)	
构 型	E	Z	Z	A	E	Z	Z	A
E_b^a/eV	1.70	1.50	1.58	1.07	1.50	no	no	1.29
						binding	binding	
$l(O—C_1)^b$	1.54	1.51	1.53	1.49	1.59			1.56
$(\times10^{-1}$ nm)	(1.75)	(1.74)	(1.75)	(1.74)	(1.75)			(1.74)
$l(N_1—C_2)^c$	1.57	1.55	1.57	1.52	1.64			1.63
$(\times10^{-1}$ nm)	(1.52)	(1.52)	(1.52)	(1.51)	(1.52)			(1.51)
$l(O—N_2)^d$	1.37	1.40	1.38	1.40	1.32			1.33
$(\times10^{-1}$ nm)	(1.20)	(1.20)	(1.20)	(1.20)	(1.20)			(1.20)
$l(N_1—N_2)^e$	1.23	1.23	1.23	1.23	1.23			1.23
$(\times10^{-1}$ nm)	(1.15)	(1.15)	(1.15)	(1.15)	(1.15)			(1.15)
$\theta(N_1—N_2—O)^f$	116.3 (180)	114.6 (180)	115.3 (180)	114.4 (180)	119.9 (180)			119.4 (180)

注:a为CNT或者BNNT表面吸附一个NNO分子的结合能;
b为$O—C_1$距离,其中C_1代表CNT上与O临近的碳原子;在BNNT中,C_1代表BN纳米管上的硼原子;
c为$N_1—C_2$距离,其中C_2代表CNT上与N_1原子临近的碳原子;在BNNT中,C_2代表BN纳米管上的硼原子;NNO分子上的两个N原子被定义为$N_1—N_2—O$;
d为NNO分子的$N_2—O$键长,括号内的数值代表孤立分子中的相关参数;
e为NNO分子的$N_1—N_2$键长,括号内的数值代表孤立分子中的相关参数;
f为NNO分子的键角。

5.6 NO_2 分子的吸附特性

5.6.1 NO_2 分子在 SiCNTs 上的吸附特性

首先,研究 NO_2 分子在 SiCNTs 上的吸附特性。由图 5-22 和图 5-23 所示,NO_2 分子在管表面的吸附主要可以形成 Z、E 和 A 三种构型:构型 Z 中,NO_2 分子仅与管表面锯齿型方向的分子成键;构型 E 中,与 NO_2 分子成键的管中原子的排布方向具有垂直于管向和锯齿型两种方向;构型 A 当中,与 NO_2 成键的 Si、C 分子在管上的方向与管的轴向平行。很明显,扶手型纳米管中仅有 Z 和 E 构型,而锯齿型管仅有 Z 和 A 构型。再将每一种构型再进一步细分为“3”和“2”两个子构型:在子构型 3 中,所有的三个原子都与纳米管形成化学键合,在管表面的吸附一侧形成 2 个四元环;在子构型 2 当中,仅有两个氧原子与管壁

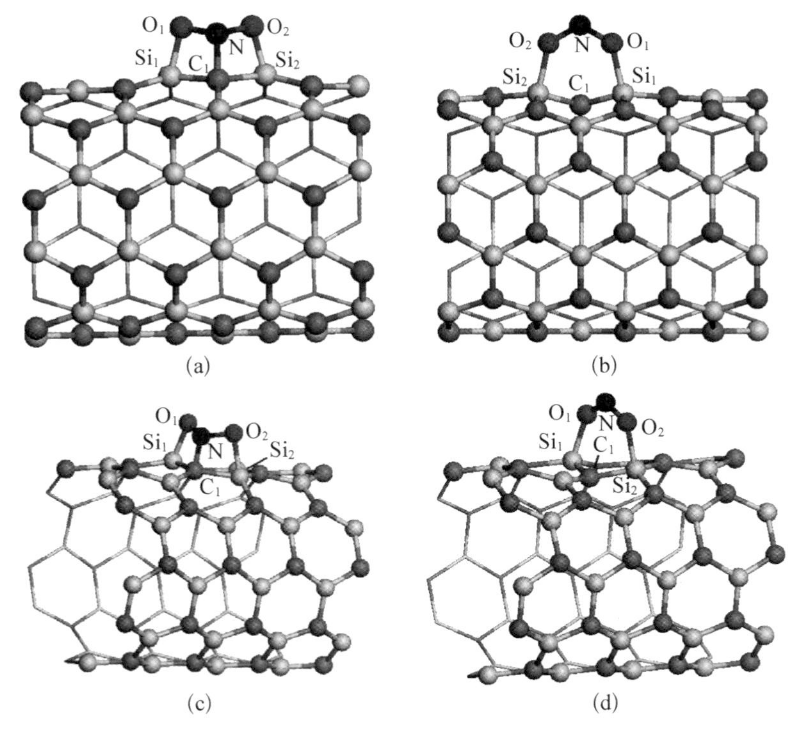

图 5-22 SiCNT-NO_2 复合物最稳定构型优化过的结构:(5, 5)型复合物的 Z_3 构型(a),Z_2(b),E_3(c)和 E_2(d)构型

发生化学键合，而氮远离管壁，其中两个氧原子与管上的Si结合，进而形成了一个六元环。此两个子构型彼此相差较大，NO_2分子在轴向上相差90°。表5-5中的数据显示，对于(5，5)型纳米管Z_3和Z_2这两种构型是最稳定的，而对于(8，0)型纳米管A_3和A_2是最稳定的构型。与前文比较可以发现，所有这些构型中NO_2的结合能都比NO和NNO分子要高很多。

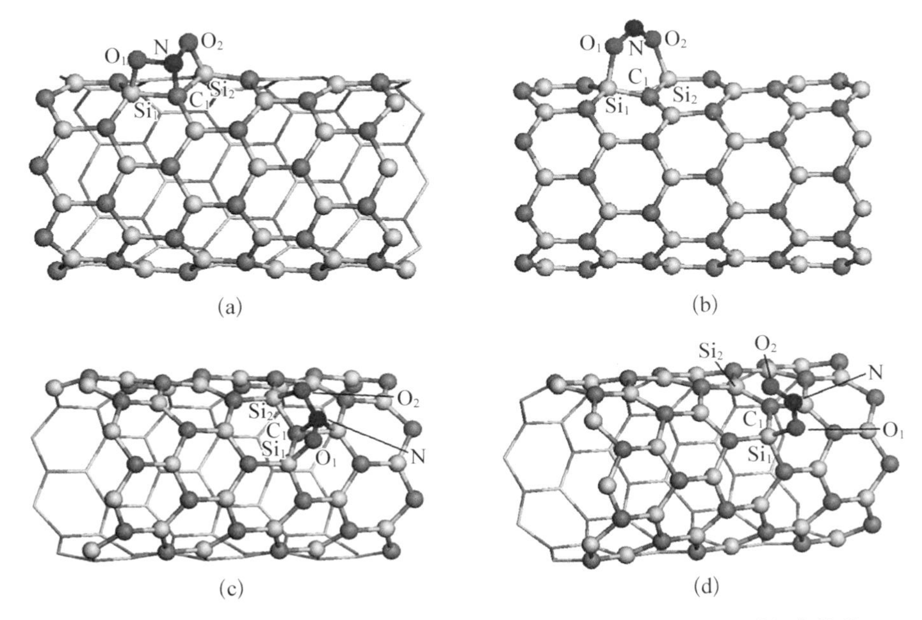

图5-23　SiCNT-NO_2复合物最稳定构型优化过的结构：(8，0)型复合物的A_3构型(a)，A_2(b)，Z_3(c)和Z_2(d)构型

表5-5　(5，5)和(8，0)手性SiCNT-NO_2复合物中各构型的结合能和几何构型参数

手　性	(5，5)				(8，0)			
构　型	Z3	Z2	E3	E2	A3	A2	Z3	Z2
$E_b(1)^a$/eV	−0.92	−1.12	−0.63	−0.45	−1.05	−0.93	−0.55	−1.03
μ^b/μ_B	0.0	0.0	1.0	1.0	0.0	0.0	0.0	0.0
$l(O_1—Si_1)^c/\times10^{-1}$ nm	1.71	1.89	1.78	1.99	1.72	1.89	1.78	1.76
$l(O_2—Si_2)^d/\times10^{-1}$ nm	1.71	1.89	1.80	1.93	1.72	1.92	1.78	3.88
$l(N—C_1)^e/\times10^{-1}$ nm	1.57	3.14	1.51	3.05	1.55	3.09	1.55	3.47
$l(C_1—Si_1)^f/\times10^{-1}$ nm	1.89 (1.79)	1.80 (1.79)	1.92 (1.79)	1.80 (1.79)	1.88 (1.79)	1.81 (1.79)	1.87 (1.79)	1.85 (1.79)

续 表

手 性	(5, 5)				(8, 0)			
构 型	Z3	Z2	E3	E2	A3	A2	Z3	Z2
$l(O_1—N)^g/\times10^{-1}$ nm	1.48 (1.21)	1.29 (1.21)	1.44 (1.21)	1.29 (1.21)	1.47 (1.21)	1.29 (1.21)	1.45 (1.21)	1.40 (1.21)
$l(O_2—N)^h/\times10^{-1}$ nm	1.48 (1.21)	1.29 (1.21)	1.41 (1.21)	1.29 (1.21)	1.50 (1.21)	1.29 (1.21)	1.45 (1.21)	1.21 (1.21)
$\theta(O_1—N—O_2)^i$	105.2 (133.3)	118.6 (133.3)	114.3 (133.3)	119.0 (133.3)	106.7 (133.3)	118.5 (133.3)	115.1 (133.3)	114.79 (133.3)
θ_d^j	14.1	0.00	38.2	36.5	23.2	22.4	46.6	45.5

注：a 为 SiCNT 表面吸附 NO_2 分子的结合能；
b 为复合物吸附一个 NO_2 分子后的磁矩值；
c 为 O_1—Si_1 距离，其中 O_1 和 Si_1 由图 5－22 和图 5－23 定义；
d 为 O_2—Si_2 距离，其中 O_2 和 Si_2 由图 5－22 和图 5－23 定义；
e 为 N—C_1 距离，N 和 C_1 由图 5－22 和图 5－23 定义；
f 为 C_1—Si_1 距离，其中 C_1 和 Si_1 由图 5－22 和图 5－23 定义，括号内的值对应原始管内的相应参数；
g 为 O_1—N 距离，其中 O_1 和 N；
h 为 O_2—N 距离，其中 O_2 和 N 由图 5－22 和图 5－23 定义，括号内的值对应孤立 NO_2 分子中的相应参数；
i 为 NO_2 分子的键角，括号内的值对应孤立 NO_2 分子中的相应参数；
j 为角度值由图 5－24 定义，详细参数见文章。

为了更好地理解不同的构型对 NO_2 吸附的区别，进一步定义了 θ_d 来进行区别。由图 5－24 所示，角度的定义从垂直于管的剖面的 Si_1—O—X 来定义，这里，O 为轴向与(Si_1，C_1，Si_2)平面的焦点，其中(Si_1，C_1，Si_2)为与 NO_2 分子发生键合的管中原子；X 代表相应的 C_1 或者 Si_2，这取决于这两个原子与 Si_1 的距离，采用其中较远者。根据这个定义，对于(5, 5)型 SiCNTs 纳米管，X 在 Z 构型中与 C_1 相对应，在构型 E 中 X 对应于 Si_2 原子；而(8, 0)管的两种构型中，X 都与 Si_2 相对应。因为具有较大的曲率管壁对 NO_2 分子的平面结构产生更大的影响，所以所吸附的 NO_2 分子中，对应较大 θ_d 角会在管壁方向形成更大的张力，这种张力导致结合能的下降。实际上，由表 5－5 可知，越小的 θ_d 角对应的构型或者子构型的结合能也就越大，尤其对

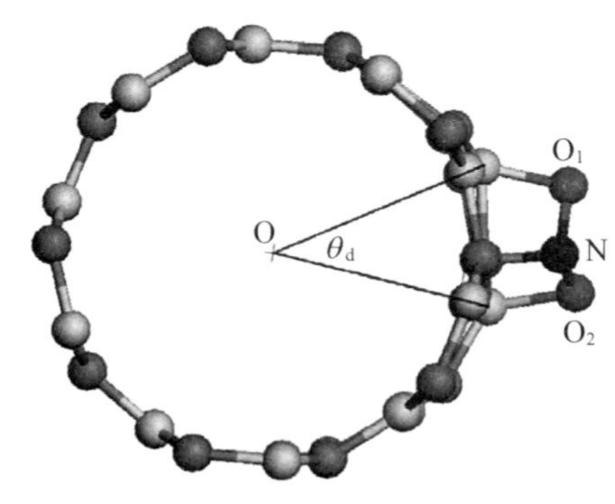

图 5－24 θ_d 角的定义

于子构型 3 和子构型 2 来讲区别更为明显，也就是(5, 5)的 Z_3 和 A_3 比(8, 0)相应纳米管的 E_3 和 Z_3 构型更为稳定。表中也说明了 NO_2 分子在吸附以后的几何构型发生了较大的变化，可以发现(O_1—N—O_2)角从 133°下降到 105.1 °～119.0°。

由表 5 - 5 可知，(5, 5)型 NO_2 - SiCNT 复合物部分具有磁性而部分没有，这种变化与吸附的构型关系非常大。其中，Z_3 和 Z_2 可能比其他构型更有明显的优势，其结合能是 kT 结合能(0.026 eV)的数倍，因此更加稳定，这种混合物在室温下并不显示磁性。由图 5 - 25 所示，可以清楚地看出 NO_2 - SiCNT 是一种 p 型掺杂半导体，即费米能级向低能级方向移动，说明 NO_2 分子具有强烈的从纳米管上抽取电子的能力。这是合理的，因为 NO_2 分子上具有两个高电负性

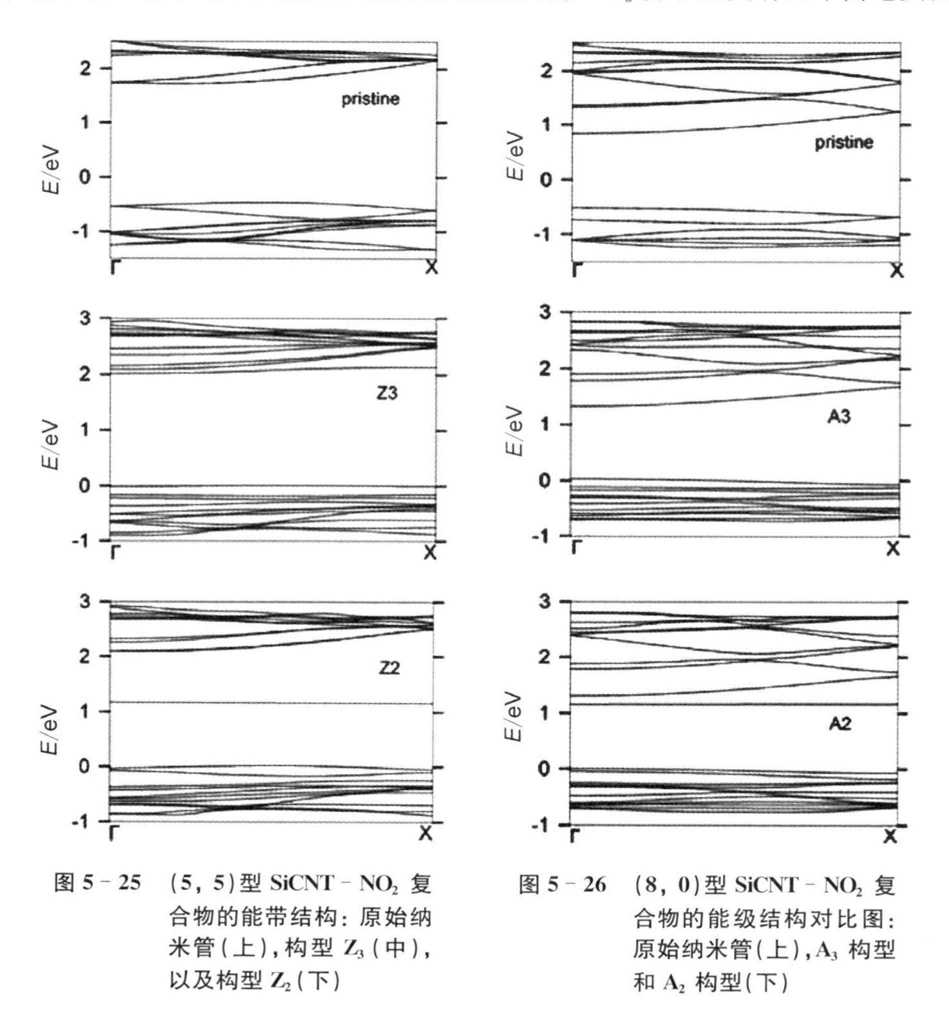

图 5 - 25　(5, 5)型 SiCNT - NO_2 复合物的能带结构：原始纳米管(上)，构型 Z_3(中)，以及构型 Z_2(下)

图 5 - 26　(8, 0)型 SiCNT - NO_2 复合物的能级结构对比图：原始纳米管(上)，A_3 构型和 A_2 构型(下)

的氧原子。实际上(5, 5) SiCNT - NO_2 的 E_3 构型的密里根电荷分析说明 NO_2 的总的电荷量(−0.60e)比 NO 和 NNO 分子的(−0.48e)要大得多。

对于(8, 0)锯齿型 SiC 纳米管,见表 5 - 5 和图 5 - 26 中所示,这种材料的复合结构的各种构型均是一种金属态且没有磁性,同样也可以看到费米能级向低能量方向移动。比较一下各种构型(A_3,A_2 和 Z_2)的结合能可以看出室温下这些构型都会存在。在常温下,由于吸附后 SiC 纳米管由半导体转变为金属,扶手型和锯齿型 SiCNTs 在吸附 NO_2 分子之后,电导率都会有非常大的增加。此外,在室温下两种手性的纳米管都观察不到磁性。但是扶手型复合物在高温的情况可以观察到磁性,这是由于 E_3 和 E_2 构型的布居分布会相应地增加。

5.6.2 碳纳米管与氮化硼纳米管对 NO_2 分子的气敏特性分析

最后针对讨论一下 C 纳米管和 BN 纳米管对 NO_2 的吸附特性。由表 5 - 6 所示,这两种纳米管对 NO_2 分子的吸附是非常困难的,其结合能都为较大的正值。而且在 BNNTs 的大部分构型上面都不存在亚稳态。其中部分在发生物理吸附之后,复合物的结合构型与 SiCNT - NO_2 相似,这一点可以比较容易地从 NO_2 分子在吸附后的 N—O 键的变化量上看出来,键长的分布与 SiCNT - NO_2 复合物也比较接近。

表 5 - 6 (5, 5)和(8, 0)型 CNT - NO_2 和 BNNT - NO_2 复合物各构型的结合能和几何参数

	CNT				BNNT			
手 性	(5, 5)		(8, 0)		(5, 5)		(8, 0)	
构 型	Z	E	A	Z	Z	E	Z	A
E_b^a/eV	2.47	3.14	2.32	3.83	无约束	2.45	无约束	无约束
$l(O_1—C_1)^b$ /×10^{-1} nm	1.49 (1.71)	1.49 (1.78)	1.49 (1.72)	1.54 (1.78)		1.71 (1.78)		
$l(O_2—C_3)^c$ /×10^{-1} nm	1.49 (1.71)	1.56 (1.80)	1.51 (1.72)	1.54 (1.78)		1.71 (1.80)		
$l(N—O_1)^d$ /×10^{-1} nm	1.48 (1.21)	1.50 (1.21)	1.55 (1.21)	1.52 (1.21)		1.33 (1.21)		
$l(N—O_2)^e$ /×10^{-1} nm	1.48 (1.21)	1.44 (1.21)	1.44 (1.21)	1.53 (1.21)		1.33 (1.21)		

续　表

	CNT				BNNT			
手　性	(5，5)		(8，0)		(5，5)		(8，0)	
构　型	Z	E	A	Z	Z	E	Z	A
$l(C_2—N)^f$ /$\times 10^{-1}$ nm	1.55 (1.57)	1.50 (1.51)	1.52 (1.55)	1.50 (1.55)		1.54 1.51		
$\theta(O_1—N—O_2)^g$	105.4 (133.3)	116.8 (133.3)	108.8 (133.3)	121.9 (133.3)		118.3 (133.3)		

注：a 为 CNT 或 BNNT 表面吸附 NO_2 分子的结合能；
b 为 $O_1—C_1$ 距离，其中 C_1 为 CNT 上与 O_1 连接的碳原子；在 BNNT 中 C_1 代表管中的硼原子；NO_2 分子中的两个氧原子由分子式 $O_1—N—O_2$ 定义；
c 为 $O_2—C_3$ 距离，其中 C_3 为 CNT 上与 O_2 连接的碳原子；在 BNNT 中 C_3 代表管中的硼原子；NO_2 分子中的两个氧原子由分子式 $O_1—N—O_2$ 定义；
d 为 NO_2 分子的 $N—O_1$；括号内的数值对应着孤立 NO_2 分子中的相应参数；
e 为 NO_2 分子的 $N—O_2$；括号内的数值对应着孤立 NO_2 分子中的相应参数；
f 为 $N—C_2$ 距离，其中 C_2 为 CNT 上与分子中的 N 原子相连的碳原子；在 BNNT 中，C_2 代表管中的氮原子；
g 为 NO_2 分子的键角，括号内的数值对应着孤立 NO_2 分子中的相应参数。

5.7　本章小节

利用理论工具进行新型纳米材料对 NO 和 NNO 气体分子的气敏效果，利用第一性原理的理论工具，验证了 SiCNTs、CNTs 和 BNNTs 等纳米管材料对 NO、NNO 和 NO_2 分子的化学吸附作用。计算结果显示 NO 和 NNO 分子吸附在 SiCNTs 上的结合能较大，NO_2 分子的结合能最高。进而对其吸附态的结合构型、能量分布、电子结构以及磁性特征都进行了表征。通过计算结果显示可以依靠不同的磁矩变化判断 SiCNTs 对 NO 分子的气敏效果，而对 NO_2 的吸附可以使其在常温下从半导体转变为金属，并大幅地提高电导率。此外我们也对碳纳米管和氮化硼纳米管进行了 NO、NNO 和 NO_2 分子的吸附研究，结果显示这两种吸附属于吸热反应，属于亚稳态结构，甚至在某种程度上这种亚稳态是不太可能存在的。对比 Rafati 等人的结果，其验证了 CNTs 对 NO 分子可以产生物理吸附，说明所有研究的 3 种纳米管之中，只有 SiCNTs 可以实际用于对 NO_x 分子的检测和去除。

第6章 新型 SiN 纳米管的第一性原理研究

6.1 概 述

本书第 3 章与第 4 章从 H_2 气敏现象入手通过实验和理论计算的手段分析和验证了相关气敏机理与结构特性，发现纳米材料的复合和性能改进对气敏的特性的影响非常大。因此第 5 章又进一步通过理论计算的方式研究了碳化硅纳米管、碳纳米管、氮化硼纳米管对 NO、NNO 以及 NO_2 分子的气敏现象，结果显示碳化硅纳米管对 NO_x 系列分子有很好的化学吸附和气敏特性，也验证了纳米结构与传统材料相比在气敏上的应用具有特殊的效果。

进而，本章的目的在于尝试利用理论工具设计和探讨新型纳米结构存在的可能性及其相关特性，为进一步研究新型纳米气敏器件做理论尝试。由于这是一个较新的领域，因而本文最后的这篇工作以第 5 章中主要研究的 SiC 纳米管为基础，利用第一行原理研究氮掺杂-扶手型和锯齿型 SiC 纳米管的拓扑学、结构学以及电子结构，并从分析中发现可以实现全部碳的氮替换，进而发现 SiN 纳米管的新型结构。对于(n, n)型 SiN 纳米管，n 可以选择各种参数，这种扶手型纳米管是一种典型的半导体材料，但是与 SiC 相比具有更小的带隙，并且随着 n 的增加能隙逐渐减小。对于$(n, 0)$锯齿型 SiN 纳米管，n 只能取偶数的，此类纳米管的能隙比扶手型 SiN 纳米管的材料略宽。此种纳米管与碳纳米管不同，两种手性均为半导体特性，且能隙连续可调，具有良好的应用前景。

6.2 背景介绍

碳纳米管(CNTs)是一种备受关注的准一维体系,其电子特性可以根据手性而发生相应的改变[168]。正是因为这个特性影响了其作为纳米电子期间方面的应用,因为很难利用一种简单的工艺把半导体性碳纳米管从金属性碳纳米管中分离出来,所以其他电学特性与手性无关的纳米管很自然地成为迫切需求的材料。而这类材料被验证可以把 CNT 上的 C 原子通过杂环原子替换而获得。第一个成功的例子就是氮化硼纳米管(BNNTs)[169],这种材料的合成也是在理论计算的预言之后实现的[330],这种纳米管都是绝缘体,且其能隙随着手性而发生改变。

最近,另一种碳化硅纳米管(SiCNTs)通过 SiO 与多壁碳纳米管反应而制备成功[179],其中碳纳米管中一半的碳原子被 Si 原子所代替。在 SiCNTs 中,C 和 Si 原子的比例为 1∶1,理论计算显示管由 C 和 Si 原子交错排布,并以 sp^2 杂化的 Si—C 键大量存在[310-312],单壁的 SiCNTs 是一种与手性不相关联的半导体材料。

杂环原子掺杂是一种相对简易的方法来控制纳米管的化学、机械和电学特性,例如,氮掺杂的碳纳米管可使其转变为 n 型半导体材料。自从 Miyamoto 等人预测 C_3N_4 和 CN 片层很有可能会存在管状结构[174],大量的科研人员进行了 CN_x 纳米管制备工艺的尝试[175-178]。氮原子典型的掺杂浓度目前为 0.05%～1.02%。为了获得与 SiCNTs 相类似的掺杂效果,需要考虑 $SiCN_x$ 纳米管是否可以通过利用氮原子替换 SiCNTs 中的碳而获得,这种理论的研究对实验研发来讲具有重要的价值。其中,一个极限的现象就是氮化硅纳米管(SiNNTs),这种结构中 SiC 纳米管中的碳完全被 N 原子取代,而最终形成 Si 与 N 的原子比例为 1∶1。

6.3 理论方法

总能计算利用维也纳从头计算程序来实现。这是一个平面波展开为基的第一性原理密度泛函计算代码,计算使用了 VASP 版本的 PAW 势[328]。计算中交换关联能部分采用局域密度近似(LDA)。截断能采用 400 eV 以保证计算精度，原子平衡位置的搜索使用了 Hellmann-Feynman 力的共轭梯度法(CG)算法使施加到单位原子上的 Hellmann-Feynman 力小于 0.03 eV/Å。

为了研究手性和管径对掺杂的影响，这里采用超晶胞的计算方法，对于(5, 5)，(6, 6)和(8, 0)型的 SiCNTs 采用四倍基本原胞，对于(8, 0)，(10, 0)和(12, 0)型管采用三倍基本原胞为研究对象。扶手性纳米管四倍原胞的总原子数分别为 80，96 和 128 个。相应的锯齿形管的三倍原胞的原子数分别为 96，120 和 144 个。(n, n)和$(n, 0)$型 SiCNTs 晶格长度分别为 12.24 Å 和 15.96 Å。

掺杂研究中采用 2 个和 4 个氮原子对 SiCNTs 中的碳原子进行替换。这里，晶格参数的优化的原则是保证轴向的压力为零。在 X 轴方向的第一布里渊区的不可约区域采用 4 个 K 点进行计算，这种方式能够保证计算对于金属体系的精确度在 1 meV 以内。并进一步研究了碳原子全部被替换下的极限情况，这里仅采用一个原胞的超晶胞为研究对象。在这些分析之中，超大晶胞的设置保证 Y 和 Z 轴相邻的原胞之间的距离大于 10 Å。

6.4 扶手型 SiNNTs 纳米管结构特性分析

6.4.1 N 掺杂 SiC 纳米管结构分析

首先，研究一下 SiCNTs 替换掉部分 N 原子后的基本特性。表 6-1 中列出了掺杂 N 原子的平均的结合能 $E(n_N)/n_N$，利用公式：

$$\text{SiCNT} + n_N\text{N} \longrightarrow 2\text{N-SiCNT} + n_N\text{C}(n_N = 2)$$

计算，其中 $E(n_N)$为结合能，n_N 为氮原子的数量。而表 6-1 中所列出的数据为此结合能 $E(n_N)$与掺杂数量 n_N 的比值，也同样对 CNTs 做了相应的掺杂过程比较(N 和 C 原子的化学势采用原子状态)。

理论尝试的结果出人意料，结果表明 SiCNTs 比任何手性的 CNTs 更容易进行 N 原子掺杂。这里对于(5, 5)型纳米管，主要以其 4 个周期的基本原胞为研究对象。如图 6-1 所示，2N-SiCNT(两个 N 原子的掺杂)具有两个异构体：Z 和 A。在这两个异构体中，两个 N 原子被设置在临近的位置上，此结构中含有 N_1—Si_1—N_2 键。在异构体 A 中，N_1 和 N_2 的连线平行于轴向，而 Z 异构体中

表 6 - 1　SiCNT＋2N ⟶ 2N - SiCNT＋2C 反应过程中，氮原子平均掺杂能量［$=\Delta E(2)/2$］，以及与 CNTs 相关参数的对比

手　性	$d^{a}/\times 10^{-1}$ nm	$\Delta E(2)/2$			
		SiCNT			CNT
		Z	A	R	R
(5，5)	8.44	1.58	1.65	2.18	3.28
(6，6)	10.28	1.64	1.69	2.26	3.29
		Z	E	R	R
(8，0)	7.98	1.51	1.54	1.69	3.11
(10，0)	10.10	1.59	1.65	2.03	3.34

注：a 为纳米管的直径。

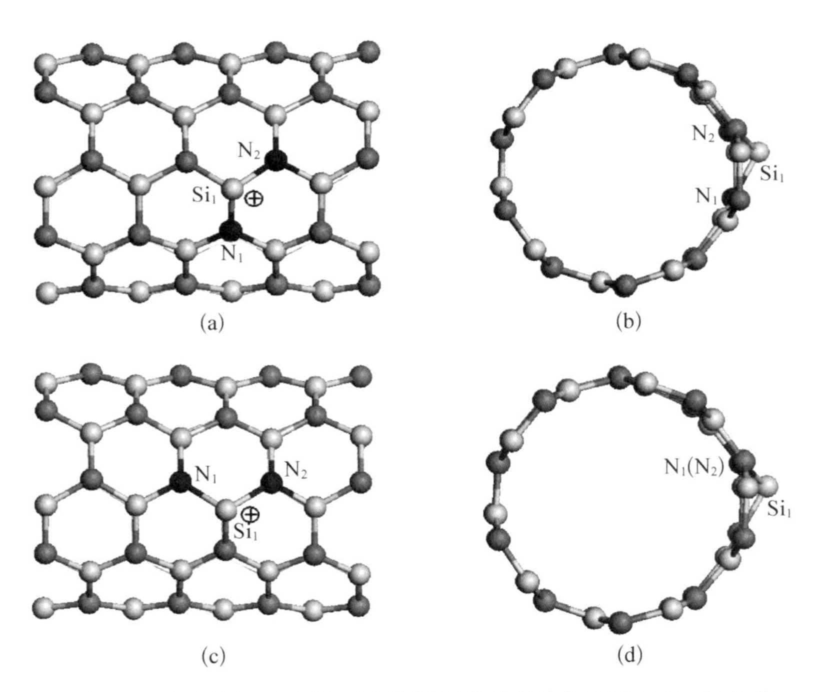

图 6 - 1　(5，5)型 2N - SiCNT 的两种异构体结构的不同视角：异构体 Z(a，b)和 A(c，d)。加号(＋)指的是原子突出于管的外壁

N_1 和 N_2 的连线指向其他的方向。图中可见 Si_1 掺杂后，在所掺杂的纳米管的外侧成突出状，超过外壁有 0.65～0.80 Å 的距离。如表 6 - 1 所示，也对另外的一种掺杂方式进行了研究(异构体 R)，即两个 N 原子分别掺杂在管外壁垂直于轴向的两端。这种异构体与两个氮原子相临的异构体相比，结合能要下降大约0.6 eV，因此在普遍情况这种异构体是不太可能存在的，因为不够稳定（需要注意的是这种现象与N掺杂的CNTs的情况刚好相反，N-CNTs中，R型异构体（也就是两个N原子垂直于轴向的方向上相互远离或者在轴向上形成两排嘧啶型的局域结构）是最稳定的[331]）。因此接下来的研究都仅集中于异构体Z和A。表6-1中可以看出异构体Z比A相对要稳定一点。由表6-2所示，进行额外两个氮原子掺杂的情况要变得更为复杂：更多的异构体可以形成，且这些异构体的掺杂后的结合能相差不多，发生的概率相差不多，这样就必须要对所有的异构体进行一个体系的对比表征，其中以AAa异构体最为稳定。按照图6-2所示，按照我们的习惯，其中两个大写字母代表每两个相互接触的N原子连线的方向，而小写的"a"和"s"分别代表这两对N原子是互相连接还是相互独立的。

表6-2 SiCNT+4N ⟶ 4N-SiCNT+4C反应过程中，氮原子平均掺杂能量[$=\Delta E(4)/4$]，以及与CNTs相关参数的对比

手性 \ 异构体	SiCNT							CNT	
	AAa	AZa	ZZa	AAs	AZs	ZZs	R	P[a]	R
(5, 5)	1.49	1.54	1.56	1.57	1.61	1.64	2.09	3.34	3.39
(6, 6)	1.54	1.55	1.61	1.69	1.66	1.64	2.17	3.53	3.42

注：a为这个异构体中两对氮原子在轴向排成两排，形成四个嘧啶型的结构，具体结构见参考文献[331]。

由表6-2中可以知道，有两个结果对(5, 5)和(6, 6)型纳米管来讲比较重要：第一，根据相应结合能的认真比较，可以发现，掺杂更趋向于向小管径的纳米管上进行，这一点看起来似乎与Si原子在小管径的纳米管上更容易形成sp^3杂化这个事实相关；第二，对最稳定的异构型进行了进一步的研究，可以发现如果管上已经形成了2个N原子的掺杂，那么进行额外两个N原子的掺杂就要容易得多。实际上，由表6-3所示，更多的N原子的掺杂尤其是在极限条件下（全部的C原子均被N所替换）依然展现良好的协同性，而这种掺杂的结果导致SiN纳米管的形成。为了方便比较依然选取$\Delta E(n_N)/n_N$值作为比较（这个计算采用纳米管的基本晶胞作为研究对象，以获得更为准确的结果，对第一布里渊区的不可约区域采用15K-points来进行模拟）。这个值明显比4个N原子掺杂(4N-SiCNTs)的$\Delta E(4)/4$的结合能要小很多。这说明一旦对SiC纳米管进行

N 原子的掺杂，尤其是对小管径，那么掺杂将很容易通过相邻的位置相续进行下去，最终形成 SiN 纳米管。

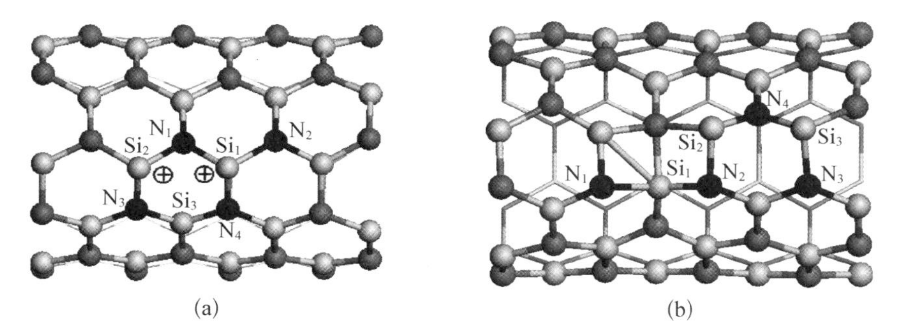

图 6-2　(5, 5)型 4N-SiCNT 的两个最稳定异构体的结构：AAa(a)和 AZa(b)。加号代表原子突出与管壁外侧

6.4.2　SiN 扶手型纳米管

图 6-3 所示，(n, n)型的 SiNNTs 的结构为一种沿轴向的轴对称($=C_n$)星状结构。全部的内层 Si 原子($=Si_1^2$)都是 sp^2 杂化，这可以通过其相邻原子所形成的平面中观察到。这里，设定管的轴向为 X 方向，而 X 方向上相同 x 值对应的一系列原子所构成的平面定义为“层”。

另一方面，所有的外层硅原子($=Si_2^3$)几乎可以认为是 sp^3 杂化，如果沿径向方向观察纳米管，可以看到一个多边形结构，而这些 Si_2^3 分别占据这多边形的顶点。实际上，2/3 的 N—Si—N 键角大约在 94°左右，并且明显的由 120°的 sp^2 杂化的原子连接。此外，所有的 N 原子均属于 sp^2 杂化。这样，扶手型 SiNNTs 基本单元的晶格常数($=2.85\times10^{-1}$ nm)就比相应的 SiCNT($=3.06\times10^{-1}$ nm)要低。

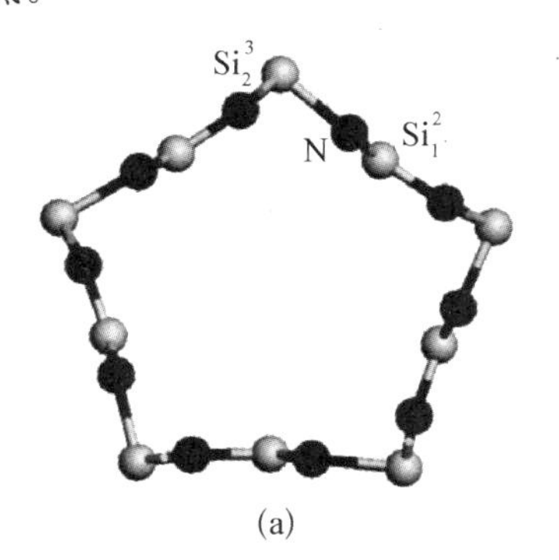

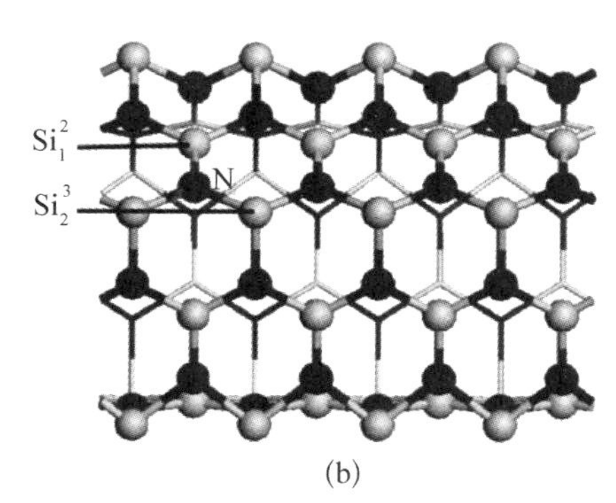

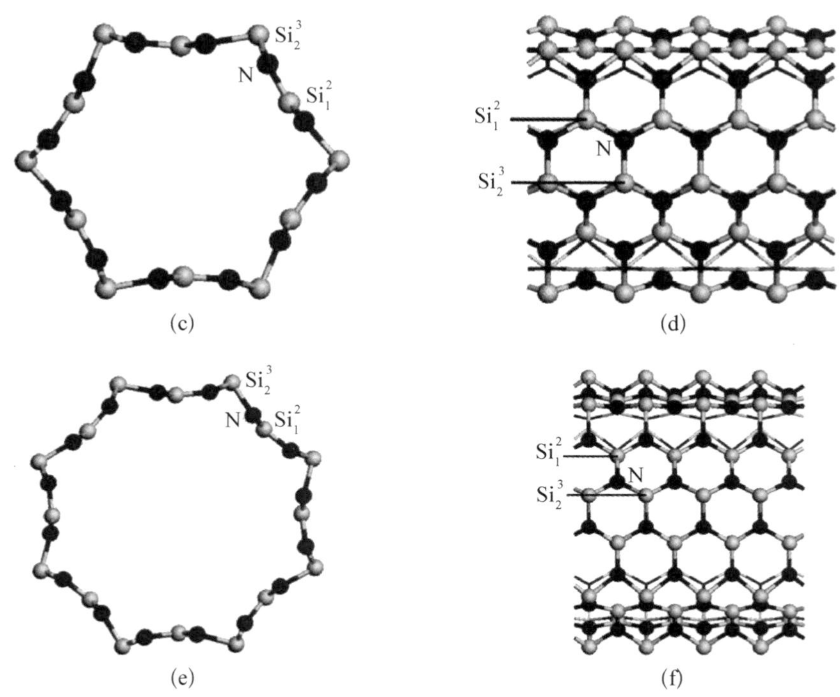

图 6-3　扶手型 SiNNTs 结构两种不同视角的图示：(5, 5)型(a, b)，(6, 6)型(c, d)和(8, 8)型(e, f)管。其中(b)、(d)、(f)为方便理解采用 4 倍晶格基本晶胞作为显示

表 6-3　SiNNTs 相关能量和电子方面的参数(括号内的值对应相应的原始 SiCNTs 的值)

L_x^a	手性	$\Delta E(n_N)/n_N$(eV)	E_{gap}^b/eV	位置[c]	ΔE_{roll}^d/eV	d^e/Å	
2.85	(5, 5)	1.29	0.49(2.20)	Indirect(indirect)	−1.28(0.16)	7.64(8.44)	8.42(8.44)
2.85	(6, 6)	1.34	0.50(2.19)	X(indirect)	−1.27(0.11)	9.77(10.28)	11.01(10.28)
2.85	(8, 8)	1.41	0.31(2.32)	X(indirect)	−1.26(0.06)	12.62(13.51)	14.16(13.51)
2.85	(12, 12)	1.47	0.10(2.42)	X(indirect)	−1.23(0.03)	19.03(20.37)	20.52(20.37)
4.95	(8, 0)	1.26	1.14(1.32)	Indirect(Γ)	−1.28(0.19)	8.09(7.98)	8.93(7.98)
4.95	(10, 0)	1.28	1.08(1.73)	Indirect(Γ)	−1.33(0.12)	9.33(9.88)	10.16(9.88)
4.95	(12, 0)	1.30	1.07(1.88)	Indirect(Γ)	−1.34(0.08)	11.52(11.80)	12.39(11.80)
4.95	(20, 0)	1.36	1.02(2.26)	Indirect(Γ)	−1.34(0.03)	18.47(19.48)	19.26(19.48)

注：a 为沿管向的基本原胞的晶格常数；
b 为 SiNNT 的禁带宽度，括号内为 SiCNT 的禁带宽度；
c 为其中直接带隙的位置；
d 为扶手型管的内层和外层的直径；对于锯齿形纳米管该值对应于最里层和最外层的值。

图 6－4 中比较了扶手型 SiC 和 SiN 纳米管中的(5, 5)和(8, 8)原始态的能带结构。简单说，随着 N 掺杂数目的增加，n 型掺杂作用也会随着相应的增加。实际上，所获的数据说明掺杂能级与导带底的能级差随着 N 原子的增加而逐渐减少，(5, 5)型 SiNNT 为其中一种极限情况，其能隙为 0.66 eV。表 6－3 中还可以看出扶手型 SiNNT 纳米管为间接带隙，明显地比相应的 SiCNT 的能隙(＝2.20 eV)要小很多。对于(5, 5)型纳米管，导带的最小值在 G 点，而 $E_n(k)$ 在 X 点的值明显高于 G 点。对于(6, 6)和更大的管径的扶手型纳米管，导带的最低点出现在 X 点，所以这些纳米管显示是一种间接带隙。而且，这个能隙也随着管径增加而减小，其原因如下：通过对能带图谱的进一步分析，发现价带所显示的是 Si_2^3 的 π 型电子密度的特点，而导带显示的是 Si_1^2 的 π 型电子密度的特点，而这两种 Si 原子在无穷大的管径下会趋近于同性。

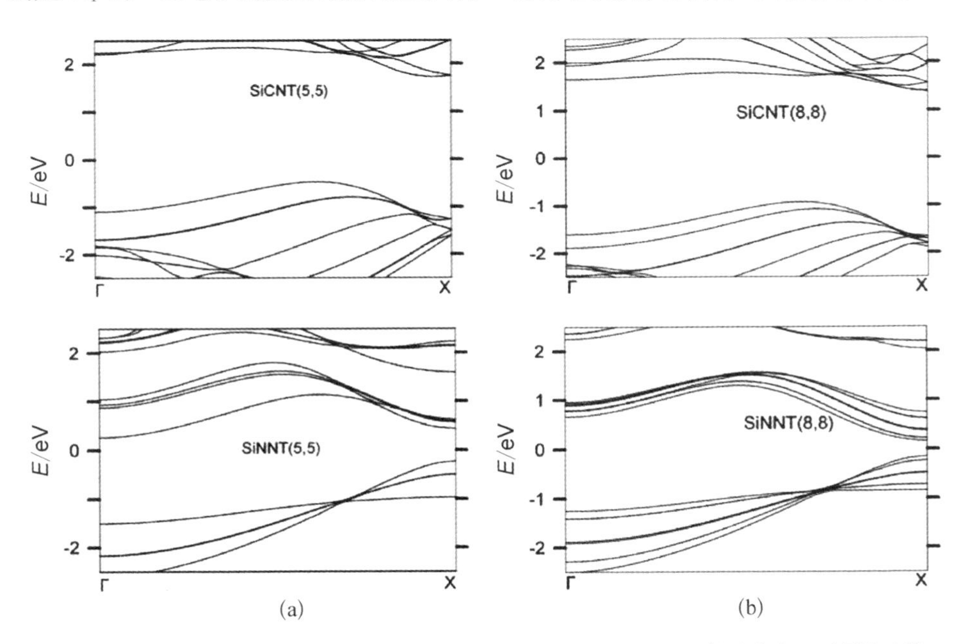

图 6－4　扶手型 SiNNTs 和 SiCNT 的能带结构对比图：(5, 5)型(a)和(8, 8)型(b)管

6.5　锯齿型 SiNNTs 纳米管结构特性分析

6.5.1　N 掺杂 SiC 纳米管结构分析

现在，讨论锯齿型 SiC 纳米管 N 原子掺杂的情况。表 6－1 比较了锯齿型纳米管掺杂两个氮原子的平均掺杂能量。如图 6-5 所示，对于两个 N 原子的掺杂主要包含 Z 和 E 两种异构体，且两个 N 原子同样位于相邻的位置上形成 N—Si—N 键。与扶手型纳米管相似，这两种异构体也利用这两个 N 原子的相对位置的方向来进行区分。如果两个氮原子的连线垂直于轴向那么这种构型称为 E，而其他的排布方向称为 Z。同样的，对 R 异构体（也就是两个 N 原子彼此不紧靠，其中最极限的位置为管径向的两侧）也进行了验证，与扶手型纳米管相类似，该异构体也远没有 E 和 Z 稳定。

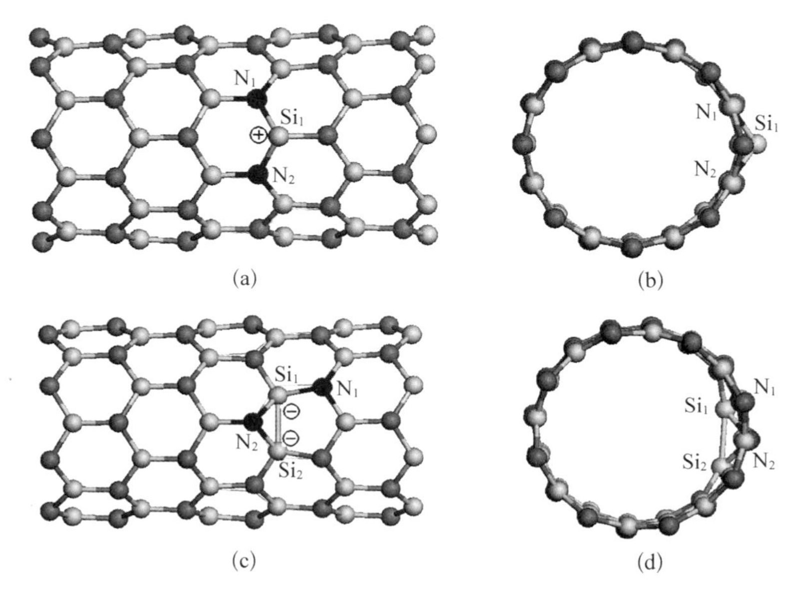

图 6-5 (8, 0)型 2N-SiCNT 两种异构体结构的不同视角：E(a, b)和 Z(c, d)

这里开始分析锯齿型纳米管上掺杂 4 个 N 原子的情况。图 6-6 中为(8, 0)型 4N-SiCNT 的各个异构体。由表 6-4 可知，EZa 异构体是最稳定的结构，其次是 ZZa。同样采用 $\Delta E(4)/4$ 来对比这些异构体的掺杂后的能量变化，(8, 0) SiCNTs 的 EZa 和 ZZa 分别为 1.42 eV 和 1.47 eV，而 R 构型对应于1.80 eV，可以认为 N 的掺杂与 N—N 之间的距离有关，越靠近越容易发生替换。再比较表 6-1、表 6-3、表 6-4 中掺杂的平均能量变化利用 $\Delta E(2)/2$，$\Delta E(4)/4$和 $\Delta E(n)/n$，同样说明了随着 N 掺杂量的增加这种掺杂就更加容易。表 6-4 为不同锯齿型 SiNNTs 的各个参数。为了获得准确的计算结果，这里采用 11K-Points 来模拟 SiNNT 纳米管的原胞第一布里渊区的不可约区域。

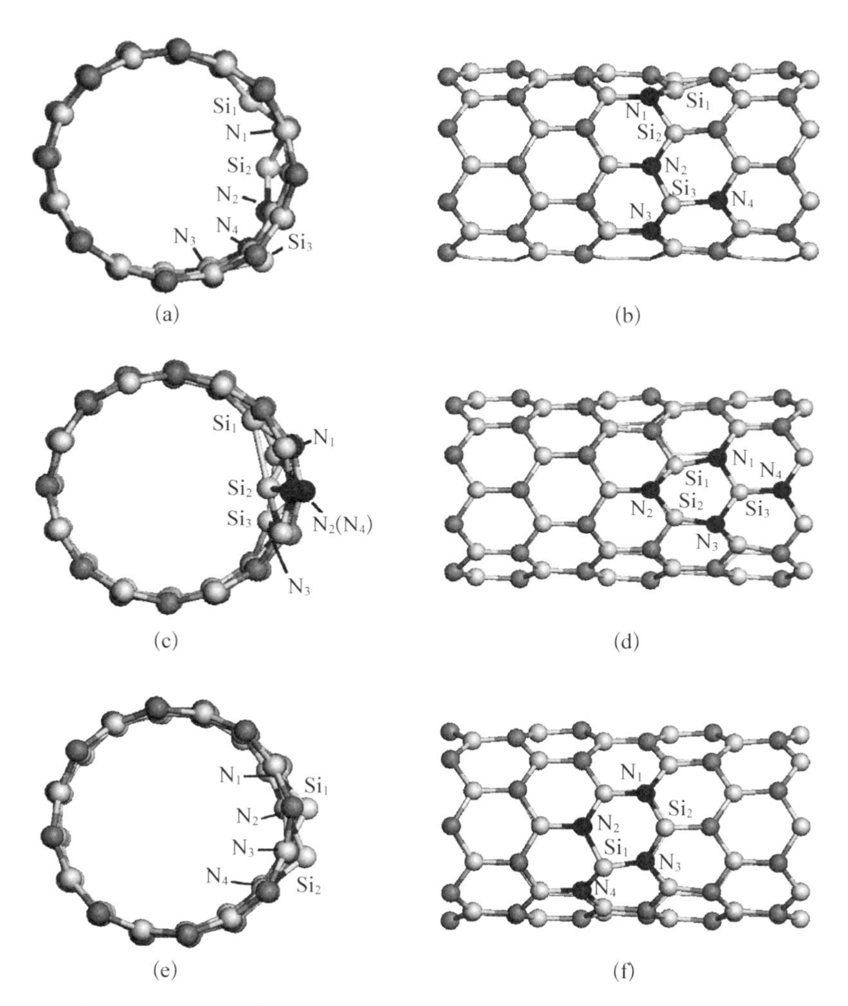

图 6-6　(8, 0)型 4N-SiCNT 三种异构体的不同视角的结构示意图：EZa(a, b)，ZZa(c, d)和 EEa(e, f)

表 6-4　锯齿型 SiC 纳米管在 SiCNT+4N ⟶4N-SiCNT+4C 反应过程中，氮原子平均掺杂能量[$=\Delta E(4)/4$]，以及与 CNTs 中相关参数的对比

手性＼异构体	SiCNT							CNT
	EZa	ZZa	EEa	EZs	ZZs	EEs	R	R[a]
(8, 0)	1.42	1.47	1.50	1.56	1.60	1.54	1.80	3.18
(10, 0)	1.51	1.55	1.59	1.61	1.57	1.65	2.04	3.34

注：a 为相关 CNTs 的异构体 P 的值这里没有显示，因为其远不如异构体 R 稳定。

6.5.2 SiN 锯齿型纳米管

如图 6－7 所示，(n, 0)型 SiNNTs 的几何构型延管轴成 $C_{n/2}$ 型轴对称结构，因此对于锯齿纳米管此种几何构型中只能观察到($2l$, 0)手性结构，其中 l 为整数。这种结构具有显著的四壳层结构，其中最外层的壳层的直径比最内层要

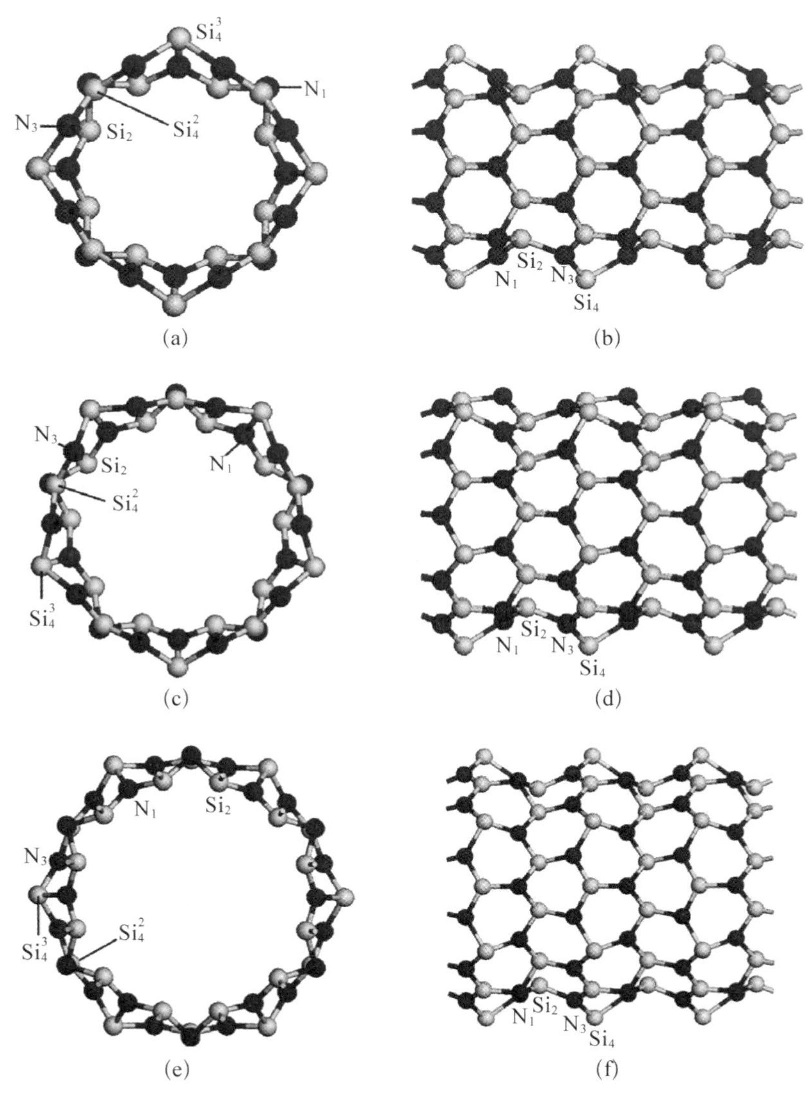

图 6－7 锯齿形 SiNNTs 的两个不同视角：(8, 0)型(a, b)，(10, 0)型(c, d)和型(12, 0)(e, f)管

大 9%～10%(具体数值见表 6-3)。从图中可以看到,每一层分别由 N_1,Si_2,N_3 和 Si_4 占据。因为 Si_2 原子周围的原子成平面结构排布,所以全部的 Si_2 均为 sp^2 杂化。另一方面,依然沿纳米管轴向观察,管成多边形的结构,其中一半的 Si_4 原子(=Si_4^3)分别占据了这种基本多边形的各个顶点,并显现出一种近似 sp^3 杂化的结构。实际上,N—Si_4^3—N 键的三个角都接近 97°,这与 120°的 sp^2 杂化明显不一致。而另一半的 Si_4 原子(=Si_4^2)属于 sp^2 杂化。总结来看,管中只有 1/4 的硅原子属于 sp^3 杂化,而在扶手型纳米管中有一半的 Si 原子属于这一种杂化。由于本论文主要研究的是 N 原子的杂化情况,所以经过计算可知:具有 sp^3 杂化的原子总数与 SiNNT 的手性无关。我们发现(n, 0)型 SiNNTs 中一半的 N_1 原子(即 1/4 的 N 原子)属于 sp^3 杂化,结合上文所述四分之一的 Si 原子亦为 sp^3 杂化,那么在锯齿型 SiN 纳米管中占总数 1/4 的原子属于 sp^3 杂化类型。正因为这么多的 sp^3 杂化,锯齿型 SiN 纳米管的原胞的晶格常数(=4.95 Å)要比 SiC 纳米管(=5.32 Å)短很多。

图 6-8 所示的是(8, 0)和(12, 0) SiNNTs 和 SiCNTs 的能带结构的比较图。本文所研究的几类锯齿型 SiN 纳米管能带中,价带的最大值均出现在 Γ 点,而 $E_n(k)$在 X 点上的值始终小于其他能量值,说明这是一种间接带隙的能带

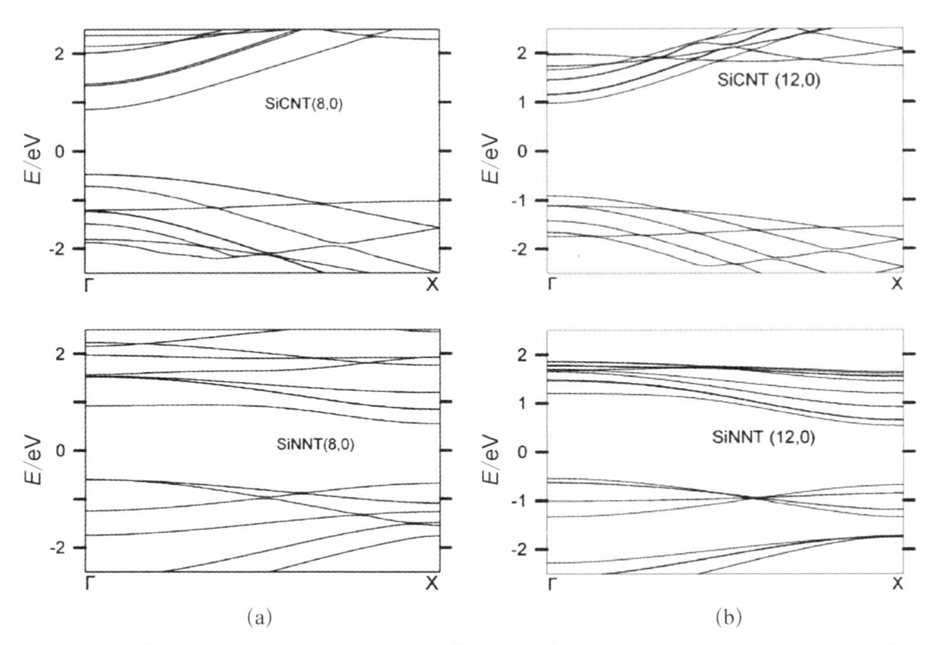

图 6-8　锯齿型 SiNNTs 和 SiCNT 的能带结构对比:(8, 0)型(a)和(12, 0)型(b)管

结构。在表 6－3 中也可以看到,能隙也同样地随着管径的增加而减小。在价带的能带中,电子密度主要集中在 Si_4^3 原子上,而导带集中于 Si_4^2 原子上。与同样管径的扶手型纳米管,锯齿型 SiN 纳米管的能隙明显更大,即使在能隙已经接近渐进值的(20, 0)型管中,也能观察到这种现象。这是因为,如果我们注意到(8, 0)型纳米管从沿着管径的方向看是一种类似正方形的结构,而(5, 5)型纳米管属于五边形结构。也就是说 Si_4^2 和 Si_4^3 的杂化本质在锯齿型纳米管上的区别比在相同尺度管径的扶手型纳米管中更为明显。

对于这种 SiNNTs 的稳定性,还需要进一步的验证,所以这里比较一下片状 SiN 和 SiCNTs 的卷曲特性。首先,假设这种片层具有 P3m1 的对称结构,对这两种片状结构进行结构优化,这两种材料均成二维的菱形结构,并且其原胞的晶格常数分别为 3.07×10^{-1} nm 和 3.02×10^{-1} nm。表 6－3 中给出了卷曲成相应管状结构后每一对原子的能量变化(＝ΔEroll)。与预期的结果一致,SiN 片中 Si 都属于 sp^2 杂化,卷曲后所获得的 SiNTs 结构能量更低,而对于 SiCNTs 来讲这种能量的变化则正好相反。对于扶手型 SiNNTs 来讲,较大管径比较小管径的纳米管稳定性要差,这是因为 Si_2^3 原子在大管径的纳米管中形成 sp^3 杂化要相对更加困难一些。而锯齿型 SiNNTs 不同,这种纳米管的稳定性随着管径的增加而提高,这可能是因为前文提到的四壳层结构的原因。实际上,表 6－3 中说明(20, 0)SiNNT 比(12, 12)纳米管要稍微稳定一些(尽管这两种纳米管的管径基本相同),所以锯齿型 SiN 纳米管相对于扶手型在大尺度的纳米管中更容易存在。

6.6 本章小结

本章利用第一性原理,研究了氮原子掺杂的扶手型和锯齿型 SiCNTs 的拓扑学、几何学以及电子结构等特性。而 N 掺杂的 SiCNTs 主要依靠的是 N 原子对 C 原子的取代。首先,这种取代相对 CNTs 来讲要容易得多。此外,掺杂的初始阶段比较容易形成在相邻处,通过互相接近的位置扩展开。进一步的研究表明,更多的 N 原子的掺杂更加容易进行。此结论引导我们用理论方法去证明 SiN 纳米管的存在,即如果 SiCNTs 上的碳原子全部被氮原子取代,最终将形成 Si 和 N 原子的比例为 1∶1 的结构。

对于(n, n)型 SiNNTs,对于任何手性指数 n 都适合。此种纳米管展现的是

C_n 型轴向对称结构，其中一半的 Si 原子属于 sp^3 杂化，并占据轴对称结构的顶点。这种纳米管属于半导体结构，比相关的 SiCNTs 的能隙要小得多，并且能隙随着管径的增加而减小。对于(n, 0)型 SiNNTs，只有偶数的手性指数($n=21$)是可以存在的。这种管成 $C_{n/2}$ 型轴对称图形，其中 1/4 的 Si 原子(也同样属于 sp^3 杂化)占据该对称图形的顶点。此种手性的 SiNNTs 纳米管也属于半导体材料，能隙比相应的 SiCNTs 要小，但是比相同管径的扶手型 SiNNTs 的能隙要大。对于这些现象，我们又进行了能带结构分析，并获得较好的解释。有趣的是这种 SiNNTs 纳米管具有的是典型的半导体特性，而 CNTs 纳米管中一半的 C 原子被 N 原子取代时则展现的是金属的特性[174]。

最后有一点值得注意的是，N 原子掺杂会引起缺陷和空位，这些都会导致管状结构的扭曲，或形成竹状结构。但是，这种可能性要比 CNTs 要小得多，因为 N 原子更趋近于与 Si 原子结合。

总结与展望

7.1 工作总结

本书以 WO_3 基气敏材料为代表，利用实验方法表征并分析了其在气敏致色过程中的结构和成分变化，采用第一性原理的理论计算研究了气敏致色过程中氢原子的吸附动力和过程，通过结合实验和理论的方法初步建立了纳米材料宏观和微观的内在关系，解释了气敏材料的气体吸附机理和制约其循环稳定性的主要因素。进一步尝试利用理论计算的方法研究了 SiC 纳米管材料在气敏方向的应用，以及深入研究新型 SiN 纳米管的几何和电子结构特征，为进一步结合实验和理论工具开发新型气敏材料做了相关的尝试性实验。

总结所有章节得出以下结论：

(1) 以 WO_3 基气敏材料为研究对象，利用实验与理论相结合的方法验证了其氢气吸附机理属于双注入理论。

避免了单组分材料致褪色速率不易控制的缺点，设计并制备了二元 MoO_3 - WO_3 复合和多层薄膜，通过分析两种薄膜致褪色弛豫过程，从宏观的气敏致色速率上验证出了氢原子的注入过程更符合双注入模型。

分别原位测试了非晶态和晶态 WO_3 在致褪色过程中的结构变化，从实验上深入分析了其变化过程与气敏致色过程的关系，结合基于第一性原理的计算，进一步对致色过程中的关键阶段进行了实验模拟，且计算结果与实验相符，即属于氢原子的注入。并在此基础上对 H_xWO_3 的电子结构进行了分析，结合紫外可见光光谱的实验证明 H_xWO_3 在红外波段的光吸收属于极化子模型。

(2) 通过溶胶-凝胶技术提高了 WO_3 薄膜的气敏循环性，并结合实验和理论分析解释了结构变化对循环性的影响机制。

利用溶胶-凝胶技术，通过 SiO_2 的复合成功地提高了 WO_3 的气敏循环性，经过500次循环后依然观察不到明显的性能上的损耗。

深入研究了 SiO_2 的掺杂量对 SiO_2/WO_3 复合溶胶的凝胶时间和颗粒度影响；系统研究了在掺杂不同量 SiO_2 下，SiO_2/WO_3 复合薄膜的结构变化，通过IR、Raman、XPS光谱测试和热处理等方法分析 SiO_2/WO_3 的复合结构，结果显示 WO_3 以共边的 W_3O_{12} 结构与 SiO_2 彼此分散，SiO_2 对 WO_3 起到了强化支撑作用；深入研究了 WO_3 和 WO_3/SiO_2 薄膜致褪色循环中的结构变化，并结合第一性原理模拟，分析了制约气敏循环性的主要原因在于正交和六角复合相的 WO_3 向单一单斜相的转变；SiO_2 掺杂复合抑制了 WO_3 结构的变化，从而获得良好的循环稳定性。

(3) 利用理论工具验证了SiCNTs，CNTs和BNNTs等纳米管材料对NO、NNO和 NO_2 分子的气敏作用。

分别研究了SiCNT、CNT和BNNT对 NO_x 系列气体的吸附机理，并深入分析了相关异构体的能量、几何构型、电子结构，计算结果显示NO和NNO分子吸附在SiCNTs上的结合能较大，而 NO_2 分子结合能最高，而CNT和BNNT只能实现物理吸附；通过研究SiCNT－NO的能带结构和自旋分布，分析了SiCNT－NO磁矩产生的原因，结果说明可以依靠磁性的改变进行SiCNT－NO的气敏检测；SiCNT－NO_2 的研究显示，NO_2 的吸附属于P型掺杂，可以使SiCNT从半导体转变为金属特性，因而可以依靠电导率的变化进行检测。由于SiC纳米管对 NO_x 气体具有很强的化学作用，所以SiC纳米管可以应用于 NO_x 气体的去除等方面。

(4) 利用理论工具，设计并探讨了新型SiN纳米管可能存在的构型及其相关电子结构特性。

利用第一性原理研究氮掺杂-扶手型和锯齿型SiC纳米管的拓扑学，结构学以及电子结构特征，分析显示可以实现全部碳原子的氮原子替换，进而发现了新型SiN纳米管的结构。深入研究了SiN纳米管结构学和电子结构方面的基本特性。结果表明，(n, n)扶手型SiN纳米管可以选取各种手性指数，值得注意的是(n, n)扶手型SiN纳米管均属于半导体，且禁带宽度比相同手性指数的SiC纳米管要小得多，而且会随着管径的增加而减少；$(n, 0)$锯齿形SiN纳米管只可以选取偶数手性指数，同样这类纳米管也属于半导体，禁带宽度大于相同管径的扶手型SiN纳米管。此外N原子掺杂会引起缺陷和空位，这些都会导致管状结构的扭曲，或形成竹状结构，但是，这种可能性要比CNTs要小得多，因为N原子更趋近于与 Si 原子结合。因此这部分工作为下一步研制新型纳米材料提供了一定的理论基础。

7.2 主要创新点

（1）成功通过 SiO_2 的复合大幅提高了 WO_3 气敏材料的循环稳定性能，WO_3 薄膜的致褪色速度经过 20～30 次循环后已经出现明显的衰减，而经过工艺改进的 WO_3 薄膜经过 500 次循环后依然观察不到任何衰减的趋势。

（2）利用实验在线检测证实了 WO_3 在致褪色循环过程中从六角和单斜混合相向单一的单斜相转化，同时伴随着氢键的生成，而采用 SiO_2 掺杂复合的 WO_3 薄膜结构稳定无氢键生成。利用第一性原理理论计算，通过分析整个相变过程中的各主要阶段的结构与化学势变化，证明了结构变化是导致气敏循环性下降的主要原因之一：在氢键作用下或者热处理条件下都会导致 WO_3 从混合相向单一单斜相转化，这种变化伴随着对氢原子吸附能的升高，进而导致褪色速率的大幅衰减；SiO_2 掺杂复合减少了 WO_3 中氢键的生成，抑制了其结构的变化，从而获得良好的循环稳定性。

（3）从实验上证明了材料对氢原子的吸附能的增加伴随着褪色速率的减少，表征了致色态 WO_3 的结构变化。结合第一性原理理论计算，对氢原子注入过程中各反应阶段的结构和化学势进行分析，建立了宏观致褪色过程与微观化学反应的关系，验证了双注入模型的致色机理，即形成 H_xWO_3 结构。通过分析 H_xWO_3 的电子态密度和能带结构，证明其对红外波段的光吸收属于极化子模型。

（4）采用第一性原理理论计算研究了 SiC、CT 和 BN 纳米管对 NO_x 系列气体的吸附机理，深入分析了相关异构体的能量、几何构型、电子结构，证明 SiC 纳米管对于 NO、NNO 以及 NO_2 三种气体具有良好的化学吸附作用，可用于 NO_x 系列气体的去除，而 C 纳米管和 BN 纳米管只能实现物理吸附。通过研究 SiCNT - NO_x 的能带结构和自旋分布，证明 SiC 纳米管可以分别依靠磁性的改变和电导率变化对 NO 和 NO_2 气体进行气敏检测。

（5）利用第一性原理研究了氮掺杂-扶手型和锯齿型 SiC 纳米管的拓扑学，结构学以及电子结构特征，证明可以实现全部碳原子的氮原子替换，进而发现了新型 SiN 纳米管的结构。通过能带分析，证明了 SiN 类纳米管均属于半导体，且禁带宽度随管径可调，具有重要的应用前景。

7.3 工作展望

(1) 目前的理论模拟方法还处于尝试阶段，仅对反应过程中的几种极限模型进行了分析，下一步工作可以在此基础上模拟非晶态薄膜，更全面地建立实验和理论的关系体系。

(2) 在线实验的测试需要对现有仪器设备进行改装，目前本课题组仅能实现部分的原位测试，下一步工作中可以改进相关设备或方法，对气敏材料的作用机理进行更直接的表征。

(3) 搭建传感器装置，为进一步制作红外气敏传感器做出相关实验方面的研究。

(4) 本书对新型纳米结构的尝试还只针对相对较容易推导的 SiN 纳米管，下一步工作针对 WO_3 等常见气敏材料进行纳米结构模拟，并以此制备出新型纳米气敏材料。

参考文献

[1] 贾良菊,应鹏展,许林敏,等.气敏传感器的研究现状与发展趋势[J].煤矿机械,2005(4):3-5.

[2] Wang Y, Yeow J T W. A review of carbon nanotubes-based gas sensors[J]. Journal of Sensors, 2009, 493904.

[3] Bogue R. Nanosensors: a review of recent progress[J]. Sensor Review, 2008, 28(1): 12-17.

[4] Hooker S A. Nanotechnology advantages applied to gas sensor development[J]. Business Development Manager Nanomaterials Research, Business Communications Co, Inc, Norwalk, CT USA, 2002.

[5] Khatko V, Llobet E, Vilanova X, et al. Gas sensing properties of nanoparticle indium-doped WO_3 thick films[J]. Sensors and Actuators B-Chemical, 2005(111): 45-51.

[6] Gaman V I. Basic physics of semiconductor hydrogen sensors[J]. Russian Physics Journal, 2008, 51(4): 425-441.

[7] Szilagyi I M, Saukko S, Mizsei J, et al. Controlling the composition of nanosize hexagonal WO_3 for gas sensing[J]. Materials Science, Testing and Informatics Iv, 2008, 589: 161-166.

[8] Shimizu K I, Kashiwagi K, Nishiyama H, et al. Impedancemetric gas sensor based on Pt and WO_3 co-loaded TiO_2 and ZrO_2 as total NO_x sensing materials[J]. Sensors and Actuators B-Chemical, 2008, 130(2): 707-712.

[9] Ashraf S, Blackman C S, Palgrave R G, et al. Aerosol-assisted chemical vapour deposition of WO_3 thin films using polyoxometallate precursors and their gas sensing properties[J]. J Mater Chem, 2007, 17(11): 1063-1070.

[10] Francioso L, Russo M, Taurino A M, et al. Micrometric patterning process of sol-gel SnO_2, In_2O_3 and WO_3 thin film for gas sensing applications: Towards silicon technology integration[J]. Sensors and Actuators B-Chemical, 2006, 119(1):

159 - 166.

[11] Seo Y J, Kim N H, Chang E G, et al. Chemical mechanical planarization characteristics of WO_3 thin film for gas sensing[J]. Journal of Vacuum Science & Technology A, 2005, 23(4): 737 - 740.

[12] Gao G H, Kang H S. First principles study of NO and NNO chemisorption on silicon carbide nanotubes and other nanotubes [J]. Journal of Chemical Theory and Computation, 2008, 4(10): 1690 - 1697.

[13] Gao G, Park S H, Kang H S. A first principles study of NO_2 chemisorption on silicon carbide nanotubes[J]. Chem Phys, 2009, 355(1): 50 - 54.

[14] 史继超,吴广明,高国华,等.水对纳米掺钯 WO_3 薄膜气致变色性能的影响[J].功能材料与器件学报,2009,15(5): 459 - 465.

[15] Jiang M, Hou F, Xu T X, et al. Study on gas sensing properties of WO_3 thin films [J]. High-Performance Ceramics Iii, Pts 1 and 2, 2005, 280 - 283: 319 - 322.

[16] Li Y X, Galatsis K, Wlodarski W, et al. Polycrystalline and amorphous sol-gel derived WO_3 thin films and their gas sensing properties[J]. Commad 2000 Proceedings, 2000: 206 - 209.

[17] Dong L F, Cui Z L, Zhang Z K. Gas sensing properties of nano-ZnO prepared by arc plasma method[J]. Nanostruct Mater, 1997, 8(7): 815 - 23.

[18] Shi J C, Wu G M, Shen J, et al. Preparation of Pd doped WO_3 films via sol-gel method and their gasochromic properties — art. no. 69843A[J]. Thin Film Physics and Applications, Sixth International Conference, 2008, 6984: A9843 - A550.

[19] 吴广明,杜开放,陈宁,等. WO_3 纳米薄膜的制备与气致变色特性研究[J].功能材料,2003,34(6): 707 - 710.

[20] 吴广明,陈世文,肖锟,等.掺钯纳米 WO_3 薄膜气致变色窗研究[J].真空科学与技术学报,2006,26(S1): 1 - 5.

[21] 马戎,周王民,陈明.气体传感器的研究及发展方向[J].航空计测技术,2004,24: 1 - 4.

[22] Comini E, Faglia G, Sberveglieri G, et al. Stable and highly sensitive gas sensors based on semiconducting oxide nanobelts [J]. Appl Phys Lett, 2002, 81 (10): 1869 - 1871.

[23] Tomchenko A A, Harmer G P, Marquis B T. Detection of chemical warfare agents using nanostructured metal oxide sensors [J]. Sensors and Actuators B-Chemical, 2005, 108(1 - 2): 41 - 55.

[24] Li H, Wang Q J, Xu J M, et al. A novel nano-Au-assembled amperometric SO_2 gas sensor: preparation, characterization and sensing behavior[J]. Sensors and Actuators B-Chemical, 2002, 87(1): 18 - 24.

[25] Ponzoni A, Comini E, Sberveglieri G, et al. Ultrasensitive and highly selective gas sensors using three-dimensional tungsten oxide nanowire networks[J]. Applied Physics Letters, 2006, 88(20): 203101 - 203101 - 3.

[26] Mokhatab S, Towler B F. Nanomaterials hold promise in natural gas industry[J]. International Journal of Nanotechnology, 2007, 4(6): 680 - 690.

[27] Bondavalli P, Legagneux P, Pribat D. Carbon nanotubes based transistors as gas sensors: State of the art and critical review[J]. Sensors and Actuators B-Chemical, 2009, 140(1): 304 - 318.

[28] Dutta P K, Ginwalla A, Hogg B, et al. Interaction of carbon monoxide with anatase surfaces at high temperatures: Optimization of a carbon monoxide sensor[J]. J Phys Chem B, 1999, 103(21): 4412 - 4422.

[29] Rella R, Siciliano P, Capone S, et al. Air quality monitoring by means of sol-gel integrated tin oxide thin films[J]. Sensors and Actuators B-Chemical, 1999, 58(1 - 3): 283 - 288.

[30] Ferroni M, Boscarino D, Comini E, et al. Nanosized thin films of tungsten-titanium mixed oxides as gas sensors[J]. Sensors and Actuators B-Chemical, 1999, 58(1 - 3): 289 - 294.

[31] Chung Y K, Kim M H, Um W S, et al. Gas sensing properties of WO_3 thick film for NO_2 gas dependent on process condition[J]. Sensors and Actuators B-Chemical, 1999, 60(1): 49 - 56.

[32] Chiorino A, Ghiotti G, Prinetto F, et al. Characterization of materials for gas sensors. Surface chemistry of SnO_2 and MoO_x-SnO_2 nano-sized powders and electrical responses of the related thick films[J]. Sensors and Actuators B-Chemical, 1999, 59(2 - 3): 203 - 209.

[33] Yuasa M, Masaki T, Kida T, et al. Nano-sized PdO loaded SnO_2 nanoparticles by reverse micelle method for highly sensitive CO gas sensor[J]. Sensors and Actuators B-Chemical, 2009, 136(1): 99 - 104.

[34] Xu S Y, Shi Y. Low temperature high sensor response nano gas sensor using ITO nanofibers[J]. Sensors and Actuators B-Chemical, 2009, 143(1): 71 - 75.

[35] Xu S Y, Shi Y. High sensitivity, low operational temperature ITO nano gas sensor with integrated circuits[J]. 2009 4th Ieee International Conference on Nano/Micro Engineered and Molecular Systems, 2009, 1, 2: 690 - 693.

[36] Kumar V, Sen S, Sharma M, et al. Tellurium Nano-Structure Based NO Gas Sensor [J]. Journal of Nanoscience and Nanotechnology, 2009, 9(9): 5278 - 5282.

[37] Boeyens J C A. Chemistry from first principles[J]. Berlin: Springer-Verlag, 2008.

[38] Zonias N, Lagoudakis P, Skylaris C K. Large-scale first principles and tight-binding density functional theory calculations on hydrogen-passivated silicon nanorods[J]. Journal of Physics-Condensed Matter, 2009, 22(2): 025303.

[39] Alvarez-Ramirez F. First principles calculations of the electronic and structural properties of SnO nanotubes and nanorods[J]. Journal of Nano Research, 2009, 5: 47-59.

[40] Yu J G, Xiang Q J, Zhou M H. Preparation, characterization and visible-light-driven photocatalytic activity of Fe-doped titania nanorods and first-principles study for electronic structures[J]. Applied Catalysis B-Environmental, 2009, 90(3-4): 595-602.

[41] Sadowski T, Ramprasad R. Stability and electronic structure of CdSe nanorods from first principles[J]. Physical Review B, 2007, 76(23).

[42] Barnard A S, Xu H F. First principles and thermodynamic modeling of CdS surfaces and nanorods[J]. Journal of Physical Chemistry C, 2007, 111(49): 18112-18117.

[43] Tsai M H, Jhang Z F, Jiang J Y, et al. Electrostatic and structural properties of GaN nanorods/nanowires from first principles[J]. Applied Physics Letters, 2006, 89(20): 203101-203101-3.

[44] Koga H. Effect of As preadsorption on InAs nanowire heteroepitaxy on Si(111): A first-principles study[J]. Physical Review B, 2009, 80(24): 308-310.

[45] Pekoz R, Raty J Y. From bare Ge nanowire to Ge/Si core/shell nanowires: A first-principles study[J]. Physical Review B, 2009, 80(15): 155432.

[46] Mandal S, Pati R. Quantum confinement and phase transition in PbS nanowire: A first principles study[J]. Chem Phys Lett, 2009, 479(4-6): 244-247.

[47] Xu H, Zhang X H, Zhang R Q. First-principles study of silicon bulk and nanowire (111) surfaces terminated with trihydrides: Symmetric, rotated, and tilted[J]. Physical Review B, 2009, 80(80): 1956-1960.

[48] Trohalaki S. First-principles calculations show ultrafast electron injection for dye adsorbed on TiO_2 nanowire[J]. MRS Bull, 2008, 33(12): 1133.

[49] Kim W Y, Kim K S. Carbon nanotube, graphene, nanowire, and molecule-based electron and spin transport phenomena using the nonequilibrium Green's function method at the level of first principles theory[J]. J Comput Chem, 2008, 29(7): 1073-1083.

[50] Kobayashi N, Ozaki T, Hirose K. First-principles calculation of spin transport in magnetic nanowire using Green's function method with localized basis set[J]. Seventh International Conference on New Phenomena in Mesoscopic Structures and Fifth

International Conference on Surfaces and Interfaces of Mesoscopic Devices, 2006, 38: 95 - 98.

[51] Koga H, Ohno T. Misoriented Bi dimers blocking Ag nanowire growth along the Bi nanoline: a first-principles study[J]. Journal of Physics-Condensed Matter, 2007, 19 (39): 96004(1 - 8).

[52] Egami Y, Sasaki T, Ono T, et al. First-principles study on electron conduction in sodium nanowire[J]. Nanotechnology, 2005, 16(5): S161 - S164.

[53] Chang H J, In E J, Kong K J, et al. First-principles studies of SnS_2 nanotubes: A potential semiconductor nanowire[J]. J Phys Chem B, 2005, 109(1): 30 - 32.

[54] Egami Y, Sasaki T, Tsukamoto S, et al. First-principles study on electron conduction property of monatomic sodium nanowire[J]. Materials Transactions, 2004, 45(5): 1433 - 1436.

[55] Kahaly M U, Waghmare U V. Size dependence of thermal properties of armchair carbon nanotubes: A first-principles study[J]. Applied Physics Letters, 2007, 91(2): 56.

[56] Shan B, Lakatos G W, Peng S, et al. First-principles study of band-gap change in deformed nanotubes[J]. Applied Physics Letters, 2005, 87(17): 173109 - 173109 - 3.

[57] Wang Z G, Zu X T, Xiao H Y, et al. Tuning the band structures of single walled silicon carbide nanotubes with uniaxial strain: A first principles study[J]. Applied Physics Letters, 2008, 92(18): 983.

[58] Yaghoobi P, Alam M K, Walus K, et al. High subthreshold field-emission current due to hydrogen adsorption in single-walled carbon nanotubes: A first-principles study[J]. Applied Physics Letters, 2009, 95(26): 262102 - 262102 - 3.

[59] Zhou J, Weng H M, Wu G, et al. Nonlinear optical susceptibility of deformed achiral carbon nanotubes studied from first-principles calculations[J]. Applied Physics Letters, 2006, 89(1): 56.

[60] Zou X L, Zhou G, Li J, et al. Preparing spin-polarized scanning tunneling microscope probes on capped carbon nanotubes by Fe doping: A first-principles study[J]. Applied Physics Letters, 2009, 94(94): 193106 - 193106 - 3.

[61] Jana D, Chen L C, Chen C W, et al. A first principles study of the optical properties of BxCy single wall nanotubes[J]. Carbon, 2007, 45(7): 1482 - 1491.

[62] Li Y H, Hung T H, Chen C W. A first-principles study of nitrogen- and boron-assisted platinum adsorption on carbon nanotubes[J]. Carbon, 2009, 47(3): 850 - 855.

[63] Zhou Z, Gao X P, Yan J, et al. A first-principles study of lithium absorption in boron-

or nitrogen-doped single-walled carbon nanotubes[J]. Carbon, 2004, 42(12 - 13): 2677 - 2682.

[64] Cho Y J, Kim C H, Kim H S, et al. Electronic structure of Si-doped BN nanotubes using X-ray photoelectron spectroscopy and first-principles calculation [J]. Chem Mater, 2009, 21(1): 136 - 143.

[65] Xu X, Kang H S. First-principles study of the oxygenation of carbon nanotubes and boron nitride nanotubes[J]. Chem Mater, 2007, 19(15): 3767 - 3772.

[66] Jishi R A, White C T, Mintmire J W. First-principles simulations of endohedral bromine in BC3 nanotubes[J]. J Phys Chem B, 1998, 102(9): 1568 - 1570.

[67] Zhao M W, Xia Y Y, Liu X D, et al. First-principles calculations of AlN nanowires and nanotubes: Atomic structures, energetics, and surface states[J]. J Phys Chem B, 2006, 110(17): 8764 - 8768.

[68] Kim S Y, Park J, Choi H C, et al. X-ray photoelectron spectroscopy and first principles calculation of BCN nanotubes [J]. J Am Chem Soc, 2007, 129 (6): 1705 - 1716.

[69] Li N X, Li Q X, Su H B, et al. Polarizability and shielding of coaxial hybrid double-walled nanotubes: A first-principles study[J]. Journal of Theoretical & Computational Chemistry, 2008, 7(4): 793 - 803.

[70] Rossato J, Baierle R J, Fazzio A, et al. Vacancy formation process in carbon nanotubes: First-principles approach[J]. Nano Lett, 2005, 5(1): 197 - 200.

[71] Sadek A Z, Wlodarski W, Li Y, et al. A ZnO nanorod based layered ZnO/64 degrees YX LiNbO(3)SAW hydrogen gas sensor[J]. Thin Solid Films, 2007, 515(24): 8705 - 8708.

[72] Zhang R H, Hu S M, Zhang X T, et al. Hydrogen sensor based on Au and YSZ/HgO/Hg electrode for in Situ measurement of dissolved H-2 in high-temperature and-pressure fluids[J]. Anal Chem, 2008, 80(22): 8807 - 8813.

[73] Yaacob M H, Breedon M, Kalantar-Zadeh K, et al. Absorption spectral response of nanotextured WO_3 thin films with Pt catalyst towards H-2[J]. Sensors and Actuators B-Chemical, 2009, 137(1): 115 - 120.

[74] Sumida S, Okazaki S, Asakura S, et al. Distributed hydrogen determination with fiber-optic sensor[J]. Sensors and Actuators B-Chemical, 2005, 108(1 - 2): 508 - 514.

[75] Ranjbar M, Zad A I, Mahdavi S M. Gasochromic tungsten oxide thin films for optical hydrogen sensors[J]. Journal of Physics D-Applied Physics, 2008, 41(5): 055405.

[76] Labidi A, Jacolin C, Bendahan M, et al. Impedance spectroscopy on WO_3 gas sensor [J]. Sensors and Actuators B-Chemical, 2005, 106(2): 713 - 718.

[77] Ashraf S, Blackman C S, Naisbitt S C, et al. The gas-sensing properties of WO_{3-x} thin films deposited via the atmospheric pressure chemical vapour deposition(APCVD) of WCl6 with ethanol[J]. Measurement Science & Technology, 2008, 19(2): 025203.

[78] Piperno S, Passacantando M, Santucci S, et al. WO_3 nanofibers for gas sensing applications[J]. J Appl Phys, 2007, 101(12).

[79] Khoobiar S. Particle to particle migration of hydrogen atoms on platinum-alumina catalysts from particle to neighboring particles[J]. J Phys Chem, 2002, 68(2): 2846 - 2865.

[80] Kohn H W, Boudart M. Reaction of Hydrogen with Oxygen Adsorbed on Platinum Catalyst[J]. Science, 1964, 145(3628): 149 - 150.

[81] Salinga C, Weis H, Wuttig M. Gasochromic switching of tungsten oxide films: a correlation between film properties and coloration kinetics[J]. Thin Solid Films, 2002, 414(2): 288 - 295.

[82] Orel B, Groselj N, Krasovec U O, et al. Gasochromic effect of palladium doped peroxopolytungstic acid films prepared by the sol-gel route[J]. Sensors and Actuators B-Chemical, 1998, 50(3): 234 - 245.

[83] Takano K, Inouye A, Yamamoto S, et al. Gasochromic properties of nanostructured tungsten oxide films prepared by sputtering deposition[J]. Japanese Journal of Applied Physics Part 1 - Regular Papers Brief Communications & Review Papers, 2007, 46 (9B): 6315 - 6318.

[84] Vitry V, Renaux F, Gouttebaron R, et al. Preparation and characterization of gasochromic thin films[J]. Thin Solid Films, 2006, 502(1 - 2): 265 - 269.

[85] Yamamoto S, Takano K, Inouye A, et al. Effects of composition and structure on gasochromic coloration of tungsten oxide films investigated with XRD and RBS[J]. Nuclear Instruments & Methods in Physics Research Section B-Beam Interactions with Materials and Atoms, 2007, 262(1): 29 - 32.

[86] Chen H J, Xu N S, Deng S Z, et al. Gasochromic effect and relative mechanism of WO_3 nanowire films[J]. Nanotechnology, 2007, 18(20): 205701.

[87] Georg A, Graf W, Wittwer V. The gasochromic colouration of sputtered WO_3 films with a low water content[J]. Electrochim Acta, 2001, 46(13 - 14): 2001 - 2005.

[88] Georg A, Graf W, Neumann R, et al. The role of water in gasochromic WO_3 films [J]. Thin Solid Films, 2001, 384(2): 269 - 275.

[89] Shanak H, Schmitt H, Nowoczin J, et al. Effect of Pt-catalyst on gasochromic WO_3 films: optical, electrical and AFM investigations[J]. Solid State Ionics, 2004, 171(1 - 2): 99 - 106.

[90] Shanak H, Schmitt H. Fast coloration in sputtered gasochromic tungsten oxide films [J]. Physica Status Solidi a-Applications and Materials Science, 2006, 203(15): 3748 - 3753.

[91] Bao S, Yamada Y, Tajima K, et al. Effect of deposition conditions on the response and durability of an Mg_4Ni film switchable mirror[J]. Vacuum, 2008, 83(3): 486 - 489.

[92] Shanak H, Schmitt H, Nowoczin J, et al. Effect of O-2 partial pressure and thickness on the gasochromic properties of sputtered V_2O_5 films[J]. Journal of Materials Science, 2005, 40(13): 3467 - 3474.

[93] Ranjbar M, Mahdavi S M, Zad A I. Pulsed laser deposition of W-V-O composite films: Preparation, characterization and gasochromic studies[J]. Sol Energy Mater Sol Cells, 2008, 92(8): 878 - 883.

[94] Lee S H, Cheong H M, Liu P, et al. Gasochromic mechanism in a-WO_3 thin films based on Raman spectroscopic studies[J]. J Appl Phys, 2000, 88(5): 3076 - 3078.

[95] Inouye A, Takano K, Yamamoto S, et al. Gasochromic property of oriented tungsten oxide thin films[J]. Transactions of the Materials Research Society of Japan, Vol 31, No 1, 2006, 31(1): 227 - 230.

[96] Luo J Y, Deng S Z, Tao Y T, et al. Evidence of Localized Water Molecules and Their Role in the Gasochromic Effect of WO_3 Nanowire Films[J]. Journal of Physical Chemistry C, 2009, 113(36): 15877 - 15881.

[97] Faughnan B W, Crandall R S, Heyman P M. Electrochromism in WO_3 Amorphous Films[J]. Rca Review, 1975, 36(1): 177 - 197.

[98] Granqvist C G. Electrochromic tungsten oxide films: Review of progress 1993 - 1998 [J]. Sol Energy Mater Sol Cells, 2000, 60(3): 201 - 262.

[99] Lee S H, Cheong H M, Zhang J G, et al. Electrochromic mechanism in a-WO_{3-y} thin films[J]. Applied Physics Letters, 1999, 74(2): 242 - 244.

[100] Lee S H, Cheong H M, Liu P, et al. Raman spectroscopic studies of gasochromic a-WO_3 thin films[J]. Electrochim Acta, 2001, 46(13 - 14): 1995 - 1999.

[101] Inouye A, Yamamoto S, Nagata S, et al. Hydrogen behavior in gasochromic tungsten oxide films investigated by elastic recoil detection analysis[J]. Nuclear Instruments & Methods in Physics Research Section B-Beam Interactions with Materials and Atoms, 2008, 266(2): 301 - 307.

[102] Georg A, Graf W, Neumann R, et al. Mechanism of the gasochromic coloration of porous WO_3 films[J]. Solid State Ionics, 2000, 127(3 - 4): 319 - 328.

[103] Zhang J G, Benson D K, Tracy C E, et al. Chromic mechanism in amorphous WO_3 films[J]. J Electrochem Soc, 1997, 144(6): 2022 - 2026.

[104] Xu X Q, Shen H, Xiong X Y. Gasochromic effect of sol-gel WO_3 - SiO_2 films with evaporated platinum catalyst[J]. Thin Solid Films, 2002, 415(1 - 2): 290 - 295.

[105] Zhuang L, Xu X Q, Shen H. A study on the gasochromic properties Of WO_3 thin films[J]. Surface & Coatings Technology, 2003, 167(2 - 3): 217 - 220.

[106] Rauch F, Wagner W, Bange K. Nuclear-Reaction Analysis of Hydrogen in Optically-Active Coatings on Glass[J]. Nuclear Instruments & Methods in Physics Research Section B-Beam Interactions with Materials and Atoms, 1989, 42(2): 264 - 267.

[107] Zayat M, Reisfeld R, Minti H, et al. Gasochromic effect in platinum-doped tungsten trioxide films prepared by the sol-gel method[J]. J Sol-Gel Sci Technol, 1998, 11 (2): 161 - 168.

[108] Orel B, Krasovec U O, Groselj N, et al. Gasochromic behavior of sol-gel derived Pd doped peroxopolytungstic acid (W-PTA) nano-composite films[J]. J Sol-Gel Sci Technol, 1999, 14(3): 291 - 308.

[109] Orel B, Groselj N, Krasovec U O, et al. IR spectroscopic investigations of gasochromic and electrochromic sol-gel — Derived peroxotungstic acid/ormosil composite and crystalline WO_3 films[J]. J Sol-Gel Sci Technol, 2002, 24(1): 5 - 22.

[110] Georg A, Graf W, Neumann R, et al. Stability of gasochromic WO_3 films[J]. Sol Energy Mater Sol Cells, 2000, 63(2): 165 - 176.

[111] Wittwer V, Datz M, Ell I, et al. Gasochromic windows[J]. Sol Energy Mater Sol Cells, 2004, 84(1 - 4): 305 - 314.

[112] Bao S H, Yamada Y, Tajima K, et al. Optical property and cycling durability of polytetrafluoroethylene top-covered and metal buffer layer inserted Mg - Ni switchable mirror[J]. Sol Energy Mater Sol Cells, 2009, 93(9): 1642 - 1646.

[113] Bao S, Yamada Y, Okada M, et al. The effect of polymer coatings on switching behavior and cycling durability of Pd/Mg - Ni thin films[J]. Appl Surf Sci, 2007, 253 (14): 6268 - 6272.

[114] Slack J L, Locke J C W, Song S W, et al. Metal hydride switchable mirrors: Factors influencing dynamic range and stability[J]. Sol Energy Mater Sol Cells, 2006, 90(4): 485 - 490.

[115] Bao S H, Yamada Y, Tajima K, et al. Gasochromic properties of Mg - Ni switchable mirror thin films on flexible sheets[J]. Japanese Journal of Applied Physics, 2008, 47 (10): 7993 - 7997.

[116] Bao S, Tajima K, Yamada Y, et al. Metal buffer layer inserted switchable mirrors [J]. Sol Energy Mater Sol Cells, 2008, 92(2): 216 - 223.

[117] Bao S H, Yamada Y, Okada M, et al. Titanium-buffer-layer-inserted switchable

mirror based on Mg - Ni alloy thin film[J]. Japanese Journal of Applied Physics Part 2 - Letters & Express Letters, 2006, 45(20 - 23): L588 - L590.

[118] Liu P, Lee S H, Cheong H M, et al. Stable Pd/V_2O_5 optical H-2 sensor[J]. J Electrochem Soc, 2002, 149(3): H76 - H80.

[119] Cazzanelli E, Vinegoni C, Mariotto G, et al. Raman study of the phase transitions sequence in pure WO_3 at high temperature and in H_xWO_3 with variable hydrogen content[J]. Solid State Ionics, 1999, 123(1 - 4): 67 - 74.

[120] Lassner E, Schubert W. Tungsten: Properties, Chemistry, Technology of the Element, Alloys, and Chemical Compounds [M]. New York: Kluwer Academic, 1999.

[121] Gerand B, Nowogrocki G, Guenot J, et al. Structural study of a new hexagonal form of tungsten trioxide[J]. J Solid State Chem, 1979, 29(3): 429 - 434.

[122] Henning G, Hullen A. X-Ray Investigation of Structure of Tetrabutylammonium Hexatungstate[J]. Zeitschrift Fur Kristallographie Kristallgeometrie Kristallphysik Kristallchemie, 1969, 130(1 - 3): 162 - 163.

[123] Nanba T, Nishiyama Y, Yasui I. Structural study of amorphous WO_3 thin-films prepared by the ion-exchange method[J]. J Mater Res, 1991, 6(6): 1324 - 1333.

[124] Nanba T, Takano S, Yasui I, et al. Structural study of peroxopolytungstic acid prepared from metallic tungsten and hydrogen-peroxide[J]. J Solid State Chem, 1991, 90(1): 47 - 53.

[125] Oi J, Kishimoto A, Kudo T. Hexagonal tungsten trioxide obtained from peroxo-polytungstate and reversible lithium electro-intercalation into its framework[J]. J Solid State Chem, 1992, 96(1): 13 - 19.

[126] Figlarz M, Dumont B, Gerand B, et al. Study of the phase-transformation WO_3 hexagonal WO_3 monoclinic [J]. Journal De Microscopie Et De Spectroscopie Electroniques, 1982, 7(4): 371.

[127] Kwang-Soon Lee D-K S, Myung-Hwan Whangbo. Electronic band structure study of the anomalous electrical and superconducting properties of hexagonal alkali tungsten bronzes A_xWO_3(A=K, Rb, Cs)[J]. JACS, 1997, 119(17): 4043 - 4049.

[128] Gerand B, Nowogrocki G, Figlarz M. A new tungsten trioxide hydrate, $WO_3 \cdot \frac{1}{3}H_2O$ - preparation, characterization, and crystallographic study[J]. J Solid State Chem, 1981, 38(3): 312 - 320.

[129] Kudo T. A new heteropolyacid with carbon as a heteroatom in a Keggin-like structure [J]. Nature 1984, 312: 537 - 538.

[130] Szymanski J T, Roberts A C. The crystal-structure of tungstite, $WO_3 \cdot H_2O$[J]. Can Mineral, 1984, 22(Nov): 681 - 688.

[131] Crouchbaker S, Dickens P G, Kay S A. Standard molar enthalpies of formation of $WO_3 \cdot 2H_2O$ and $WO_3 \cdot H_2O$ by solution calorimetry[J]. J Chem Thermodyn, 1985, 17(8): 797 - 802.

[132] Daniel M F, Desbat B, Lassegues J C, et al. Infrared and raman-study of WO_3 tungsten trioxides and $WO_3 \cdot xH_2O$ Tungsten Trioxide Hydrates[J]. J Solid State Chem, 1987, 67(2): 235 - 247.

[133] Dickens P G, Kay S A, Crouchbaker S, et al. Thermochemistry of the hydrogen insertion compounds formed by the molybdic and tungstic acids $H_xMO_3 \cdot nH_2O$(M=Mo, N=1, M=W, N=1, 2)[J]. Solid State Ionics, 1987, 23(1): 9 - 14.

[134] Daniel M F, Desbat B, Lassegues J C, et al. Infrared and raman spectroscopies of Rf sputtered tungsten-oxide films[J]. J Solid State Chem, 1988, 73(1): 127 - 139.

[135] Nanba T, Yasui I. X-ray-diffraction study of microstructure of amorphous tungsten trioxide films prepared by electron-beam vacuum evaporation[J]. J Solid State Chem, 1989, 83(2): 304 - 315.

[136] Nanba T, Yasui I. Application of thin-film diffractometer to structural study of amorphous thin-films[J]. Anal Sci, 1989, 5(3): 257 - 262.

[137] Wagner W, Rauch F, Ottermann C, et al. Hydrogen dynamics in electrochromic multilayer systems investigated by the N-15 technique[J]. Nuclear Instruments & Methods in Physics Research Section B-Beam Interactions with Materials and Atoms, 1990, 50(1 - 4): 27 - 30.

[138] Enric. Canadell M H W. Conceptual aspects of structure-property correlations and electronic instabilities, with applications to low-dimensional transition-metal oxides [J]. Chem Rev, 1991, 91(5): 70.

[139] Kudo T, Oi J, Kishimoto A, et al. 3 kinds of framework structures of corner-sharing WO_6 octahedra derived from peroxo-polytungstates as a precursor[J]. Mater Res Bull, 1991, 26(8): 779 - 787.

[140] Bechinger C, Oefinger G, Herminghaus S, et al. On the fundamental role of oxygen for the photochromic effect of WO_3[J]. J Appl Phys, 1993, 74(7): 4527 - 4533.

[141] Cora F, Patel A, Harrison N M, et al. An ab initio hartree-fock study of the cubic and tetragonal phases of bulk tungsten trioxide[J]. J Am Chem Soc, 1996, 118(48): 12174 - 12182.

[142] Guery C, Choquet C, Dujeancourt F, et al. Infrared and X-ray studies of hydrogen intercalation in different tungsten trioxides and tungsten trioxide hydrates[J]. J Solid

State Electrochem, 1997, 1(3): 199 - 207.

[143] Gallucci E, Goutaudier C, Cohen-adad M T, et al. A neutron diffraction study of non-stoichiometric alpha-KYW_2O_8 [J]. J Alloys Compd, 2000, 306 (1 - 2): 227 - 234.

[144] Sandre E, Foury-Leylekian P, Ravy S, et al. Ab initio fermi surface calculation for charge-density wave instability in transition metal oxide bronzes[J]. Phys Rev Lett, 2001, 86(22): 5100 - 5103.

[145] Stromme M, Ahuja R, Niklasson G A. New probe of the electronic structure of amorphous materials[J]. Phys Rev Lett, 2004, 93(20): 206 - 403.

[146] Zhai H J, Kiran B, Cui L F, et al. Electronic structure and chemical bonding in MO (n)- and MO(n) clusters(M=Mo, W; n=3 - 5): a photoelectron spectroscopy and ab initio study[J]. J Am Chem Soc, 2004, 126(49): 16134 - 16141.

[147] Deepa M, Saxena T K, Singh D P, et al. Spin coated versus dip coated electrochromic tungsten oxide films: Structure, morphology, optical and electrochemical properties [J]. Electrochim Acta, 2006, 51(10): 1974 - 1989.

[148] Hu L H, Ji S F, Jiang Z, et al. Direct synthesis and structural characteristics of ordered SBA-15 mesoporous silica containing tungsten oxides and tungsten carbides [J]. Journal of Physical Chemistry C, 2007, 111(42): 15173 - 15184.

[149] RocchicciolidelTcheff C, Fournier M, Franck R, et al. Vibrational investigations of polyoxometalates 2. evidence for anion anion interactions in molybdenum(Vi) and tungsten(Vi) compounds related to the keggin structure[J]. Inorg Chem, 1983, 22 (2): 207 - 216.

[150] Genin C, Driouiche A, Gerand B, et al. Hydrogen bronzes of new oxides of the WO_3 • MOO_3 system with hexagonal, pyrochlore and ReO_3 - type structures[J]. Solid State Ionics, 1992, 53(6): 315 - 323.

[151] Dickens P G, Moore J H, Neild D J. Thermochemistry of hydrogen tungsten bronze phases H_xWO_3[J]. J Solid State Chem, 1973, 7(2): 241 - 244.

[152] Janzen E, Kordina O, Henry A, et al. Sic — a Semiconductor for High-Power, High-Temperature and High-Frequency Devices[J]. Phys Scr, 1994, 54: 283 - 290.

[153] Hunter G W, Neudeck P G, Gray M, et al. SiC-based gas sensor development[J]. Silicon Carbide and Related Materials — 1999 Pts, 1 & 2, 2000, 338 - 3: 1439 - 1442.

[154] Chen L Y, Hunter G W, Neudeck P G, et al. Surface and interface properties of PdCr/SiC Schottky diode gas sensor annealed at 425 degrees C[J]. Solid-State Electronics, 1998, 42(12): 2209 - 2214.

[155] Kandasamy S, Trinchi A, Comini E, et al. Mixed oxide Pt/(Ti - W - O)/SiC based MROSiC device for hydrocarbon gas sensing[J]. 2005 IEEE Sensors, 2005, 1 - 2: 1335 - 8413.

[156] Savage S M, Konstantinov A, Saroukhan A M, et al. High temperature 4H-SiC FET for gas sensing applications[J]. Silicon Carbide and Related Materials — 1999 Pts, 2000, 1 - 2(338 - 3): 1431 - 1434.

[157] Solzbacher F, Imawan C, Steffes H, et al. A new SiC/HfB2 based low power gas sensor[J]. Sensors and Actuators B-Chemical, 2001, 77(1 - 2): 111 - 115.

[158] Kandasamy S, Trinchi A, Comini E, et al. Catalytically modified Pt/Catalysed TiO_2/SiC devices for hydrogen and hydrocarbon gas sensing[J]. Rare Metal Materials and Engineering, 2006, 35: 159 - 162.

[159] Nakagomi S, Kikuchi T, Kokubun Y. Evaluation of interface states in gas sensor with Pt - SiO_2 - SiC structure under high-temperature conditions by AC conductance method[J]. Japanese Journal of Applied Physics Part 1 - Regular Papers Brief Communications & Review Papers, 2005, 44(12): 8371 - 8377.

[160] Kandasamy S, Trinchi A, Wlodarski W, et al. Hydrogen and hydrocarbon gas sensing performance of Pt/WO_3/SiC MROSiC devices[J]. Sensors and Actuators B-Chemical, 2005, 111: 111 - 116.

[161] Casals O, Barcones B, Romano-Rodriguez A, et al. Characterisation and stabilisation of Pt/TaSix/SiO_2/SiC gas sensor[J]. Sensors and Actuators B-Chemical, 2005, 109 (1): 119 - 127.

[162] Kandasamy S, Trinchi A, Wlodarski W, et al. Study of Pt/TiO_2/SiC Schottky diode based gas sensor[J]. Proceedings of the IEEE Sensors 2004, 2004, 1 - 3(738 - 41): 1596.

[163] Fawcett T J, Wolan J T, Myers R L, et al. Wide-range(0.33% - 100%) 3C-SiC resistive hydrogen gas sensor development[J]. Appl Phys Lett, 2004, 85(3): 416 - 418.

[164] Chandrashekhar M V S, Lu J, Spencer M G, et al. Large area nanocrystalline graphite films on SiC for gas sensing applications[J]. 2007 Ieee Sensors, 2007, 1 - 3 (558 - 61): 1483.

[165] Shafiei M, Wlodarski W, Kalantar-Zadeh K, et al. Pt/SnO_2 nanowires/SiC based hydrogen gas sensor[J]. 2007 Ieee Sensors, 2007, 1 - 3(166 - 9): 1483.

[166] Kandasamy S, Wlodarski W, Holland A, et al. Electrical characterization and hydrogen gas sensing properties of a n-ZnO/p-SiC Pt-gate metal semiconductor field effect transistor[J]. Appl Phys Lett, 2007, 90(90): 064103 - 064103 - 3.

[167] Bourenane K, Keffous A, Nezzal G, et al. Influence of thickness and porous structure of SiC layers on the electrical properties of Pt/SiC-pSi and Pd/SiC-pSi Schottky diodes for gas sensing purposes[J]. Sensors and Actuators B-Chemical, 2008, 129(2): 612 - 620.

[168] Harris P J F. Carbon nanotube and related structures[M]. Cambridge University Press, Cambridge, 1999.

[169] Chopra N G, Luyken R J, Cherrey K, et al. Boron-Nitride Nanotubes[J]. Science, 1995, 269(5226): 966 - 967.

[170] Wu Q, Hu Z, Wang X Z, et al. Extended vapor-liquid-solid growth and field emission properties of aluminium nitride nanowires[J]. J Mater Chem, 2003, 13(8): 2024 - 2027.

[171] 崔朝军,吴广明,张明霞,等.锂钒氧化物纳米管的合成与表征[J].无机材料学报,2009,24(4): 787 - 792.

[172] Zhao J X, Ding Y H. Silicon carbide nanotubes functionalized by transition metal atoms: A density-functional study[J]. Journal of Physical Chemistry C, 2008, 112(7): 2558 - 2564.

[173] Mopurmpakis G, Froudakis E, Lithoxoos G P, et al. Nano Lett, 2006, 6(1581).

[174] Miyamoto Y, Cohen M L, Louie S G. Theoretical investigation of graphitic carbon nitride and possible tubule forms[J]. Solid State Commun, 1997, 102(8): 605 - 608.

[175] Wang X B, Liu L Q, Zhu D B, et al. Controllable growth, structure, and low field emission of well-aligned CN_x nanotubes[J]. J Phys Chem B, 2002, 106(9): 2186 - 2190.

[176] Cao C B, Huang F L, Cao C T, et al. Synthesis of carbon nitride nanotubes via a catalytic-assembly solvothermal route[J]. Chem Mater, 2004, 16(25): 5213 - 5215.

[177] Chan L H, Hong K H, Xiao D Q, et al. Resolution of the binding configuration in nitrogen-doped carbon nanotubes[J]. Physical Review B, 2004, 70(70): 2516 - 2518.

[178] Xiong Y J, Li Z Q, Guo Q X, et al. Synthesis of multi-walled and bamboo-like well-crystalline CN_x nanotubes with controllable nitrogen concentration ($x = 0.05 - 1.02$)[J]. Inorg Chem, 2005, 44(19): 6506 - 6508.

[179] Sun X H, Li C P, Wong W K, et al. Formation of silicon carbide nanotubes and nanowires via reaction of silicon(from disproportionation of silicon monoxide) with carbon nanotubes[J]. J Am Chem Soc, 2002, 124(48): 14464 - 14471.

[180] Dreizler R M, Gross E K U. Density functional theory: An Approach to the Quantum Many-Body Problem[J]. Springer-Verlag, Berlin, Heidelberg, 1990.

[181] 黄丽. 表面动力学和金属量子阱系统的第一性原理研究[D]. 上海：复旦大学，2006.

[182] 张芳英. ZnO 系列和过渡金属掺杂 GaN 体系几何结构与电子性质的第一性原理研究[D]. 上海：复旦大学，2007.

[183] Kohn W. An essay on condensed matter physics in the twentieth century[J]. Reviews of Modern Physics, 1999, 71(2): S59 - S77.

[184] March N H. The thomas-fermi approximation in quantum mechanics[J]. Adv Phys, 1957, 6(21): 1 - 101.

[185] Hohenberg P, Kohn W. Inhomogeneous electron gas[J]. Phys Rev, 1964, 136(3): B864.

[186] Reichman B, Bard A. The electrochromic process at WO_3 electrodes prepared by vacuum evaporation and anodic oxidation of W[J]. J Electrochem Soc: Electrochemical Science and Technology, 1979, 126(126): 583 - 591.

[187] Green M. A thin film electrochromic display based on the tungsten bronzes[J]. Thin Solid Films, 1976, 38: 89 - 100.

[188] Miyake K, Kaneko H, Suedomi N, et al. Physical and electrochemichromic properties of rf sputtered tungsten oxide films[J]. J Appl Phys, 1983, 54(9): 5256 - 5261.

[189] Benson D K, Tracy C E, Svensson J S E M, et al. Optical materials technology for energy efficiency and solar energy conversion VI. [J]. SPIE, 1983, 823: 72.

[190] Davazoglou D, Donnadieu A, Fourcade R, et al. Study of optical-properties and structure of WO_3 electrochromic thin-films prepared by Cvd[J]. Revue De Physique Appliquee, 1988, 23(3): 265 - 272.

[191] Davazoglou D, Donnadieu A, Bohnke O. Electrochromic effect in WO_3 thin films prepared by CVD[J]. Sol Energy Mater, 1987, 16: 55 - 65.

[192] 韩高荣，汪建勋. 纳米复合薄膜的制备及其应用研究[J]. 材料科学与工程，1999，17(4)：1 - 6.

[193] Dipaola A, Diquarto F, Sunseri C. Electrochromism in anodically formed tungsten oxide films[J]. J Electrochem Soc, 1978, 125(8): 1344 - 1347.

[194] Delich Re P, Falarasa P, Goffa A H. WO_3 anodic films in organic medium for electrochromic display devices[J]. Solar Energy Materials, 1988, 19(3 - 5): 323 - 333.

[195] Nguyen M T, Dao L H. Proc Electrochem Soc, 1990, 90(2): 246.

[196] Monk P M S, Chester S L. Electro-deposition of films of electrochromic tungsten oxide containing additional metal oxides[J]. Electrochim Acta, 1993, 38: 1521 - 1526.

[197] Freedman M L. The tungstic acids[J]. J Am Chem Soc, 1959, 81(15): 3834 - 3839.

[198] Kudo T, Okamoto H, Matsumoto K, et al. Peroxopolytungstic acids synthesized by direct reaction of tungsten or tungsten carbide with hydrogen peroxide[J]. Inorg Chim Acta, 1986, 111: L27 - L28.

[199] 王忠春,胡行方. WO_3 薄膜的动态电变色特性[J]. 无机材料学报,1998,13(6): 932.

[200] Yamanaka K, Oakamoto H, Kidou H, et al. Peroxotungstic acid coated films for electrochromic display devices[J]. Japanese Journal of Applied Physics, 1986, 25(9): 1420 - 1426.

[201] Jensen M R, Kristensen S M, Led J J. Elimination of spin diffusion effects in saturation transfer experiments: application to hydrogen exchange in proteins[J]. Magn Reson Chem, 2007, 45(3): 257 - 261.

[202] Herrero C P, Ramirez R. Diffusion of muonium and hydrogen in diamond[J]. Phys Rev Lett, 2007, 99(20): 205504.

[203] Wardle M G, Goss J P, Briddon P R. First-principles study of the diffusion of hydrogen in ZnO[J]. Phys Rev Lett, 2006, 96(20): 205504.

[204] Sundell P G, Wahnstrom G. Activation energies for quantum diffusion of hydrogen in metals and on metal surfaces using delocalized nuclei within the density-functional theory[J]. Phys Rev Lett, 2004, 92(15): 155901.

[205] Pozzo M, Alfe D, Amieiro A, et al. Hydrogen dissociation and diffusion on Ni- and Ti-doped Mg(0001) surfaces[J]. J Chem Phys, 2008, 128(9): 094703.

[206] Li S C, Zhang Z, Sheppard D, et al. Intrinsic diffusion of hydrogen on rutile TiO_2 (110)[J]. J Am Chem Soc, 2008, 130(28): 9080 - 9088.

[207] Gunaydin H, Barabash S V, Houk K N, et al. First-principles theory of hydrogen diffusion in aluminum[J]. Phys Rev Lett, 2008, 101(7): 075901.

[208] Ozawa N, Roman T A, Nakanishi H, et al. Potential energy of hydrogen atom motion on Pd(111) surface and in subsurface: A first principles calculation[J]. J Appl Phys, 2007, 101(12).

[209] Kajita S, Minato T, Kato H S, et al. First-principles calculations of hydrogen diffusion on rutile TiO_2(110) surfaces[J]. J Chem Phys, 2007, 127(10): 104709.

[210] Kresse G, Furthmuller J. Phys Rev B, 1996, 54: 11169.

[211] Kresse G, Hafner. Phys Rev B, 1993, 47: 558.

[212] Kresse G, Joubert D. Phys Rev B, 1999, 59: 1758.

[213] Perdew J P, Burke K, Ernzerhof M. Phys Rev Lett, 1996, 77: 3865.

[214] Nanba T, Takano S, Yasui I, et al. Structural study of peroxopolytungstic acid prepared from metallic tungsten and hydrogen peroxide[J]. Journal of solid state

chemistry, 1991, 90: 47 - 53.

[215] Doi A, Mikami N. Dynamics of hydrogen-bonded OH stretches as revealed by single-mode infrared-ultraviolet laser double resonance spectroscopy on supersonically cooled clusters of phenol[J]. J Chem Phys, 2008, 129(15).

[216] Klisch M. 12 - tungstosilicic acid(12 - TSA) as a tungsten precursor in alcoholic solution for deposition of xWO(3)(1 - x) SiO_2 thin films($x \leqslant 0.7$) exhibiting electrochromic coloration ability[J]. J Sol-Gel Sci Technol, 1998, 12(1): 21 - 33.

[217] Delichere P, Falaras P, Froment M, et al. Electrochromism in anodic WO_3 films 1. preparation and physicochemical properties of films in the virgin and colored states [J]. Thin Solid Films, 1988, 161: 35 - 46.

[218] He Y P, Zhao Y P. Near-infrared laser-induced photothermal coloration in WO_3 - H_2O nanoflakes[J]. Journal of Physical Chemistry C, 2008, 112(1): 61 - 8.

[219] Santato C, Odziemkowski M, Ulmann M, et al. Crystallographically oriented Mesoporous WO_3 films: Synthesis, characterization, and applications[J]. J Am Chem Soc, 2001, 123(43): 10639 - 10649.

[220] Kumagai N, Kumagai N, Tanno K. Electrochemical and Structural Characteristics of Tungstic Acids as Cathode Materials for Lithium Batteries[J]. Applied Physics a-Materials Science & Processing, 1989, 49(1): 83 - 89.

[221] Krasovec U O, Orel B, Georg A, et al. The gasochromic properties of sol-gel WO_3 films with sputtered Pt catalyst[J]. Solar Energy, 2000, 68(6): 541 - 551.

[222] Wu G M, Wang J, Shen J, et al. Strengthening mechanism of porous silica films derived by two-step catalysis[J]. Journal of Physics D-Applied Physics, 2001, 34(9): 1301 - 1307.

[223] Yamada S, Yoshida S, Kitao M. Infrared-absorption of colored and bleached films of tungsten-oxide[J]. Solid State Ionics, 1990, 40 - 1: 487 - 490.

[224] Paul J L, Lassegues J C. Infrared spectroscopic study of sputtered tungsten-oxide films[J]. J Solid State Chem, 1993, 106(2): 357 - 371.

[225] Vondrak J, Bludska J. The role of water in hydrogen insertion into WO_3[J]. Solid State Ionics, 1994, 68(3 - 4): 317 - 323.

[226] Hjelm A, Granqvist C G, Wills J M. Electronic structure and optical properties of WO_3, $LiWO_3$, $NaWO_3$, and HWO_3[J]. Physical Review B, 1996, 54(4): 2436 - 2345.

[227] Chong S V, Ingham B, Tallon J L. Novel materials based on organic-tungsten oxide hybrid systems I: synthesis and characterisation[J]. Current Applied Physics, 2004, 4(2 - 4): 197 - 201.

[228] Marechal Y. The hydrogen bond and the water molecule: the physics and chemistry of water, aqueous and biomedia[J]. Elsevier, Amsterdam, 2007: 29.

[229] Ingham B, Chong S V, Tallon J L. Layered tungsten oxide-based organic-inorganic hybrid materials: An infrared and Raman study[J]. J Phys Chem B, 2005, 109(11): 4936 - 4940.

[230] Scarminio J, Lourenco A, Gorenstein A. Electrochromism and photochromism in amorphous molybdenum oxide films[J]. Thin Solid Films, 1997, 302(1 - 2): 66 - 70.

[231] He T, Yao J N. Photochromism of molybdenum oxide[J]. Journal of Photochemistry and Photobiology C-Photochemistry Reviews, 2003, 4(2): 125 - 143.

[232] Raj S, Hashimoto D, Matsui H, et al. Angle-resolved photoemission spectroscopy of the metallic sodium tungsten bronzes $Na_xWO_{(3)}$ [J]. Physical Review B, 2005, 72(12).

[233] Deb S K. Opportunities and challenges in science and technology of WO_3 for electrochromic and related applications[J]. Sol Energy Mater Sol Cells, 2008, 92(2): 245 - 258.

[234] Kudo M, Ohkawa H, Sugimoto W, et al. A layered tungstic acid $H_2W_2O_7$ center dot $nH_{(2)}O$ with a double-octahedral sheet structure: Conversion process from an aurivillius phase $Bi_2W_2O_9$ and structural characterization[J]. Inorg Chem, 2003, 42(14): 4479 - 4484.

[235] Balazsi C, Farkas-Jahnke M, Kotsis I, et al. The observation of cubic tungsten trioxide at high-temperature dehydration of tungstic acid hydrate[J]. Solid State Ionics, 2001, 141: 411 - 416.

[236] Jeong J I, Hong J H, Moon J H, et al. X-ray photoemission studies of W 4f core levels of electrochromic H_xWO_3 films[J]. J Appl Phys, 1996, 79(12): 9343 - 9348.

[237] Xia X, Jin R H, He Y G, et al. Surface properties and catalytic behaviors of WO_3/SiO_2 in selective oxidation of cyclopentene to glutaraldehyde[J]. Appl Surf Sci, 2000, 165(4): 255 - 259.

[238] Wong H Y, Ong C W, Kwok R W M, et al. Effects of ion beam bombardment on electrochromic tungsten oxide films studied by X-ray photoelectron spectroscopy and Rutherford back-scattering[J]. Thin Solid Films, 2000, 376(1 - 2): 131 - 139.

[239] Leftheriotis G, Papaefthimiou S, Yianoulis P, et al. Effect of the tungsten oxidation states in the thermal coloration and bleaching of amorphous WO_3 films[J]. Thin Solid Films, 2001, 384(2): 298 - 306.

[240] Siokou A, Leftheriotis G, Papaefthimiou S, et al. Effect of the tungsten and molybdenum oxidation states on the thermal coloration of amorphous WO_3 and MoO_3

films[J]. Surf Sci, 2001, 482: 294 - 299.

[241] Maffeis T G G, Yung D, Lepennec L, et al. STM and XPS characterisation of vacuum annealed nanocrystalline WO_3 films [J]. Surf Sci, 2007, 601(21): 4953 - 4957.

[242] Gao B F, Ma Y, Cao Y, et al. Great enhancement of photocatalytic activity of nitrogen-doped titania by coupling with tungsten oxide[J]. J Phys Chem B, 2006, 110(29): 14391 - 14397.

[243] Lu Y F, Qiu H. Laser coloration and bleaching of amorphous WO_3 thin film[J]. J Appl Phys, 2000, 88(2): 1082 - 1087.

[244] Leftheriotis G, Papaefthimiou S, Yianoulis P, et al. Structural and electrochemical properties of opaque sol-gel deposited $WO_{(3)}$ layers[J]. Appl Surf Sci, 2003, 218(1 - 4): 275 - 280.

[245] Zhao Y, Feng Z C, Liang Y, et al. Laser-induced coloration of WO_3[J]. Appl Phys Lett, 1997, 71(16): 2227 - 2229.

[246] Erdohelyi A, Nemeth R, Hancz A, et al. Partial oxidation of methane on potassium-promoted WO_3/SiO_2 and on K_2WO_4/SiO_2 catalysts[J]. Applied Catalysis a-General, 2001, 211(1): 109 - 121.

[247] Naseri N, Azimirad R, Akhavan O, et al. The effect of nanocrystalline tungsten oxide concentration on surface properties of dip-coated hydrophilic $WO_3 - SiO_2$ thin films[J]. Journal of Physics D-Applied Physics, 2007, 40(7): 2089 - 2095.

[248] Kelber J, Seshadri G. Adsorbate-catalyzed anodic dissolution and oxidation at surfaces in aqueous solutions[J]. Surf Interface Anal, 2001, 31(6): 431 - 441.

[249] Wang W, Pang Y X, Hodgson S N B. XRD studies of thermally stable mesoporous tungsten oxide synthesised by a templated sol-gel process from tungstic acid precursor [J]. Microporous Mesoporous Mater, 2009, 121(1 - 3): 121 - 128.

[250] Itoi Y, Inoue M, Enomoto S. Tungstic acid-tributyltin chloride on a charcoal catalyst in the epoxidation of alkenes with hydrogen-peroxide[J]. Bull Chem Soc Jpn, 1985, 58(11): 3193 - 3196.

[251] Barrio L, Campos-Martin J M, Fierro J L G. Spectroscopic and DFT study of tungstic acid peroxocomplexes[J]. J Phys Chem A, 2007, 111(11): 2166 - 2171.

[252] Zhao Z G, Miyauchi M. Shape modulation of tungstic acid and tungsten oxide hollow structures[J]. Journal of Physical Chemistry C, 2009, 113(16): 6539 - 6546.

[253] Deota P T, Desai R, Valodkar V. Reaction of tungstic acid hydrogen peroxide with endo-dicyclopentadiene: An unusual observation[J]. Journal of Chemical Research-S, 1998, 9: 562 - 563.

[254] Ingham B, Chong S V, Tallon J L. Novel materials based on organic-tungsten oxide hybrid systems II: electronic properties of the W-O framework[J]. Current Applied Physics, 2004, 4(2-4): 202-205.

[255] Sharpless N E, Munday J S. Infrared spectra of some heteropoly acid salts[J]. Anal Chem, 1957, 29(11): 1619-1622.

[256] Panda A K, Moulik S P, Bhowmik B B, et al. Dispersed molecular aggregates II. Synthesis and characterization of nanoparticles of tungstic acid in H_2O/(TX-100+alkanol)/n-heptane W/O microemulsion media[J]. J Colloid Interface Sci, 2001, 235(2): 218-226.

[257] Balazsi C, Pfeifer J. Development of tungsten oxide hydrate phases during precipitation, room temperature ripening and hydrothermal treatment[J]. Solid State Ionics, 2002, 151(1-4): 353-358.

[258] Santato C, Odziemkowski M, Ulmann M, et al. Crystallographically oriented mesoporous WO_3 films: synthesis, characterization, and applications[J]. J Am Chem Soc, 2001, 123(43): 10639-10649.

[259] Kresse G, Hafner. Phys Rev B, 1993, 47: 558.

[260] Brinker C J, Scherer G W. Sol-Gel science: The physics and chemistry of sol-gel processing[M]. Academic Press, 1990.

[261] Yu S Z, Wong T K S, Pita K, et al. Surface modified silica mesoporous films as a low dielectric constant intermetal dielectric[J]. J Appl Phys, 2002, 92(6): 3338-3344.

[262] Kamitsos E I. Infrared-reflectance spectra of heat-treated, sol-gel-derived silica — Reply[J]. Physical Review B, 1996, 53(21): 14659-14662.

[263] Kirk C T. Quantitative-analysis of the effect of disorder-induced mode-coupling on infrared-absorption in silica[J]. Physical Review B, 1988, 38(2): 1255-1273.

[264] Martin C, Malet P, Solana G, et al. Structural analysis of silica-supported tungstates [J]. J Phys Chem B, 1998, 102(15): 2759-2768.

[265] Hozumi A, Yokogawa Y, Kameyama T, et al. Photocalcination of mesoporous silica films using vacuum ultraviolet light[J]. Adv Mater, 2000, 12(13): 985-987.

[266] Clark T, Ruiz J D, Fan H Y, et al. A new application of UV-ozone treatment in the preparation of substrate-supported, mesoporous thin films[J]. Chem Mater, 2000, 12(12): 3879-3884.

[267] Mani G, Feldman M D, Oh S, et al. Surface modification of cobalt-chromium-tungsten-nickel alloy using octadecyltrichlorosilanes[J]. Appl Surf Sci, 2009, 255(11): 5961-5970.

[268] Zhang R F, Yang C. A novel polyoxometalate-functionalized mesoporous hybrid silica: synthesis and characterization[J]. J Mater Chem, 2008, 18(23): 2691 - 2703.

[269] Gao R H, Yang X L, Dai W L, et al. High-activity, single-site mesoporous WO_3 - MCF materials for the catalytic epoxidation of cycloocta-1, 5-diene with aqueous hydrogen peroxide[J]. J Catal, 2008, 256(2): 259 - 267.

[270] Nishida M. Electronic structure of light-emitting superlattices composed of quantum films of silicon: Theoretical approach[J]. Physical Review B, 2007, 75(23).

[271] Martin J M, Castro F. Sintering response & microstructural evolution of an Al-Cu-Mg-Si premix[J]. Int J Powder Metall, 2007, 43(6): 59 - 69.

[272] Hu L H, Ji S F, Xiao T C, et al. Preparation and characterization of tungsten carbide confined in the channels of SBA-15 mesoporous silica[J]. J Phys Chem B, 2007, 111(14): 3599 - 3608.

[273] Gauvin E M, Coutelier O, Berrier E, et al. A well-defined silica-supported dinuclear tungsten(III) amido species: synthesis, characterization and reactivity[J]. Dalton Transactions, 2007, 29: 3127 - 3130.

[274] Dong X W, Pan Q Y, Huang Y, et al. Novel organic-inorganic photochromic film based on mono-vacant Keggin-type polyoxometalates [J]. Journal of Inorganic Materials, 2007, 22(2): 369 - 372.

[275] Katayama S, Yamada N, Kikuta K, et al. Synthesis and photochromism of organosiloxane-based organic/inorganic hybrid containing an inorganic component derived from tungstic acid[J]. J Ceram Soc Jpn, 2006, 114(1325): 114 - 119.

[276] Hennessey C W, Caley W F, Kipouros G J, et al. Development of a PM aluminum alloy: Effect of post-sinter cooling conditions[J]. Int J Powder Metall, 2006, 42(6): 39 - 50.

[277] Yang X L, Dai W L, Chen H, et al. Novel tungsten-containing mesoporous HMS material: its synthesis, characterization and catalytic application in the selective oxidation of cyclopentene to glutaraldehyde by aqueous H_2O_2[J]. Applied Catalysis a-General, 2005, 283(1 - 2): 1 - 8.

[278] Hennessey C W, Caley W F, Kipouros G J, et al. Development of Al-Si-BASE P/M alloys[J]. Int J Powder Metall, 2005, 41(1): 50 - 63.

[279] Ikeda S, Kowata Y, Ikeue K, et al. Asymmetrically modified titanium(IV) oxide particles having both hydrophobic and hydrophilic parts of their surfaces for liquid-liquid dual-phase photocatalytic reactions[J]. Applied Catalysis a-General, 2004, 265(1): 69 - 74.

[280] Parvulescu V, Anastasescu C, Constantin C, et al. Mono(V, Nb) or bimetallic (V-

Ti, Nb-Ti) ions modified MCM-41 catalysts: synthesis, characterization and catalysis in oxidation of hydrocarbons(aromatics and alcohols)[J]. Catal Today, 2003, 78(1-4): 477-485.

[281] Niu J Y, Zhao J W, Wang J P, et al. An organosilyl derivative of trivacant tungstophosphate. Synthesis, characterization and crystal structure determination of alpha-A-$[NBu^n_4]_3[PW_9O_{34}(C_2H_5SiO)_3(C_2H_5Si)]$[J]. J Mol Struct, 2003, 655(2): 243-250.

[282] Niu J Y, Li M X, Wang J P. Organosilyl derivatives of trivacant tungstophosphate of general formula alpha-A-$[PW_9O_{34}(RSiO)_3(RSi)]_3$— Synthesis and structure determination by X-ray crystallography[J]. J Organomet Chem, 2003, 675(1-2): 84-90.

[283] Wang J P, Li M X, Niu J Y. Synthesis and crystal structure of the phenylsilyl derivative of alpha-A-PW_9O_{34}: $(TBA)_3$[alpha-A-$PW_9O_{34}(PhSiO)_3(PhSi)$] center dot $2H_2O$[J]. Chemical Journal of Chinese Universities-Chinese, 2002, 23(9): 1656-1659.

[284] Wu P, Tatsumi T, Komatsu T, et al. A novel titanosilicate with MWW structure: II. Catalytic properties in the selective oxidation of alkenes[J]. J Catal, 2001, 202(2): 245-255.

[285] Nowinska K, Kaleta W. Synthesis of bisphenol-A over heteropoly compounds encapsulated into mesoporous molecular sieves[J]. Applied Catalysis a-General, 2000, 203(1): 91-100.

[286] Groselj N, Gaberscek M, Krasovec U O, et al. Electrical and IR spectroscopic studies of peroxopolytungstic acid/organic-inorganic hybrid gels[J]. Solid State Ionics, 1999, 125(1-4): 125-133.

[287] Passoni L C, Luna F J, Wallau M, et al. Heterogenization of $H_6PMO_9V_3O_{40}$ and palladium acetate in VPI-5 and MCM-41 and their use in the catalytic oxidation of benzene to phenol[J]. Journal of Molecular Catalysis a-Chemical, 1998, 134(1-3): 229-235.

[288] Brisdon B J, Mahon M F, Rainford C C. Synthesis and characterisation of tungsten siloxides including the crystal structure of$[WO\{O(Ph_2SiO)_3\}_2(thf)]$[J]. Journal of the Chemical Society-Dalton Transactions, 1998, 19: 3295-3299.

[289] Rhee C H, Lee J S. Preparation and characterization of titanium-substituted MCM-41[J]. Catal Today, 1997, 38(2): 213-219.

[290] Mioc U B, Milonjic S K, Malovic D, et al. Structure and proton conductivity of 12-tungstophosphoric acid doped silica[J]. Solid State Ionics, 1997, 97(1-4):

239 - 246.

[291] Verpoort F, Bossuyt A R, Verdonck L. Olefin metathesis catalyst. 3. Angle-resolved XPS and depth profiling study of a tungsten oxide layer on silica[J]. J Electron Spectrosc Relat Phenom, 1996, 82(3): 151 - 163.

[292] Kim D S, Ostromecki M, Wachs I E. Surface structures of supported tungsten oxide catalysts under dehydrated conditions[J]. Journal of Molecular Catalysis a-Chemical, 1996, 106(1 - 2): 93 - 102.

[293] Chu W L, Yang X G, Shan Y K, et al. Immobilization of the heteropoly acid(HPA) $H_4SiW_{12}O_{40}$ (SiW_{12}) on mesoporous molecular sieves(HMS and MCM-41) and their catalytic behavior[J]. Catal Lett, 1996, 42(3 - 4): 201 - 208.

[294] Wu J G, Li S B, Niu J Z, et al. Mechanistic study of oxidative coupling of methane over Mn_2O_3 - Na_2WO_4/SiO_2 Catalyst[J]. Applied Catalysis a-General, 1995, 124 (1): 9 - 18.

[295] Looman S D, Richmond T G. Oxidative addition of surface bound aryl halides at tungsten(0)[J]. Inorg Chim Acta, 1995, 240(1 - 2): 479 - 484.

[296] Chiu R L, Chang P H, Tung C H. Al_2O_3 films formed by anodic-oxidation of Al-1 weight percent Si-0. 5 weight percent Cu films[J]. J Electrochem Soc, 1995, 142(2): 525 - 531.

[297] Plies J B, Grant N J. Structure and properties of spray formed 7150 containing Fe and Si[J]. Int J Powder Metall, 1994, 30(3): 335 - 343.

[298] Jawarani D, Stark J P, Kawasaki H, et al. Intermetallic Compound Formation in Ti/Al Alloy Thin-Film Couples and Its Role in Electromigration Lifetime [J]. J Electrochem Soc, 1994, 141(1): 302 - 306.

[299] Inoue Y, Tanimoto S, Tsujimura K, et al. Behavior of Tin and Ti Barrier Metals in Al-Barrier-Al Via Hole Metallization [J]. J Electrochem Soc, 1994, 141 (4): 1056 - 1061.

[300] Van Roosmalen A J, Koster D, Mol J C. Infrared spectroscopy of some chemisorbed molecules on tungsten oxide-silica[J]. J Phys Chem, 1980, 84: 3075 - 3079.

[301] Stangar U L, Groselj N, Orel B, et al. Structure of and interactions between P/SiWA keggin nanocrystals dispersed in an organically modified electrolyte membrane[J]. Chem Mater, 2000, 12(12): 3745 - 3753.

[302] Delichere P, Falaras P, Hugotlegoff A. Electrochromism in anodic WO_3 films. 2. optical and electrochromic properties of colored distorted hexagonal films[J]. Thin Solid Films, 1988, 161: 47 - 58.

[303] Han W C, Hibino M, Kudo T. Synthesis of the hexagonal form of tungsten trioxide

from peroxopolytungstate via ammonium paratungstate decahydrate[J]. Bull Chem Soc Jpn, 1998, 71(4): 933 - 937.

[304] Shi J C, Wu G M, Chen S W, et al. Effect of annealing temperature on structure and gaschromic properties WO_3 thin films[J]. Chemical Journal of Chinese Universities-Chinese, 2007, 28(7): 1356 - 1360.

[305] Livage J, Guzman G. Aqueous precursors for electrochromic tungsten oxide hydrates [J]. Solid State Ionics, 1996, 84(3 - 4): 205 - 211.

[306] Hibino M, Nakajima H, Kudo T, et al. Proton conductive amorphous thin films of tungsten oxide clusters with acidic ligands[J]. Solid State Ionics, 1997, 100(3 - 4): 211 - 216.

[307] Wu G M, Wang J, Shen J, et al. A new method to control nano-porous structure of sol-gel-derived silica films and their properties[J]. Mater Res Bull, 2001, 36(12): 2127 - 2139.

[308] 郑伟涛. 薄膜材料与薄膜技术[M]. 北京：化学工业出版社，2004.

[309] 黄剑锋. 溶胶-凝胶原理与技术[M]. 北京：化学工业出版社，2005.

[310] Menon M, Richter E, Mavrandonakis A, et al. Structure and stability of SiC nanotubes[J]. Physical Review B, 2004, 69(11).

[311] Miyamoto Y, Yu B D. Computational designing of graphitic silicon carbide and its tubular forms[J]. Appl Phys Lett, 2002, 80(4): 586 - 588.

[312] Mavrandonakis A, Froudakis G E, Schnell M, et al. From pure carbon to silicon-carbon nanotubes: An ab-initio study[J]. Nano Lett, 2003, 3(11): 1481 - 1484.

[313] Zel'dovich Y B, Sadovnikov P Y, Frank-Kamenetskii D A. Oxidation of nitrogn in combustion[J]. Acad Of Sci USSR, 1947.

[314] Shelef M. Selective catalytic reduction of nox with N-free reductants[J]. Chem Rev, 1995, 95(1): 209 - 225.

[315] Mccue J T, Ying J Y. $SnO_2 - In_2O_3$ nanocomposites as semiconductor gas sensors for CO and NO_x detection[J]. Chem Mater, 2007, 19(5): 1009 - 1015.

[316] Boon E M, Marletta M A. Sensitive and selective detection of nitric oxide using an H-NO_x domain[J]. J Am Chem Soc, 2006, 128(31): 10022 - 10023.

[317] Huang Y, Ho W K, Lee S C, et al. Effect of carbon doping on the mesoporous structure of nanocrystalline titanium dioxide and its solar-light-driven photocatalytic degradation of NO_x[J]. Langmuir, 2008, 24(7): 3510 - 3516.

[318] Rafati A A, Hashemianzadeh S M, Nojinit Z B. Electronic properties of adsorption nitrogen monoxide on inside and outside of the armchair single wall carbon nanotubes: A density functional theory calculations[J]. Journal of Physical Chemistry C, 2008,

112(10): 3597 - 3604.

[319] Chen H T, Musaev D G, Irle S, et al. Mechanisms of the reactions of W and W+ with NO_x (x=1, 2): A computational study[J]. J Phys Chem A, 2007, 111(5): 982 - 991.

[320] Gronbeck H, Hellman A, Gavrin A. Structural, energetic, and vibrational properties of NO_x adsorption on Ag-n, n = 1 - 8[J]. J Phys Chem A, 2007, 111(27): 6062 - 6067.

[321] Broqvist P, Panas I, Fridell E, et al. NO_x storage on BaO(100) surface from first principles: a two channel scenario[J]. J Phys Chem B, 2002, 106(1): 137 - 145.

[322] Schneider W F, Hass K C, Miletic M, et al. Dramatic cooperative effects in adsorption of NO_x on MgO(001)[J]. J Phys Chem B, 2002, 106(30): 7405 - 7413.

[323] Miletic M, Gland J L, Hass K C, et al. First-principles characterization of NO_x adsorption on MgO[J]. J Phys Chem B, 2003, 107(1): 157 - 163.

[324] Karlsen E J, Nygren M A, Pettersson L G M. Comparative study on structures and energetics of NO_x, SO_x, and CO_x adsorption on alkaline-earth-metal oxides[J]. J Phys Chem B, 2003, 107(31): 7795 - 7802.

[325] Broqvist P, Gronbeck H, Fridell E, et al. Characterization of NO_x species adsorbed on BaO: Experiment and theory[J]. J Phys Chem B, 2004, 108(11): 3523 - 3530.

[326] Xu S C, Irle S, Musaev D G, et al. Quantum chemical prediction of reaction pathways and rate constants for dissociative adsorption of CO_x and NO_x on the graphite(0001) surface[J]. J Phys Chem B, 2006, 110(42): 21135 - 21144.

[327] Kresse G, Joubert D. From ultrasoft pseudopotentials to the projector augmented-wave method[J]. Physical Review B, 1999, 59(3): 1758 - 1775.

[328] Kresse G, Furthmuller J. Efficient iterative schemes for ab initio total-energy calculations using a plane-wave basis set[J]. Physical Review B, 1996, 54(16): 11169 - 11186.

[329] Perdew J P, Burke K, Ernzerhof M. Generalized gradient approximation made simple [J]. Phys Rev Lett, 1996, 77(18): 3865 - 3868.

[330] Blase X, Rubio A, Louie S G, et al. Stability and Band-Gap Constancy of Boron-Nitride Nanotubes[J]. Europhys Lett, 1994, 28(5): 335 - 340.

[331] Kang H S, Jeong S. Nitrogen doping and chirality of carbon nanotubes[J]. Physical Review B, 2004, 70(23).

后 记

四时更逝，昼夜成岁，行笔至终，心念旧恩。

停笔之际，同济园内又飘起了柔柔的春雨，近十年的大学生涯充满着欢笑与汗水，也都一缕缕地飘落在这份厚厚的书稿之中，其中的每一页在我眼里不是单调的数据和分析，而是导师不分昼夜的悉心指导，学长们在科研和生活上不吝的帮助，组会上同学之间热烈的讨论，与师兄弟们拼搏于实验台前进行的成百上千次的实验尝试……这是一份辛苦的光荣与感动的回忆，篇末撰写此文，铭而致谢。

首先向我的导师吴广明教授致以诚挚的感谢。感谢他多年来对我学习和生活上无微不至的指导和帮助。他通过不辞辛苦的教导和启发，将我从一个对科学充满憧憬的学生带入了科研人员的行列，使我在思考的深度和方式上有了本质的提高，并为我提供了展现自我的舞台。吴老师对待科研实事求是、严谨求实、综合创新，对待工作孜孜不倦、一丝不苟，是我科研的榜样，正是这种精神使我在研究工作中获得了很多荣誉和尊重，这种精神必将伴随我今后的工作和生活，永志不忘。

衷心感谢沈军教授、周斌教授和倪星元高级工程师在我科研工作中的指导、关心和鼓励，他们先进的科学思想总能使我茅塞顿开，使我少走很多弯路。他们为人和蔼可亲、对科研严谨求实，为我留下深刻的印象。感谢张志华多年来对我的帮助和指导，她的热情付出使我的科研工作进展得更加顺利。

感谢纳米材料课题组的全体同学，他们的帮助是我进步的动力，他们的建议和讨论是我创意的源泉，纳米材料课题组发扬着同舟共济、永远进取的精神使我受益匪浅。

感谢梁田硕士、张增海硕士、吴建栋博士、冯伟硕士在实验工作中的团结配合和真诚帮助。感谢崔超军博士、杨辉宇博士、佘仕凤硕士、周小卫硕士对本书的建议和帮助。感谢刘春泽博士、王生钊博士、朱玉梅博士、王晓栋博士、李晓光博士、周昌鹤硕士、钟艳红硕士对本书的贡献和帮助。感谢杜艾博士、葛芳芳博士、徐超博士、刘元博士、关大勇博士、李宇农博士、朱秀榕博士、祖国庆硕士、刘光武硕士、归佳寅硕士、高波硕士、陈睿硕士、刘念平硕士、范广乐硕士、李秀妍硕士、隗小庆硕士、吴培弟硕士、潘强硕士，以及已毕业的朱小文硕士、徐翔博士、史继超博士等课题组内兄弟姐妹们长期以来对我的帮助和支持。

此外，还要感谢徐律明老师、曹志红老师、王新老师、刘冰杰老师、贾非老师等其他老师多年来对我的关心和帮助。

感谢韩国全州大学 Hong Seok Kang 教授以及当地其他华人和外国朋友在我交流合作期间的指导和帮助。

由衷感谢我的父母、妻子、家人和亲友在我漫长的求学生涯中的理解、支持、鼓励和照顾。由于他们无私的爱和奉献，我才能够更加专心于我的科研并顺利完成学业，深深地感谢这一份爱！

感谢我伟大的母校同济大学，感谢她“严谨求实、团结创新”的校训，这种精力和精神将永远激励我前进，为民族和人民奉献。

高国华